GRUNT
전쟁에서
살아남기

전쟁에서 살아남기

메리 로치 지음 | 이한음 옮김

우리가 몰랐던 신기한 전쟁의 과학

일러두기
• 옮긴이주는 〈— 옮긴이주〉라고 표시하였고, 원주는 별도 표시 없이 각주 처리하였다.

이 책은 실로 꿰매어 제본하는 정통적인 사철방식으로 만들어졌습니다.
사철방식으로 제본된 책은 오랫동안 보관해도 손상되지 않습니다.

윌리엄 S. 레이클스를 기리며

차례

서문을 대신하여

　닭 대포chicken gun는 포신이 18미터로서, 대포로 분류될 것이 분명하다. 몸무게 1.8킬로그램의 닭을 시속 약 650킬로미터 이상의 속도로 쏘는 치명적인 발사체이긴 하지만, 누군가를 죽이려는 용도는 아니다. 반대로 닭 대포는 사람을 살리기 위해 고안된 것이다. 빈 항공기 혹은 〈조종사 인형〉을 태운 항공기를 향해 죽은 닭을 쏘는 것인데, 이른바 〈버드스트라이크birdstrike〉(공군이나 항공업계의 마초 기질을 드러내는 표현)에 견디는 능력을 검사하기 위해서다. 닭은 기러기, 갈매기, 오리 등 많은 새들의 대역이다. 공군 항공기에 연간 3천 번쯤 충돌함으로써 5~8천만 달러의 손해를 입히고, 몇 년에 한 번꼴로 탑승자의 목숨을 앗아가곤 하는 새들 말이다.

　모든 조류의 대표로서 닭을 고르다니 의외이긴 하다. 닭은 날지 못하니까. 닭은 청둥오리나 기러기가 항공기에 충돌하는 식으로 충돌하지 않는다. 즉, 양 날개를 펼치고 다리를 뒤로 쭉 뻗은 자세로 충돌하지 않는다. 채소를 던졌을 때와 비슷한 모습으로 충돌한다. 게다가 닭은 습지에 떠 있거나 날아다니는 새들보다 밀도가 더 높다. 갈루스 갈루스 도메스티쿠스Gallus gallus domesticus라는 학명을 지닌 집닭은 1세제곱센티미터당 무게가 0.92그램으로서, 평균 밀도가 재갈매기와 캐나다기러기에 이어서 세 번째로 높다. 어쨌든 미국 국방부는 닭을 항공기 조종실 창을 검사하는 표준 〈물질〉로 승인했다. 닭은 구하기도 표준화하기도 쉬울뿐더러, 일종의 최악의 시나리오 역할을 한다.

그렇지 않을 때를 빼면 말이다. 찌르레기처럼 작고 속이 꽉 찬 새는 총알처럼 조종실 창을 뚫고 들어갈 수 있으며, 그런 일은 아주 잦아서 누군가 아예 전문 용어까지 만들어 냈다. 〈깃털 달린 총알 현상feathered bullet phenomenon〉이라는 것이다. 그냥 새를 활주로에서 쫓아내는 편이 더 간단하지 않을까? 그렇게 생각할지 모르겠다. 하지만 새는 어떤 조치에든 익숙해진다. 그들은 스피커로 내보내는 포식자의 소리나 경고 소리에도, 폭발물을 터뜨리는 소리에도 금방 적응한다. 그저 〈노랫소리나 더 시끄럽게 우짖는 소리〉로 받아들이게 된다.[1] 그리고 평소의 생활로 돌아간다.

미국 공군의 조류 항공기 충돌 위험(BASH, Bird Aircraft Strike Hazard) 연구진의 맬컴 켈리를 만나 보자. 켈리와 연구원들은 학제적 접근법을 취한다. 공학이 생물학에 인사를 건네고, 조류학은 통계학과 만난다. 그렇게 모여서 문제를 분석한다. 칠면조독수리turkey vulture로

---

1 「새는 무엇을 들을 수 있을까?What Can Birds Hear?」라는 논문에서 인용했다. 논문 저자인 로버트 비슨은 음향 신호가 〈죽음이나 고통스러운 경험을 일으키는 행동들로 보강될 때……〉 가장 잘 먹힌다고 적고 있다. 무리 중 몇몇이 그런 꼴을 당하면, 나머지 새들이 알아듣는다는 뜻이었다. 본보기로 사회 문제 담당 공무원에게 고통스러운 경험을 안겨 주는 동물 권리 활동가들과 비슷하다.

이야기를 시작하자. 한 자료에 따르면, 이 무거운 맹금류는 공군 조류 충돌 사건의 겨우 1퍼센트를 일으킬 뿐이지만, 피해 규모로 보면 40퍼센트를 차지한다. 켈리 연구진은 칠면조독수리 8마리에게 발신기를 부착하여 비행 습성과 양상을 추적한 다음, 그 자료를 다른 자료들과 종합하여 조류 회피 모델(BAM, Bird Avoidance Model)을 개발하고자 했다. 이 모델을 이용하면 충돌 위험이 높은 시간과 구간을 피해 비행 일정을 짤 수 있을 터였다. 켈리는 〈칠면조독수리를 좀 더 잘 아는 것만으로도〉 공군이 연간 500만 달러를 아낄 수 있을 뿐 아니라, 알려지지 않는 수의 조종사들(그리고 칠면조독수리)의 목숨도 구할 수 있다고 예상했다.

자료를 살펴보던 켈리는 제트 엔진 소리의 주파수 범위가 새들이 위험에 처했을 때 내는 소리의 주파수 범위와 겹칠 때, 조류 충돌 가능성이 더 낮다는 점을 알아차렸다. 〈우리는 자신도 모르는 사이에 새들에게 말을 걸고 있는 것이 아닐까?〉 그는 1998년 논문에 그렇게 썼다. 이 사실을 토대로 어떤 방안을 마련할 수 있지 않을까? 그는 새와 비행기 모두 맞바람을 맞으면서 이륙한다는 점이 문제가 된다는 것을 알았다. 그래서 새는 뒤에서 따라오는 비행기를 보지 못하곤 한다. 켈리는 항공기의 레이더 빔에 의미 있는 신호를, 즉 위험이 닥친다고 경고하는 신호를 추가한다면, 새가 알아차리고 피할 시간이 있지 않을까 생각했다.

내가 군사 과학에 흥미를 느낀 것은 바로 이런 이야기에 혹해서다. 덜 중요시되는 적들과 벌이는 조용하면서 은밀한 전투 말이다. 〈피곤〉, 〈충격〉, 〈세균〉, 〈공황 상태〉, 〈오리〉 등이 그렇다. 놀랍게도, 비정통적인 생각들이 활개를 치고 여기에 대규모 연구 예산이 지원되면, 이따금 혁신적인 일이 일어나곤 한다.[2] 사람들은 군사 과학이라고 하면 전략과 무기를 떠올리는 경향이 있다. 전투를 벌이고 폭탄을 터뜨리고 진군하는 광경을 떠올린다. 나는 그런 소재들은 회고록 작가와 역사가에게 넘기련다. 나는 어느 누구도 영화로 만들지 않을 측면들에 관심이 있다. 즉 죽이는 쪽이 아니라 목숨을 지키는 일과 관련된 쪽이다. 목숨을 지키는 것이 싸워서 남의 목숨을 빼앗기 위해서이긴 해도, 그쪽으로 이야기를 펼치지는 않으련다. 이 책은 전투가 벌어진 뒤에 실험복 자락을 휘날리면서 달려가는 과학자들과 외과 의사에게 표하는 경의다. 더 안전한 탱크를 만들고, 더러운 파리와 전쟁을 벌이고, 칠면조독수리를 이해하기 위해 애쓰는 이들에게 말이다.

이 책에 나오는 총기류는 닭 대포가 거의 유일하다. 병기의 과학에 관해 읽고 싶은 독자가 원할 만한 내용은 여기에 없다. 또 「제로 다크 서티Zero Dark Thirty」[3] 같은 내용도 전혀 없다. 나는 네이비실Navy SEAL과 아미 레인저Army Ranger 같은 특수 부대 군인들과 이야기를 나누었지만, 테러 진압에 관한 이야기는 아니다. 이 책에서 그들은 극도의 폭염, 재앙 수준의 소음, 긴박한 상황에서 일어나는 소화기 장애와 맞서 싸운다.

2 켈리는 1994년 라이트 연구소에서 열린 비살상 무기에 관한 브레인스토밍 회의에서 가장 비정통적인 착상을 내놓았다. 〈적진에 살포하는 화학 물질〉이라는 주제를 논의할 때, 그는 〈강력한 최음제〉를 제안했다. 적에게 사랑의 감정을 일으킬 화합물을 개발하자고? 켈리는 대답했다. 「아닙니다. 적의 사기를 꺾자는 겁니다. 동성 애인이 자신의 비좁은 참호로 들어와서 즐길 생각에 빠져들 테니까요.」 그러면 참호는 그들의 은신처가 된다.
3 미국의 빈 라덴 제거 작전을 그린 영화 — 옮긴이주.

장군과 명예 훈장 수여 군인 한 명당, 독자가 결코 이름을 듣는 일이 없을 군사 과학자 1백 명이 있다. 이 책은 그들이 하는 일의 1퍼센트도 채 못 다루고 있다. 가치 있는 노력이 이루어지는 분야가 통째로 빠져 있기도 하다. 외상 후 스트레스 장애에 대처하는 내용은 아예 없다. 그 장애가 다룰 가치가 없기 때문이 아니라, 여러 책에서 아주 많이 다루어졌고 그중 상당수는 내용이 아주 좋기 때문이다. 그런 책들과 기사들은 자신이 속한 분야에서 집중 조명을 받고자 한다. 반면에 나는 분야도 그렇고 성격도 그렇고, 집중 조명을 갈구하는 쪽은 아니다. 나는 손전등을 비추면서 구석과 틈새를 뒤지는 괴짜일 뿐이다. 뭔가 특별한 것을 발견하러 다니는 사람이 아니라, 무언가를 찾아냈을 때 그것이 무엇인지를 알아내는 것을 좋아하는 부류다.

반드시 총이나 깃발을 들어야만, 또는 들것에 실려 가야만 용감하다는 말이 붙는 것은 아니다. 해군 항공 군의관 앵거스 루퍼트는 용감하다. 그는 조종사가 눈이 멀거나 방향을 잃었을 때 느낌으로 날 수 있게, 진동을 일으켜서 방향을 알려 주는 옷을 검사하기 위해 눈을 가리고 몸을 거꾸로 한 채 비행을 한다. 처음으로 개발된 잠수함 탈출용 호흡 장치를 시험하겠다고 구경꾼들에게 인사를 보내면서 포토맥 강으로 뛰어든 해군 소령 찰스 〈스웨드〉 맘슨도, 면역력이 생기는지 알아보기 위해 자신의 몸에 직접 코브라의 독을 주사한 육군 의학 연구소의 허셜 플라워스 대위도 용기 있는 사람이다. 때로 용기란 주변 사람들과 다르게 생각하려는 의지에 다름 아니다. 순응이 미덕인 사회에서, 그런 의지를 발휘하는 것은 겉으로 보이는 것보다 더 용감한 행위다. 용기는 제1차 세계 대전 때 구더기가 상처의 썩은 부위를 먹어치우도록 놔둠으로써 팔다리와 목숨을 구한 군의관 윌리엄 베어의 행위를 가리킨다. 스페인-미국 전쟁이 한창일 때 전쟁터에서 죽은 사람의 피를 다친 사람에게 수혈해도 안전한지를 검사하기 위해, 직접 자기 몸에 시체의 피를 주사한 의사 허먼 멀러의 행동을 뜻한다.

영웅적 행위가 반드시 열띤 찬양을 받으면서 이루어지는 것은 아니다. 때로는 작은 승리와 너그러운 마음이 역사의 경로를 바꾼다. 때로는 닭이 사람의 목숨을 구할 수 있다.

GRUNT

1장

제2의 피부
전쟁 때 입는 것

군목은 제복을 입는 사람[1]이다. 그런데 어떤 제복일까? 야전 포병대와 함께 다닐 때 그는, 방염 방충 처리가 된 레이온-나일론 섬유에 내구성 보강을 위해 케블라 섬유[2]가 25퍼센트 첨가된 제복을 입는다. 탱크에 탈 때는 노멕스Nomex로 지은 제복을 입는다. 불에 아주 강하지만 너무 비싸서 평상복에는 쓰지 못하는 옷감이다. 비교적 안전한 기지에서는 나일론과 면이 50 대 50으로 섞인 제복, 즉 육군의 기본 전투복을 입는다. 이곳 네이틱 연구소 군목 사무실에 걸려 있는 위장 무늬가 찍힌 제복도 마찬가지다.

흔히 〈네이틱Natick〉이라고 부르는 이 복합 연구 시설의 공식 명칭은 미 육군 네이틱 군인 연구 개발 및 공학 센터다. 군인이 입고, 먹고, 자고, 생활하는 데 쓰이는 모든 물품은 이곳에서 개발되거나 적어도 검사를 거친다. 오랜 세월 동안 이곳의 여러 연구실을 거쳐간 것들을

1 man of the cloth. 성직자를 뜻하는 영어 표현 — 옮긴이주.
2 방탄복에 쓰이는 강한 합성 섬유 — 옮긴이주.

꼽자면, 발열 파카, 냉동 건조 커피, 고어텍스, 케블라, 퍼메트린,[3] 속옷처럼 입을 수 있는 방탄복, 합성 거위 털, 인공 거미줄, 고깃조각들을 접착시켜 덩어리로 만든 스테이크, 방사선 살균 햄, 아무 때나 먹어치우지 못하게 등유를 소량 첨가한 비상 식량 초콜릿 바 등이 있다. 네이틱 군목들도 나름대로 간이 고해 성사, 컨테이너 예배당, 무균 생산 공정으로 만든 성찬 전병 등을 고안해 왔다.[4]

오늘 오후 네이틱의 기온은 기분 좋은 섭씨 20도다. 하지만 동시에 도리엇에서 어떤 실험을 하느냐에 따라, 눈발이 수평으로 불어 대는 영하 21도가 될 수도 있고, 그늘에서의 온도가 43도가 될 수도 있다. 도리엇 기후 실험실은 1954년 이 연구소가 세워졌을 때 중추적인 역할을 했다. 그 뒤로 군대는 단열도 안 되고 물이 스며드는 장화를 신고 알류샨 열도로 파견되거나, 이슬을 막아 주는 텐트 없이 적도의 정글로 떠나는 일이 없어졌다. 병사가 싸우려면 잘 먹어야 할 뿐 아니라, 발가락과 손가락도 잘 보호해야 하고, 밤에 잠도 잘 자야 한다.

요즘은 군용 겉옷을 시험할 때 엘엘빈L. L. Bean이나 카벨라스 Cabela's 같은 기업에서 강설기나 강우기를 빌려 쓰곤 한다. 물과 바람

---

3 permethrin. 살충제 등으로 쓰이는 화학 물질 — 옮긴이주.
4 네이틱 연구소와 그 전신인 병참 지원 연구소는 저장 수명을 거의 영구적인 수준까지 늘려 왔다. 현재 연구소는 3년 동안 보관이 가능한 샌드위치를 개발하고 있다. 특히 고기는 미국 독립 전쟁과 남북 전쟁 이후로 계속 저장 수명이 늘어 왔다. 당시 군대는 소를 몰고 다니면서 신선한 고기를 보급했다. 제2차 세계 대전 때에는 지원 연구실이라는 평범한 이름을 지닌 곳에서 수소를 약간 첨가하여 녹지 않게 만든 〈군용 돼지기름〉, 냉장하지 않아도 6개월 동안 보존이 가능한 소금을 많이 넣어 건조시킨 〈군용 햄〉을 개발했다. 이 햄은 〈맛있고 만족스럽다〉는 평가를 얻었다. 좀 미적지근한 어조로 한 말이긴 했지만. 가금류를 다루는 신문인 『폴트리 트리뷴Poultry Tribune』의 자매지인 『브리더스 가제트Breeder's Gazette』 1943년 7~8월 호에서 인용했다.

같은 자연력을 막아 내는 능력은 미군 군복에 요구되는 최소한의 조건이다. 군대는 가능하다면 현대의 전쟁터에 밀어닥칠 수 있는 모든 것들을 막아 줄 군복을 남녀 군인에게 입히고 싶어 할 것이다. 화염, 폭발물, 탄환, 레이저, 폭발 때 밀어닥치는 잔해, 수포 작용제, 탄저균, 모래 벼룩sand flea 등등. 한편으로, 극도의 열기에서도 시원하고 건조한 상태를 유지하고, 야전 시의 열악한 조건에서 세탁하더라도 기능이 유지되고, 감촉이 좋고, 입었을 때 멋있고, 그러면서도 예산 범위를 초과하지 않기를 바랄 것이다. 그러면 중동에서의 분쟁을 해결하기가 더 수월해질지 모른다.

110동 건물에서 시작하자. 모두가 그렇게 부르는 곳이다. 공식 명칭은 울레트 열 시험장이다.[5] 치명적인 폭발과 고도 화상을 시험하는 장소치고는 좀 경박스럽게 들리는 프랑스풍의 이름이다. 수석 섬유 공학자는 날씬하고 기품 있는 수려한 외모의 50대 여성이다. 오늘은 크림색 케이블 니트 양털 튜닉 차림이다. 나는 그녀가 울레트인가 보다 하고 생각했는데, 입을 열자 단조로운 보스턴 억양이 쏟아져 나와서 내 귀를 두드려 댔다. 그녀는 아우어바흐 집안의 마거릿 아우어바흐다. 하지만 110동에서는 그냥 페기 또는 〈화염의 여신〉이라고 불린다.

업계의 누구든 더 좋은 방염 천을 개발했다는 생각이 들 때, 검사를 위해 표본을 아우어바흐에게 보낸다. 견본만 보내는 사람도 있고, 아

5 네이틱 건물 목록에는 〈Uoellette〉, 건물 앞 표지판에는 〈Oullette〉라고 잘못 표기되어 있다. 잘못 새긴 모양이다. 누군가가 그 이름을 연모했나 보다.

예 한 필을 통째로 보내는 사람도 있다. 하지만 그들의 희망은 실 한 올로도 깨질 수 있다. 「우리를 놀래킬 수 있을지 알아봅시다.」 아우어바흐는 몇 센티미터로 자른 실 한 가닥을 약 800도로 가열한다. 실에서 나온 증기를 기체 크로마토그래피로 분석한다. 방염 직물 — 한 올이긴 해도 아무튼 — 은 열을 발산시키는 화학 물질에 의해 기능이 발휘된다. 아우어바흐는 화염 이전에 그 화학 물질이 위험하지 않은지 확인할 필요가 있다.

일단 직물이 무독성임을 확인하면, 아우어바흐는 방염 특성을 검사하는 일을 시작한다. 겁나게 무서운 레이저(옆에 붙은 스티커에 그렇게 적혀 있다)를 이용한다. 아우어바흐는 천을 레이저가 닿는 곳에 놓는다. 그리고 이제 가장 중요한 순간이다. 즉, 레이저를 쏘기 위해 〈커다란 빨간 단추〉를 누른다. 광선은 반정부 세력의 폭탄 — 찻잔을 이용해 만든 사제 폭탄 같은 — 이 폭발할 때와 동일한 에너지를 범위만 좁혀서 전달하도록 조정되어 있다. 천 뒤에 있는 감지기가 천을 통해 전달되는 열을 측정한다. 천이 얼마나 보호 효과가 있고 얼마나 탔는지가 수치로 나온다.

아우어바흐가 진공 펌프를 켜 천을 감지기에 밀착시킨다. 폭발할 때의 압력파와 비슷한 조건을 만들기 위해서다. 폭발로 공기가 가속되어 밀려 빽빽해지면, 사람을 납작하게 짓누를 수도 있다. 더 세부적으로 보면, 압력파는 옷을 피부에 찰싹 달라붙게 하는데, 그러면 전달되는 열이 더 커지고 화상이 더 심해질 수 있다. 현재의 방염 육군 전투복(FR ACU, Flame Resistant Army Combat Uniform)(「여기서는 그냥 〈프래큐frack you〉라고 불러요」) 천인 디펜더 M이 내세우는 속성 중 하나는 불이 붙으면 풍선처럼 부풀어서 몸에서 떨어진다는 것이다.

　디펜더 M은 쉽게 찢긴다는 것이 단점으로 여겨져 왔다(개선하기 위해 노력 중이다). 또 뜨거운 날씨에 편안한 느낌을 주는데, 그런 성질을 갖도록 하다 보니 천이 더 약하다. 주로 레이온rayon으로 되어 있는데, 이 실은 수분을 흡수하고 〈습윤 강도〉가 낮다. 옷이 폭발이 일어나는 와중에 찢긴다면, 열로부터 보호할 방벽도 사라진다. 바짝 구워지는 수밖에 없다. 제조사는 천에 케블라를 좀 섞었는데, 그래도 노멕스보다는 약하다. 노멕스는 소방관 제복에 종종 쓰인다. 또 노멕스는 방염 성능도 뛰어나다. 그래서 옷에 불이 붙기까지 적어도 5초는 벌게 된다.

　아우어바흐는 탱크와 비행기의 승무원에게 그 점이 특히 중요하다고 설명한다. 「구르고 눕고…… 할 수 없는 곳에서요.」 그녀는 다시 반복한다. 「눕고, 멈추고…… 그게 뭐였죠?」

　「멈추고, 눕고, 구르고요?」[6]

　「아! 고마워요.」

　모든 군복을 노멕스로 만들지 않는 이유는 뭘까? 습기에 취약해서다. 중동에서 땀을 쏟으면서 달리는 군인들에게 입히기에는 그리 좋은 선택이 아니다. 그리고 노멕스는 비싸다. 위장 무늬를 찍기도 어렵다.

　그것이 바로 보호용 직물에 적용되는 원리다. 모든 것에는 일장일단이 있다는 것이다. 무엇이든 간에 나름의 문제를 지니고 있다. 색깔조차도 그렇다. 더 짙은 색깔은 열을 덜 반사한다. 즉 열을 더 흡수하여

---

6 Stop, Drop and Roll. 미국의 소방 안전 표어로, 몸에 불이 붙었을 때의 행동 지침이다 — 옮긴이주.

피부로 전달한다. 아우어바흐는 실험실 한쪽에 있는 위장 무늬가 찍힌 천을 집어 든다. 그녀는 검은 부분을 가리킨다. 「봐요. 이 부분이 열을 더 많이 흡수하는 바람에 주름pucker이 졌어요.」

「뭐가 졌다고요?」 나는 알아들었지만, 그녀가 퍼카pucka라고 발음하는 것을 다시 듣고 싶어서 되묻는다. 멋진 보스턴 억양을 말이다.

나는 군대가 폴리에스터 애호가가 아닐까 추측하곤 한다. 질기면서 값싸고 불이 잘 붙지 않으니까. 문제는 뜨거워지면 녹아내리고, 왁스나 다른 녹아내리는 물질들이 그렇듯이 줄줄 흘러내리면서 표면에 들러붙는다는 것이다. 그리하여 접촉 시간이 늘어나서 더 심하게 화상을 입힌다. 폴리에스터 쫄쫄이야말로 화염에 휩싸인 탱크 속에서 결코 입고 싶지 않은 옷이다.[7]

아우어바흐는 열이 어느 정도로 상해를 입히는지 파악하기 위해, 천 뒤에 놓인 감지기에서 나오는 데이터를 화상 예측 모델에 입력하여 살펴본다. 초대 화염의 여신인 앨리스 스톨이 제2차 세계 대전 이후에 개발한 모델이다. 스톨은 해군을 위해 화상 연구를 했다. 그녀는 1도 화상과 2도 화상의 모델을 만들기 위해, 용감하게 자기 팔뚝 피부에 실험을 했다. 그러니 3도 화상 모델을 구축할 때에는 남에게 도움을 요청했다고 해도 너그러이 봐줄 수 있다. 마취시킨 동물이 동원되었다. 주로 쥐가 쓰였고, 돼지도 있었다. 흔히 실험용으로 쓰이는 다른 동물

---

7 나는 팬티스타킹에 화상을 입는 사람이 연간 몇 명쯤 될지 알아보기 위해 국립 전자 상해 감시 시스템(NEISS, National Electronic Injury Surveillance System)을 찾아보았다. 안타깝게도 NEISS는 상해를 개별 의류 수준까지 세분화하지 않는다. 나는 〈열성 화상thermal burn, 평상복〉이라는 항목을 훑어보다가, 37세의 한 남자가 바지를 입은 상태 그대로 다림질을 하다가 화상을 입었다는 사례를 읽고 열이 받아서 그만뒀다.

들에 비해, 돼지는 피부에서 열을 반사하고 흡수하는 방식이 우리와 가장 비슷하다. 그러니 종으로서의 돼지는 퍼플 하트 훈장[8]을 받을 자격이 있다. 아니, 분홍색 훈장이 더 어울리겠다.

스톨이 알아낸 점은 이렇다. 섭씨 44도에 다다르면, 살이 화상을 입기 시작한다는 것이다. 스톨의 화상 예측 모델은 일종의 수학적 살 온도계다. 화상은 주로 살에 닿는 열과 그 열이 피부 속으로 침투한 깊이라는 두 요소에 따라 결정된다. 불꽃이나 고열에 잠깐 노출되면, 바깥층만 익으면서 1도 화상을 입는다. 요리 비유를 계속 쓰자면, 황다랑어 살을 가볍게 그슬린 것과 같다고 할까? 같은 열에 더 오래 노출되면 점점 더 안쪽 층까지 익는다. 그러면 2도나 3도 화상을 입는다. 미디엄 레어 스테이크 수준이다.

불꽃이 없어도, 의류는 불이 붙을 수 있다. 예를 들어, 면(綿)의 자연발화 온도는 약 370도다. 중요한 것은 노출 시간이다. 핵폭발 때 생기는 열파는 극도로 뜨겁지만, 빛의 속도로 지나간다. 너무 빨리 지나가므로 군복에 불이 안 붙지 않을까? 네이틱의 전신인 병참 연구소는 실제로 그 의문을 조사했다.

업숏노트홀 작전Operation Upshot-Knothole은 1950년대에 네바다 프루빙 그라운즈에서 11차례에 걸쳐 진행한 핵폭발 실험을 가리킨다. 업숏노트홀 과학자들은 폭발의 충격파가 건축 재료와 탱크, 방호소에 어떤 영향을 미칠지에 주로 관심이 있었지만, 돼지에 군복을 입혀 현장에 갖다 놓자는 제안에도 동의했다. 연구진은 체스터화이트 품종 돼지

8 전쟁터에서 다친 미군에게 주는 훈장 — 옮긴이주.

111마리를 마취시킨 뒤, 다양한 천을 짜깁기해 지은 특별한 동물 맞춤 〈복장〉을 입혔다. 방염 처리가 된 천도 있었고 그렇지 않은 천도 있었다. 돼지들은 폭발 중심지로부터 일정한 간격을 두고 배치되었다.

모직물을 한 겹 덧댄 동계용 방염 군복이 하계용 방염 군복보다 더 잘 견뎠다. 물론 하계용 군복 개발자들이 염두에 둔 〈더운 날씨〉에 극도로 뜨거운 핵폭발 충격파는 포함되지 않았겠지만. 연구진은 〈564미터 떨어진 곳에서 회수한 죽은 돼지들에게서, 천으로 보호된 피부 부위가 열에 상해를 입었다는 정성적인 증거가 전혀 나오지 않았다〉라고 놀랍다는 어조로 적었다. 나는 업숏노트홀 실험 대상자가 되고픈 생각은 털끝만큼도 없지만, 그 보고서에 〈갈가리 찢겨 날아갔다〉고 간결하게 묘사될 만큼 폭발 지점에 아주 가까이 놓인 돼지들이 화상을 입든 말든 누가 신경을 쓰겠는가? 시나리오 자체가 너무나 불합리했긴 해도, 이 실험은 노출 시간이 중요함을 명확히 인식시켰다. 폭탄 — IED(사제 폭탄) 같은 생존 확률이 더 높은 폭탄도 포함하여 — 이 터질 때 빠르게 지나가는 열파라면, 단 몇 초 동안 견디는 방염 천도 엄청난 차이를 낳을 수 있다.

양털도 도움이 되었다. 양털은 본래 불에 잘 견디기 때문이다. 네이틱은 나중에야 명주실과 양털 같은 천연 섬유에 다시 관심을 보였다. 양털은 불에 잘 견디고 녹아내리지 않을뿐더러, 피부의 수분이 잘 빠져나가게 해준다. 아우어바흐는 아주 고우면서 부드럽고 방염 능력을 갖춘 하계용 모직 속옷을 몇 가지 본 적이 있다고 말한다. 하지만 가렵지 않도록 양털의 거친 표면을 다듬고, 세탁했을 때 줄어들지 않도록 처리를 해야 한다. 이 공정들은 추가 비용을 발생시킨다. 게다가 베리

개정 규칙Berry Amendment도 그렇다. 이 규칙은 국방부가 군용 물품을 구입할 때 국내산을 우선시하도록 정한 것이다. 그런데 이 사례에서는 골칫거리를 하나 더 늘리는 꼴이 된다. 미국 양 업계가 공급량이 충분하다고 쉴 새 없이 열심히 장담을 하고 있지만, 사육하는 마릿수가 수요를 충족시킬 만큼 안 될 수도 있다.

당신이 개발한 새로운 직물이 편안하고 가격도 적당하다고 해보자. 방염성도 우수하고 곤충 기피 처리와 항미생물 악취 방지 처리도 잘된다고 하자. 이제 뭘 하면 될까? 표본을 직물 성능 검사소로 보내면 된다. 여기서는 누마틴데일 마모 필링 검사기로 군인이 몸을 마구 굴릴 때 직물의 기능이 얼마나 빨리 닳는지를 검사한다. 또 빨고 말리는 일을 24회 되풀이한다. 세탁은 때만 제거하는 것이 아니라, 천이나 섬유에 처리한 화학 물질도 조금씩 없앤다. 내가 직물 검사소를 방문했을 때, 스티브라는 사람이 바지 몇 벌을 가속 세탁하기 위해 대기하고 있었다. 그는 론드리오미터Launder-Ometer로 한 번 세탁하는 것이 정상 세탁을 5번 하는 것과 같다고 말했다.

「대단하네요.」 내가 말했다.

「그래요.」 그는 뭔가 생각하듯이 아랫입술을 내밀었다. 「쇠구슬로 천을 난타하는 거죠.」

네이틱 연구원들이 세탁할 필요가 없는 천을 발명할 수만 있다면. 군복에 뿌려지거나 짓뭉개지거나 흘리는 것들이 모두 표면에 둥글게 뭉쳐서 그냥 굴러떨어져 나간다면, 그냥 물을 뿌리는 것만으로도 군복을 닦아 낼 수 있다면, 군복의 수명이 얼마나 길어질지 생각해 보라. 그리고 화학 무기가 살포될 때 얼마나 더 안전해질지도.

네이틱 연구원들은 그 연구를 하고 있다. 액상 방수제 평가 연구실에서, 그들은 새로운 〈초발산〉 직물 처리 기술을 시험하고 있다. 호감이 가는 차분한 인상의 홍보 담당관인 데이비드 아세타가 내게 시연을 보여 줄 예정이다. 우리는 그의 사무실에서 만난다. 한쪽 구석에 상자들이 가득 쌓여 있다. 벽에는 여러 품종의 개가 모델로 실린 달력이 걸려 있다. 9월은 커다란 하얀 푸들이다. 아세타는 가장 최근에 아프가니스탄의 바그람 비행장에서 근무했다. 그곳에서 미 육군의 인도주의적 노력을 담은 보도 자료를 작성하는 일을 했다. 상관들은 그 기사들이 왜 별 효과가 없냐고 묻곤 했다. 「그들은 이해하지 못했어요. 그것이 뉴스가 아니라는 것을요.」 그는 전혀 분노하는 기색 없이 말한다. 아세타의 일에는 짜증을 일으키는 요소가 많지만, 그의 말에는 그런 기색이 전혀 보이지 않는다. 그는 매사를 성큼성큼 걷듯이 처리한다. 그에게는 좀 걸맞지 않은 진부한 표현이긴 하다. 그는 성큼성큼 걷지 않기 때문이다. 그는 발을 질질 끌며 걷는 쪽이다. 그는 속눈썹이 길고, 눈을 느리게 깜박인다. 나는 그 부분을 거의 인형처럼 기술했지만, 인형 같다는 묘사는 아세타 얼굴의 나머지 부위들에는 들어맞지 않는 듯하다. 한쪽 관자놀이에서 뺨까지 가느다란 흉터가 나 있기 때문이다. 나는 흉터에 관해 묻는 대신, 번뜩이는 칼과 계단에서 벌어지는 검무라는 나름의 이야기를 꾸며내는 쪽을 택한다.

좀 이른 시간에 만났기에, 우리는 코치추이트호를 따라 산책을 한다. 네이틱 구내의 경계선을 이루는 호수다. 바짝 깎은 풀 위로 햇빛이 반짝인다. 햇빛을 받아 남색을 띄고 있는 호숫물은 예전에 블랙라벨 라거 맥주를 만드는 데 쓰였다. 네이틱의 업무가 그 용도를 중단시키는 데 큰 역할을 한다. 슈퍼펀드[9] 대상지치고는 꽤 잘 정돈되어 있다. 전망대도 있고 구불구불 산책로도 조성되어 있다. 군데군데 떨어져 있는 회갈색 캐나다기러기의 원통 모양 배설물들도 공원 같은 분위기를 조성하는 데 한몫을 한다. 나는 한참 뒤에야 그것이 뭔지를 알아차렸다. 기러기가 한 마리도 안 보였으니까. 가을이라서, 모두 남쪽으로 날아간 모양이다.

아세타와 나는 멈춰 서서 인간 연구 자원자(HRV, human research volunteer) 한 무리를 지휘하고 있는 장교를 지켜보기로 한다. 자원자들은 파카와 장화, 헬멧으로 팔다리와 머리를 감싸고 있다. 그들은 전투 식량을 먹고, 새로운 침낭에서 자는 일을 하는 군인들이다. 한 물품을 시험해 보고 보고한 뒤, 다른 물품을 시험하는 일을 한다. 네이틱에서 맡는 임시 임무가 반드시 가볍고 수월한 것만은 아니다. 나는 1960년대에 찍은 사진을 본 적이 있는데, 폭우를 흉내 낸 억수 같이 쏟아지는 물줄기 아래에서 비옷에 방수 바지를 입은 군인들이 고개를 숙인 채 후드에서 빗물을 뚝뚝 떨구면서 원을 그리며 걷는 모습이 담겨 있다. 몇 시간 동안 그 짓을 되풀이하고 있던 것이 분명했다.

열 명쯤 되는 자원자들은 막사 밖 주차장에 한 줄로 서 있다. 그들 뒤쪽의 주차 칸에서 차 한 대가 후진하여 나오고 있다. 군인들은 열을 지어 앞으로 세 걸음 내딛은 뒤, 한 걸음 옆으로 내딛어 연석으로 올라선다. 차가 빠져 나가자, 다시 본래 자리로 돌아간다. 아세타는 그들이 어디든 네 명쯤 무리를 지어서 줄을 맞추어 다닌다고 말한다. 남쪽으

---

9 Superfund. 유해 폐기물로 뒤덮인 곳을 정화하는 데 쓰는 대규모 기금 — 옮긴이주.

27

1장 제2의 피부

로 날아가는 기러기들처럼.

. . . .

시연은 겨자 병을 눌러 짤 때 나는 뿌직 소리와 함께 시작된다. 회색과 쑥색의 사각형 위장 천 위로 반들거리는 노란 겨자가 한 줄기 떨어진다. 겨자가 굴러떨어지도록 천은 기울어진 판에 고정되어 있다. 이것이 굴러떨어뜨리기 검사다. 사진사 한 명과 소규모 군중이 지켜보는 가운데, 겨자 줄기는 그 형태를 완벽하게 유지한 채 천 위를 미끄러져 내려간다. 젊은 화학 공학자인 나탈리 포머런츠는 겨자가 막 지나간 자리를 가리킴으로써 구경꾼들의 시선을 모은다. 「흔적이 전혀 안 남았어요!」

이어서 케첩, 커피, 우유가 차례로 천 위에 쏟아진다. 마치 군복 주인이 음식 무기로 적과 전투를 벌이듯이. 그런 뒤에 모두 물로 씻어 낸다. 나탈리는 내게 천 뒷면을 만져 보라고 한다. 만져 보니 완전히 말라 있다.

나탈리는 쉬운 것부터 시작했다. 물이 주성분인 액체는 대부분 표면 장력이 세다. 즉 물을 흘렸을 때 물 분자들이 천의 표면을 이루는 대부분의 분자들보다 자기들끼리 서로 더 강하게 결합하는 경향을 보인다는 뜻이다. 알코올처럼 표면 장력이 약한 액체는 물처럼 천 위에 방울을 형성하지 않는다. 곧바로 스며들어서 천을 적신다. 물방울은 낯선 자들과 손잡기를 거부하면서 자기네끼리 뭉친 분자 집단이다. 물의 표면은 공기와 접하면 서로 세게 끌어당겨서 약한 피부를 형성한다. 물 위를 걷는 소금쟁이는 있지만, 술 위를 걷는 소금쟁이는 없다. 표면 장력 스펙트럼의 한쪽 끝에는 수은이 있다. 수은은 어떤 표면에 떨구어지든 간에 거의 다 구슬처럼 뭉쳐서 아무런 흔적도 남기지 않고 굴러 떨어진다.[10] 수은이 예전에 온도계에 쓰일 수 있었던 특성 중 하나 ── 극도의 추위와 열기에도 액체 상태로 존재하는 특성과 함께 ── 는 유리의 표면을 적시지 않는다는 점이다. 어떤 흔적도 남기지 않는다! 그래서 온도를 명확히 읽을 수 있다.

군대에서 저절로 뿜어지고 흘러나오는 경향을 보이는 것들 중 상당수 ── 엔진 오일, 항공기 연료, 헥산 ── 는 표면 장력이 물보다 훨씬 약하다. 나탈리는 또 다른 네모난 천에 엔진 오일을 떨군다. 이어서 물컵을 집더니 저녁 데이트 자리에서 화난 사람처럼 물을 확 끼얹는다. 이번에도 아무런 흔적도 없이 기름이 깨끗이 씻겨나간다. 「속 시원한 장면이네요.」한 동료가 말한다.

나탈리는 고개를 끄덕인다. 씨익 웃음까지 머금는다. 「화창한 날에 이런 식으로 하루를 보내지요.」그녀가 농담을 한다. 하지만 그 말은 어느 면에서는 진실이다. 좋은 의미에서 그렇다. 그녀가 과학에서 얻는 기쁨은 비등하는 것, 억제할 수 없이 왈칵 솟구치는 무언가다. 우리는 그 정도로 자신의 일을 사랑해야 한다.

이 초방수 피막은 수련의 잎에서 영감을 얻은 것이다. 수련 잎의 표면을 전자 현미경으로 보면 오돌토돌 미세한 돌기들로 가득 뒤덮여 있다. 또 각각의 돌기는 더욱 작은 나노 단위의 왁스 비슷한 결정들이 형

---

10 아이들의 피부에 떨구어도 그렇다. 우리 부모도 그랬지만, 예전에 많은 부모들은 깨진 온도계의 수은을 플라스틱 마가린 통에 모아 두곤 했다. 아이들이 갖고 놀도록 말이다. 1960년대는 지금과 확실히 달랐다.

성한 돌기들로 뒤덮여 있다(파라핀 왁스도 효과가 좋은 섬유 방수제이지만, 불에 너무 잘 타기 때문에 군용으로 쓸 수 없다). 마찬가지로 천에 오돌토돌한 작은 돌기들을 붙이면, 천과 그 위에 쏟아지는 액체 사이의 접촉과 상호 작용이 줄어든다. 또 그런 피막은 표면을 더 효과적으로 안정시킴으로써, 천과 질척거리는 것 사이의 상호 작용을 더욱 줄인다.

이 〈초발산〉 피막은 주로 때를 제거하는 성질 때문에 유명해졌지만 ── 아세타가 내 관심을 끌 때 쓴 〈자기 정화 속옷〉이 한 예다 ── 더 중요한 용도는 화학 무기와 생물학 무기로부터 몸을 보호하는 것이다. 이 신기술은 먼저 겉옷과 바지에 적용될 것이다. 즉 화학적/생물학적 방호복에 쓰일 것이다. 이런 의복에는 해로운 유기물에 결합하는 활성탄(활성 숯이라고도 한다)도 한 겹 들어간다. 초방수성 천을 쓰면, 이 활성탄 층을 더 얇게 만들 수 있다. 의복에 닿는 물질의 95퍼센트가 그냥 굴러떨어져 나간다면, 독성 물질에 결합할 활성탄 수용체가 훨씬 더 적어도 된다는 의미다. 좋은 일이다. 두꺼운 활성탄 층을 가진 의복은 덥고 불편하기 때문이다. 공기 필터를 끼고 있는 것과 비슷하다. 방호복은 무엇보다도 편해야 한다. 불편하다면, 군대는 안전 지침 따위는 비웃으면서 방호복을 그냥 깔고 앉아 뭉갤 것이다.

마찬가지로 입었을 때 꼴사납다면 혐오할 것이다. 「특히 방호복은 맵시 있고 근사해 보이게끔 디자인하는 것이 대단히 중요해요. 그렇지 않으면 입으려 하지 않을 테니까요.」 미 육군의 수석 패션 디자이너이자, 나의 일정표에 2013년 9월 20일 오후 2시 정각에 만난다고 적혀 있는 애닛 러플러의 말이다.

지퍼는 저격수에게 골칫거리다. 저격수는 오후 내내 엎드린 채 돌 위나 흙 위를 기어 다니면서 시간을 보내기도 한다. 겉옷에 지퍼가 달려 있다면, 지퍼 이빨 사이에 모래와 지저분한 것들이 끼여서 금방 고장이 날 것이다. 게다가 지퍼를 배로 깔고 있으면 불편하다. 단추도 마찬가지다. 벨크로(찍찍이)처럼 〈갈고리-고리 여밈 장치〉는 잠기는 부위가 덜 불룩하지만 소음이 난다. 나는 특수부대원들이 찍찍이를 여닫다가 발각될 위험에 처하곤 했다는 이야기를 들었다. 네이틱의 갈고리-고리 여밈 장치 연구진은 소리가 덜 나는 모델을 개발 중이다.[11]

신형 저격수 군복의 디자이너 — 이름처럼 예쁜 애닛 러플러 — 는 옆쪽을 여미는 상의를 개발함으로써 이 문제를 해결했음을 보여 준다. 그녀는 네이틱 디자인 패턴 시제품 시설의 한 작업실에 세워져 있는 드레스폼[12]을 가리킨다. 패션 산업에서 으레 쓰이는 머리 없는 형태의 이 모형은 전투복을 디자인할 때에는 애처로울 만치 불편한 자세를 취한다. 우리의 저격수는 다른 저격수의 총에 먼저 맞은 사람처럼 보인다.

러플러는 손을 넣어 천을 펼친다. 「이건 예전에 썼던 방수 처리한 코듀라[13]예요.」 천은 쑥색이고 재봉틀에는 케블라 실이 걸려 있지만, 여기는 디자인실이므로 러플러가 과거형으로 말한 것이다(그녀는 방염

---

11 전담 연구 부서를 둘 만큼 갈고리-고리 여밈 장치를 중요하게 여기는 조직이 과연 있을까? 그 조직이 미 육군이라면 가능하다. 미 육군은 갈고리 고리 연구단(Hook and Loop Task Group, 전투복 소위원회 산하의 두 단계 아래 소위원회에 속함)을 둘 만큼 갈고리-고리 여밈 장치가 중요하다고 본다.

12 dress form. 옷을 짓는 데 쓰이는 인체 모형 — 옮긴이주.

13 Cordura. 면보다 내구성이 10배 더 강한 섬유 — 옮긴이주.

군복이 〈지금 뜨고 있는 것〉 중 하나라고 했다). 하지만 러플러는 세련되어 보여서 코듀라를 고른 것이 아니었다. 내구성과 방염성을 갖추고 있을뿐더러, 방수 처리를 하면 습기가 스며드는 것을 막을 수 있기 때문에 선택했다. 축축한 곳에 엎드린 채 누군가를 저격하기 위해 기다리고 있을 때에는 후자가 중요하다. 저격수 군복 상의의 맵시 있고 단정한 윤곽도 기능을 고려한 것이다. 옆쪽을 여미도록 하고, 앞쪽에 달려 있던 주머니를 손을 넣기 더 쉽도록 소매로 옮긴 결과다(여기에 부속 장비들을 추가하면 더 이상 맵시 있게 보이지 않을 것이다. 숲이나 풀밭 지형에 잘 녹아들도록, 저격수는 끈을 당겨서 등, 바지, 헬멧을 몸에 맞출 수 있다. 러플러는 그 모습을 마크라메[14]에 비유한다. 아마 많은 저격수들은 동의하지 않겠지만).

러플러는 단추 플래킷이라는 덮개 부위를 가리킨다. 단추가 깨지지 않도록 덮는 부위다. 그녀가 걱정할 필요는 없었을 것이다. 미군 단추 명세서에는 최소 압축 강도 기준도 있기 때문이다. 이 강도는 편평한 강철 토막 사이에 단추를 놓고 〈딱 하고 깨지는 소리가 처음 날 때〉까지 누르는 방법으로 검사한다. 연방 정부의 단추 검사관들은 중세 장인에 못지않은 열정과 자부심을 갖고 일한다. 뜨거운 다리미로 단추 등 부분을 누르거나, 단추를 물에 넣고 끓이거나, 옷에 묶는 고리 부분이 떨어져 나갈 때까지 단추를 잡아당기는 검사법도 쓰인다.

미국 정부의 단추 명세서는 22쪽에 달한다. 그것만 봐도 군복을 디자인한다는 것이 어떤 일인지 감을 잡을 수 있다. 비록 육군이 의상 디

---

14 macramé. 매듭 형태의 레이스 장식 — 옮긴이주.

자이너에게 패션 디자인 수준의 품질을 요구하지만, 패션은 겉모습을 통해 표현되는 개성이라는 의미에서 육군의 요구 사항과 정반대편에 놓인다. 패션은 규범을 어기는 행위다. 미 육군 외모 복장 규정은 〈극단적인, 유별난, 유행을 좇는〉이라는 형용사가 붙을 만한 것은 모두 금지한다. 미 육군이 두고 보지 못하는 것들이 있다. 균형이 잡히지 않았거나 한쪽으로 치우친 머리 모양, 〈나비 머리핀〉, 〈레이스가 달린 커다란 헤어밴드〉, 두피에서 8.9센티미터 이상 자란 헝클어진 머리카락, 초록색이나 자주색이나 파란색이나 〈새빨간 색(소방차 같은)〉으로 염색한 머리, 모히칸이나 드레드록 스타일 머리, 한쪽으로 늘어뜨리거나 넘긴 머리, 귀 밑까지 기른 구레나룻, 귀 앞쪽만 다듬은 채 턱까지 기른 구레나룻, 잡아당겼을 때 가닥의 길이가 3밀리미터가 넘는 구레나룻, 염소수염, 모든 종류의 턱수염, 청나라 관리처럼 양쪽으로 축 늘어뜨린 콧수염, 윗입술을 조금이라도 뒤덮은 콧수염, 〈입 양쪽 가장자리에서 그은 수직선을 넘어서는 콧수염〉이 그렇다.[15]

군대의 주된 미적 양식은 통일성이다. 거기에서 유니폼이라는 단어가 나왔다. 첫 신체검사를 받을 때부터 알링턴 국립묘지에 묻힐 때까지, 군인들은 모두 똑같아 보인다. 똑같은 군모, 똑같은 군화, 똑같은 흰 묘석까지. 독특해 보이지 않도록 억누른다. 독특함은 누군가를 독특하다고 느끼도록, 개인임을 느끼도록 부추길 것이기 때문이다. 개인

15 국방부의 얼굴 털 규정은 대단히 복잡하므로, 육군은 규정에 어긋나는 남성의 콧수염과 구레나룻을 식별할 시각 보조 도구를 만들어 쓴다. 얼굴 그림에 격자를 긋고 A, B, C, D로 지점을 표시한 것이다. 여성이나 성전환자의 얼굴 털에는 그런 규정이나 보조 도구가 없다. 그러니 나는 그런 신병들에게 모두 청나라 관리 같은 콧수염이나 턱 양쪽으로 풍성하게 자란 구레나룻을 당장 길러 보기를 권한다.

임을 의식하게 되면 부대의 일원으로서 부대를 위해 생각하기보다는 개인으로서 개인을 위해 생각하기 때문이다. 고래밥 포장지에서 남들과 반대 방향으로 헤엄치고 있는 고독한 고래와 같다. 개인은 문제를 일으킨다.

「디자이너보다는 공학자에 더 가깝죠.」 러플러는 자신이 하는 일을 그렇게 표현한다. 그녀는 맨 처음 디자인한 것이 수영복이었다고 했다. 언뜻 생각할 때는 수영복에서 군복으로의 전환이 좀 의아할지 모르지만, 실제로는 더 논리적인 흐름이 있다. 수영복을 디자인하려면 고기능 운동복 섬유에 대한 전문 지식을 갖추고 수영에 필요한 특수한 활동을 이해하고 있어야 한다. 속옷처럼 입을 수 있는 방탄조끼도 마찬가지다. 러플러의 동료인 달릴라 페르난데스는 지금은 폐업한 고급 웨딩드레스 업체인 프리실라 오브 보스턴Priscilla of Boston에 있다가 네이틱으로 왔다. 여기에도 같은 논리가 적용된다. 웨딩드레스는 유용 수명이 오후 반나절이면 끝나는 옷에 맞는 특수한 값비싼 천들을 겹겹이 겹쳐서 짓는다. 방폭복과 비슷한 점이 많다. 형태는 기능을 따른다. 대다수의 작업실보다 이곳이 더 그렇긴 해도 말이다. 방아쇠를 당길 수 있도록 엄지손가락 대신 집게손가락만 따로 뺀 손모아장갑을 작품집에 포함시킬 사람은 군복 디자이너밖에 없을 것이다.[16]

군대가 점점 첨단 기술화하면서, 현대의 군복은 옷이라기보다는 하나의 시스템에 가까워지고 있다. 온갖 기기들과 그 기기들을 작동시킬

16 혹한기 장갑 세트로 판매 중인 콜드 웨더 트리거 핑거 미텐 인서트Cold Weather Trigger Finger Mitten Insert가 그것이다. 인터미디엇 콜드 웻 글러브Intermediate Cold Wet Glove나 한창 유행하는 제품처럼 들리는 서머 플라이어스 글러브Summer Flyer's Glove와 정반대되는 제품이다.

전지와 부품이 들어간다. 육중한 장갑판과 기기들을 담은 조끼로 위협적인 인상을 심어 주기 이전에는 군복 자체가 그 일에 동원되기도 했다. 높은 모자와 견장 덕분에 장교는 더 키가 크고 어깨가 넓어 보인다. 군화도 그렇다. 무릎 가까이 올라오는 가죽 군화는 바짓가랑이를 보호했을 뿐 아니라, 사기도 확실히 고양시켰다. 군복은 통일성만이 아니라, 활력과 자신감도 빚어냈다. 파이핑,[17] 그로그랭,[18] 술로 마감하여 돋보이게 했고 새 것처럼 빳빳했다. 애넷 러플러의 말을 인용하자면, 〈지극히 쿠튀르〉[19]적이었다.

무더운 날씨에 편하도록 실용성에 중점을 둔 현재의 전투복은 헐겁게 입고 웃옷 자락을 바지 안에 쑤셔 넣지 않는다. 〈죽일 준비〉가 되어 있다고 말하기보다는 〈잠잘 준비〉가 되어 있다고 말하는 듯하다. 하지만 옷은 여전히 육군의 사기를 높이는 데 중요한 역할을 한다. 육군 전투복은 보통 남녀 공용이었지만, 여군들은 불만이었다. 많은 여군들에게 그 군복은 어깨와 허리 부위는 너무 넓은 반면, 엉덩이 부위는 너무 좁았다. 무릎 패드는 정강이에 닿곤 했다. 여군들은 그 군복을 끔찍이도 싫어했다. 결국 육군은 여성용 군복을 따로 만들기로 했다.

「하지만 여성용이라고 부를 수는 없어요.」 아세타가 말한다. 「남성들 중에서도 그걸 입는 이들이 있으니까요.」 대신 육군 전투복-대용품이라고 불린다. 〈키 작은 군인〉을 위한 군복이라는 뜻이다.

군대 패션이 실용성이나 연구나 사기 진작이 아니라, 그저 고위 인

---

17 piping. 올이 풀리지 않게 천 끝을 감싸서 마무리하는 방식 ── 옮긴이주.
18 grosgrain. 굵은 가로무늬가 뚜렷한 직물 ── 옮긴이주.
19 couture. 재봉한 맞춤 양복 ── 옮긴이주.

사의 의상 취향에서 유래하는 사례도 이따금 있다. 영국 역사에는 카디건 장군[20]과 래글런 장군[21]의 이름이 나온다. 나는 각자의 야영지에 있는 그들을 랜턴으로 비추면서 겉옷을 살펴보는 장면을 상상하곤 한다. 가장 최근에 미 육군의 한 참모 총장은 검은 양모 베레모를 육군 전투복의 모자로 결정했다. 양모의 방염성과 습기 제거 능력 때문이라기보다는 그저 그 모양이 마음에 들어서였다. 어찌나 좋아했던지, 그는 베리 개정 규칙에 예외 조항을 집어넣어야 하는 수고까지 마다하지 않았다. 게다가 휘하 군인들이 거의 만장일치로 챙이 달린 천 모자를 선호한다는 점도 아랑곳하지 않았다. 챙 모자를 선호하는 온갖 타당한 이유가 있었음에도 개의치 않았다. 챙 모자는 눈에 드는 햇빛을 가려 줄 뿐 아니라, 베레모보다 더 시원하며, 더 가볍고 바지 주머니에 쑤셔 넣었을 때 덜 불거진다(10년이 걸리긴 했지만, 육군은 마침내 챙 모자로 다시 돌아갈 수 있었다).

(네이틱 주변에서) 고위 인사의 취향에 따라 의복이 바뀐 사례 중 가장 자주 언급되는 것은 2005년부터 육군 전투복에 쓰여 온 일반 위장 무늬다. 사막에서든 도시에서든 숲에서든 군인을 숨겨 줄 수 있는 공통의 단일한 위장 무늬를 개발하자는 착상에서 나온 무늬였다. 당시 네이틱 위장 평가소는 패턴과 색깔을 조합하여 13가지 무늬를 개발해 해외로 보냈다. 현장 시험을 통해 반응을 얻기 위해서였다. 그런데 자

---

20 James Tomas Brudenell(1797~1868). 제7대 카디건 백작. 앞자락을 단추로 채우게 되어 있는 털로 짠 스웨터 카디건의 고안자이다 ─ 옮긴이주.

21 FitzRoy James Henry Somerset(1788~1855). 제1대 래글런 남작. 크림 전쟁에서 팔을 잃었는데, 그 점이 덜 눈에 띄도록 소매가 깃에서 곧바로 이어지도록 재단한 옷을 입었다. 이렇게 재단한 소매를 래글런 소매라고 한다 ─ 옮긴이주.

료를 받아서 연구를 채 마무리하기도 전에, 고위직에 있는 한 장군이 나서서 특정한 무늬를 선택해 버렸다. 게다가 그 무늬는 시험 대상에도 끼지 못한 것이었다. 이 새 위장 무늬는 아프가니스탄에서 거의 무용지물이었다. 결국 육군은 340억 달러의 예산을 들여서 그곳에 파견할 군대를 위한 더 안전한 위장 무늬를 2009년에 새로 개발했다.

위장은 패션의 관점에서 볼 때도 흥미롭다. 대체로 군은 민간 부문의 패션을 추종하기보다는 주도하는 쪽이다. 군은 민간 부문의 패션을 촉발했다가 나중에 그 패션을 뒤따를 때도 종종 있다. 20세기 중반에 미 육군의 위장 무늬는 패션의 주류로 등장하기 시작했다. 처음에 옷에서 시작하여 사회 전반으로 퍼져 나갔다. 내가 이 글을 쓰고 있는 지금, 여러분은 인터넷에 접속하여 위장 무늬가 찍힌 결혼반지, 반려견 스웨터, 아기 옷, 콘돔, 고무 샌들, 안전모, 축구화 밑창을 주문할 수 있다. 위장 무늬가 너무나 인기를 끄는 바람에, 결국 해군에서도 채택하자는 목소리가 커지기 시작했다. 그런데 현행 해군 작업복은 파란색 위장 무늬가 찍혀 있어서 많은 이들을 의아하게 만든다. 내가 요점을 놓치고 있는 것은 아닐까 하는 생각이 들어서, 한 해군 지휘관에게 그 색깔을 쓴 이유를 물어보았다. 그는 자기 바지를 내려다보면서 한숨을 내쉬었다. 「배 밖으로 떨어졌을 때 아무도 알아차리지 못하게 하려고 그랬나 봅니다.」

주홍색 속옷 일화야말로 군의 어리석은 패션 감각을 가장 잘 보여 주는 사례다. 『의학 회보*Medical Bulletin*』 1897년 6월 호에 실린 논문을 인용하자면, 20세기가 시작될 무렵 〈빨간 속옷이 어떤 신비한 치료 효과가 있다는 생각이 아주 널리 퍼져 있었다〉. 아무런 근거가 없었음에도, 이 개념은 미국 의무감실에까지 스며들었다. 육군 중령 윌리엄 우드는 인도에 주둔하는 영국 육군 장교들이 모자에 빨간 천을 두르면 열대의 뜨거운 태양을 견디기가 좀 수월해진다는 사실을 발견했다고 보고했다. 그러자 필리핀에 주둔한 군대를 대상으로 연구가 수행되었다. 모자를 조금밖에 준비하지 못했지만, 미국 군인들은 빨간 속옷도 좋다는 생각에 사로잡혔다. 아마 멋진 란제리나 신발 속의 키 높이 깔창 같은 일종의 숨겨진 심리적 욕구를 보여 주는 물건, 남몰래 간직한 보물인 양 여겼을 것이다. 그래서 주홍색 속옷 상하의 5천 벌을 당시 필라델피아에 있던 육군성 병참소에서 배편으로 보냈다. 대조군 역할을 할 흰색 팬티 5천 벌도 함께 보냈다. 그런 뒤 1년 동안 심신의 활력에 어떤 변화가 있는지 살펴보았다. 군인 1천 명을 실험 대상자로 선정했다.

속옷은 1908년 12월 1일에 도착했다. 그 직후부터 일에 차질이 생기기 시작했다. 속옷의 80퍼센트는 가장 몸집이 작은 사람에게조차 꽉 낄 만큼 작았다. 아마 속옷 제조업자들이 옷이 필리핀으로 보내진다는 것을 알고서, 필리핀 남성들이 입겠거니 오해하고서 더 작고 깡마른 엉덩이에 맞게끔 만들었을 것이다. 즉 지레짐작한 것일 수 있었다. 누가 알겠는가. 결국 600명을 실험에서 제외시켰다. 게다가 덩거리dungaree라는 거칠고 무거운 무명천을 소재로 한 바람에, 실험 대상자들은 아무도 땀을 흘리고 싶어 하지 않는 곳에서도 땀을 흘려야 했다. 그러니 빨간색이 제공할 것이라던 신비한 냉각 특성과는 정반대의 성질을 지닌 것이 분명했다. 덧붙여서 땀은 이중으로 당혹스러운 상황을 만들었다. 염료가 줄줄 배어났기 때문이다. 그리하여 실험 대상자들은 온갖 조롱과 비웃음을 받아야 했다. 〈동료들의 놀림거리〉가 되었다. 세탁을 하면서 한 달쯤 지나자, 빨간 속옷은 누렇게 되었다가 점점 〈지저분한 크림색〉으로 변해 갔다. 자주 빨지 않는 모자의 안감에서는 빗속을 달리거나 땀을 흘릴 때마다 빨간 염료가 새어 나와 얼굴로 줄줄 흘러내리면서 얼룩지게 했다. 그 군인들은 더욱 놀림거리가 되었다.

1년이 다 되었을 때, 실험 대상자들을 면담하여 그 특수한 속옷을 입은 경험이 어떠했는지 조사했다. 400명 중에서 조금이라도 긍정적인 말을 한 사람은 16명에 불과했다. 빨간 속옷은 더 덥고 더 가려웠다. 〈착용자를 신경질 나게 만들었다.〉 입고 있으면 덥고 따끔거리고 가렵고 더 빨리 지치게 할 뿐 아니라, 머리도 아프고 어지럽고 열도 나고 몽롱하고 짜증이 솟구치고 뱃속도 느글거렸다. 〈주홍색 속옷 실험〉이라는 그 보고서는 격년으로 열리는 극동 열대 의학 협회 학술 대회에서 낭독되었다. 대개 말라리아와 무좀에 관한 논문이 발표되던 그 학술 대회장 곳곳에서 낄낄거리는 소리가 울려 퍼졌을 것이 틀림없다.

덥고 불편한 군용 속옷을 이야기하는 중이니, 케블라 속옷에 관해서도 한마디 하고 넘어가자.

케블라 속옷 중에서 영국 육군에 납품하는 데 성공한 제품이 하나 있었다. 블래스트복서즈Blast Boxers라는 것이다.[22] 인생을 바꿀 상해

---

22 〈전투 기저귀〉나 〈폭발 기저귀〉라고 불리기도 한다. 하지만 〈코드피스codpiece〉는 아니다. 아마도 코드피스는 생식기 보호나 패션과는 아무 관련이 없었을 것이기 때문이다. C. S. 리드는 『내과 학회지Internal Medicine Journal』의 〈별난 의학사〉 란에 쓴 글에서 코드피스가 매독가래톳(syphilitic bubo, 매독에 걸려서 림프절에 염증이 생겨 부어오르는 증상)을 가리기 위한 것이고, 〈불룩한 양털 충전재〉가 〈생식기에서 나오는 악취 풍기는 다량의 고름과 피의

를 막아 준다는 제품이다.

「그걸 놓고 좀 논쟁이 있었지요.」 아세타가 말한다.

러플러의 아름다운 커다란 눈이 더 동그래진다. 「녹음 중인데요?」

「내가 시작했지요.」

폭스 뉴스의 기자가 전화를 걸어서 영국 군인은 방탄 속옷을 입는데 왜 미국 군인은 안 입는지 물었다고 했다. 아세타는 기자에게 말했다. 「방탄 속옷 같은 건 없어요.」 그는 자신들이 다른 것을 연구 중이라고 말한 다음, 통화를 마치고 네이틱 방탄 연구실에 전화를 걸었다. 실제로 그들은 뭘 연구하고 있었을까? 탄도학 연구자는 말했다. 실크 속옷이죠. 정말이라니까요.

면 같은 통기성을 지닌 다른 직물들은 섬유가 끊기면서 조각이 상처에 박혀서 감염을 촉발할 수 있지만, 실크는 다르다. 실크는 놀라울 만치 강하다. 특히 거미줄은 강도/밀도 비가 강철보다 낫다(한때 네이틱에는 4동 건물 지하에 〈거미 연구실〉이 있었다. 그곳의 과학자들은 거미줄의 독특한 단백질 구조를 분석하여 합성하는 연구를 했다).

강도가 높긴 하지만, 실크는 믿음직하지 않다. 케블라는 다르다. 사람들은 카키색 케블라(또는 더 새로운 사촌인 스펙트라Spectra와 다이니마Dyneema)가 사제 폭발물에 욱여넣은 금속 조각들을 막지 못한다

혼합물)을 흡수하는 데 쓰였다고 추정한다. 모두 추측이다. 코드피스도, 고름도, 양털 충전재도 수세기가 흐르는 동안 모두 사라졌기 때문이다. 세스너 항공기의 코처럼 튀어나온 코드피스가 달린 헨리 8세의 갑옷이 남아 있긴 하지만, 현재 역사가들은 그 왕이 매독에 걸렸다는 증거가 전혀 없다고 본다. 내가 확실히 말할 수 있는 것은 〈부보(Bubo, 쿠웨이트 시에 있는)〉가 〈버사(Bursa, 샌프란시스코에 있는)〉보다는 맛집을 찾아 나서기 좀 꺼려지는 지명이라는 것뿐이다.

는 사실을 알아차리지 못한다. 그런 것들을 막으려면 케블라 천을 15~40겹 덧대야 하며, 그러면 너무 무거워서 속옷으로 쓸 수 없다. 블래스트복서즈가 막아 주는 것은 지뢰가 터질 때 밀려드는 흙과 모래다. 그 점은 중요하다. 흙에는 상처 깊숙이 틀어박혀서 치료하기 어려운 감염을 일으킬 수 있는 곰팡이와 세균이 들어 있기 때문이다. 블래스트복서즈는 뛰어나다. 하지만 광고에서 시사하는 것 같은 방탄능력은 분명히 지니고 있지 않다. 아세타는 말한다. 「솔직히 말해서, 반란군이 70톤짜리 M1 탱크를 날려 버릴 만큼 강력한 폭탄을 만들 수 있다면, 속옷을 날려 버릴 폭탄쯤이야 얼마든지 만들 수 있지 않겠어요?」

붐박스Boom Box

폭발물 지대에서 차량을 모는 사람들의 안전

미국 시골에서 종종 볼 수 있듯이, 누군가가 교통 표지판에 구멍을 내놓았다. 노란 바탕에 우회전 화살표가 그려진 그 표지판은 체사피크만 가장자리를 따라 놓인 포장도로 옆에 서 있다. 구멍의 크기와 그 도로가 애버딘 성능 시험장을 관통하고 있다는 점을 생각할 때, 총알구멍이 아닐 가능성도 꽤 있다. 성능 시험장은 무기와 그 무기에 견딜 수 있게 만든 차량을 시험하는 곳으로서, 엄격하게 보안을 유지한다. 다음 표지판에는 이렇게 적혀 있다. 폭음 지역.

나는 애버딘의 336동 건물로 향한다. 전투 차량이 최신 위협에 맞설 장갑을 장착하기 위해up-armored — 군대에서는 업세이up-say라고 말하곤 한다 — 오는 곳이다. 오늘 아침 나를 맞이한 마크 로먼은 스트라이커[1] 계열 장갑 전투 차량들을 둘러본다. 그는 그 차량들을 사례로 인명을 구하는 방안에 관한 즉석 개인 지도를 내게 해줄 예정이다. 누

---

1 Stryker. 미 육군이 쓰는 8륜 장갑차 — 옮긴이주.

군가 폭발시키려고 시도하는 차량에 탄 사람을 안전하게 지킬 과학과 기술을 설명할 참이다.

일자무식인 나는 그 표지판을 강타한 것이 일종의 성형 폭약이라고 추측한다. 성형 폭약은 차량의 외피를 뚫고 들어가서 안에 있는 사람을 살상하는 데 쓰이는 이중 폭발물이다. 1차 폭발은 살상 폭발물을 표적 가까이로 운반한다. 목표한 장소에 도착하면 그 충격으로 내부의 폭발물이 터진다. 1차 폭발은 폭발물 앞쪽에 있는 금속 원반에 충격을 가한다. 폭발 에너지에 강타당한 금속 원반은 원뿔 모양으로 변형되면서 극도로 빠른 단거리 발사체가 된다. 이 발사체는 장갑 차량의 장갑판을 수월하게 뚫고 들어갈 수 있다. 누구나 들어본 적이 있을 로켓포(RPG, rocket-propelled grenade)가 이런 폭발물을 발사하는 장치다. 하지만 더 크고 더 치명적인 것들도 많다. 이란의 방위 산업체가 두께 36센티미터의 강철을 뚫고 들어갈 수 있는 발사체를 개발했다는 말도 있다. 성형 폭약으로 교통 표지판을 쏘는 것은 휴지에 구멍을 뚫겠다고 가죽 천공기를 쓰는 것과 비슷하다.

대체로 군대는 직전 전쟁 때 수중에 넣은 장비를 갖고 전쟁에 임한다. 미 해병대는 험비[2]를 갖고 이라크에 도착했다. 「일부 더 오래된 것들은 문이 캔버스로 되어 있었어요.」 마크가 말한다. 그도 해병대의 일원이었다. 그 뒤로 그의 머리카락은 허옇게 세었지만, 마치 해병대에게 알리려는 듯이 언제든 나설 준비가 된 건강한 몸을 유지해 왔다. 내가 새로운 폭발 편향 섀시에 관해 물었을 때, 그는 바퀴가 달린 작업용 판

---

2 Humvee. 다목적 군용 차량 — 옮긴이주.

을 가져왔다. 우리는 한 스트라이커 밑으로 기어 들어갔고, 누운 채 대화를 마저 했다.

이라크에 간 지 얼마 안 되었을 때, 미 육군은 차량에 멕서스MEXAS 장갑판을 장착하려 시도했다. 그 장갑판은 기관총 공격을 잘 막아 낸다. 「멍청한 짓이었죠.」 마크는 회상한다. 「그걸로는 로켓포를 막지 못해요.」 차량을 우회전 표지판으로 뒤덮는 꼴이나 다름없다. 육군은 반응 장갑 타일을 덧붙인다는 생각도 했다. 일종의 폭발하는 팝타트[3]다. RPG에 타격을 입으면, 충전재가 폭발한다. 바깥을 향한 이 폭발은 RPG의 폭발을 상쇄시키는 역할을 한다. 문제는 지나가던 사람이 그 폭발에 피해를 입을 수 있다는 것이다. 이라크에서 처음 분쟁이 일어났을 때 전투의 상당수가 도시 지역에서 벌어졌다는 점 — 그리고 대중의 〈감정과 마음을 얻겠다〉는 이유를 들어서 그랬다는 점 — 을 생각할 때, 반응 장갑은 그리 좋은 선택이 아니었을 것이다.

게다가 더 값싸고 더 단순한 방법이 먹힌다는 사실이 드러났다. 마크는 차량 밑에서 나와 다른 스트라이커 쪽으로 향한다. 철망형 장갑이라는 튼튼한 강철 격자를 두른 차량이다. 날아오는 RPG 포탄은 격자의 그물코에 주둥이가 박혀서 불발탄이 된다. 코를 움켜쥐어서 재채기를 멈추는 것과 비슷하다. 폭발을 막거나 폭발한 물질들이 밀려드는 것을 막는다. 어느 쪽이든 간에 효과가 있음이 입증되었다. 스트라이커는 RPG 포탄이 가득 꽂힌 고슴도치 같은 모습을 하고 느릿느릿 기지로 귀환하곤 했다. 철망형 장갑이 너무나 잘 막는 바람에 이라크 반

3 Pop-Tart. 얇은 비스킷 사이에 잼 같은 것을 바른 과자 — 옮긴이주.

군은 RPG를 대체로 포기하고 말았다.

그리고 사제 폭탄을 만드는 쪽으로 돌아섰다. 이라크전 초기에 그들은 사제 폭탄을 도로 양편에 매설했다. 이 사제 폭탄이 차량의 옆쪽을 강타하자, 육군은 차량 옆구리에 장갑판을 덧대고 차 유리를 〈교황 유리〉— 교황이 순방 행사를 하는 내내 타는 차량에 붙이는 두께 약 5센티미터의 투명한 장갑판을 가리킨다 — 로 교체함으로써 대응했다. 더 나아지긴 했지만, 포탑에서 갈겨 대는 기관총에는 속수무책이었다. 대원들은 장갑판 안쪽에 모래주머니를 채워 보았지만, 모래주머니가 터지면서 모래알을 포처럼 쏘아댔다. 그래서 총알을 막는 장갑을 덧붙여야 했다.

그러자 차의 무게가 더 늘어났다. 추가된 장갑판들 때문에 험비 엔진은 언덕을 올라갈 때면 빌빌거리면서 굉음을 질러 댔고, 내려갈 때면 브레이크가 타면서 연기를 뿜어냈다. 추가된 보호 장비들 때문에 스트라이커는 무게가 약 0.5톤 늘어났다. 그 차량의 설계 하중을 훨씬 초과했다. 서스펜션과 타이어를 보강하고, 엔진을 교체할 수는 있지만 — 그런 조치들을 다 했다 — 그래도 해결되지 않은 문제들이 있다. 무게가 어떤 수준을 넘어서면, 장갑 차량은 고질라처럼 풍경을 헤치기 시작한다. 아스팔트를 쪼개고, 제방을 무너뜨린다. 너무 무거워서 항공기 적재 용량을 초과한다. 그래서 장갑판이나 보강재가 추가될 때마다, 마크 같은 대원들은 무게가 비슷한 물품을 찾아서 내버려야 했다. 그리고 스트라이커는 편의 설비를 잘 갖춘 차가 아니다. 차에 화장실 같은 것은 없다(빈 스포츠 음료 병이 있긴 하다). 초기 모델은 에어컨도 없었다. 나는 마크에게 컵 받침대가 남아 있는 것을 보니 반갑다고 말한다. 그러자 잠시 정중한 침묵이 이어진다. 마크 로먼이 내 무지가 불러일으킨 침묵을 깬다. 그것은 소총 받침대다.

창피하니 아프가니스탄 이야기로 빨리 넘어가자. 50킬로그램짜리 사제 폭탄이 난무하는 땅이다. 장갑판을 무력화하기 위해, 반군은 도로 옆이 아니라 도로 한가운데에 폭발물을 매설함으로써 밑에서 차량을 공격하는 방법으로 전환했다. 대부분의 트럭이 그렇듯이, 당시 미국의 전투 차량은 차대가 편평했다. 더 나중에 나온 차량들은 V자나 이중 V자 모양의 차대로 폭발 에너지가 비껴가도록 한 반면, 편평한 차들은 폭발의 충격을 고스란히 받았다. 그리고 좌석이 승객 칸 바닥에 볼트로 고정돼 있어서, 폭발 에너지가 탑승자의 발, 척추, 골반으로 고스란히 전달되곤 했다. 심한 충격을 받아야 했다.

더 신형 차량은 좌석 밑에 여유 공간을 두고 있다. 그러면 폭발의 힘이 바깥으로 방출되면서 빠르게 줄어든다. 그래도 30~60센티미터 이내에서는 에너지가 대단히 응축되어 있어서 고체 탄환처럼 작용하여 차량 바닥을 뚫을 수 있다. 차체가 뚫리면서 온전했던 원형을 잃는 순간, 부서져 나간 모든 조각과 부품은 발사체가 된다. 육군 병사와 해병대원은 비행기 조종사가 방호복을 입는 대신에 깔고 앉는 것과 같은 이유로 험비 바닥에 모래주머니를 쌓아 두곤 했다. 죽음은 밑에서 오기 때문이었다.

차량 밑 폭파 시나리오가 너무나 섬뜩했기에 미국 중앙 사령부는 중대한 조치를 취했다. 합동 긴급 작전 요구서, 즉 주온(JUON, Joint Urgent Operational Need Statement)을 선포했다. 이 요구서에 적힌 내용이 15개 단어를 넘는 것은 분명하지만, 핵심은 이랬다. 폭탄을 밟고 지나가도 안에 탄 모든 사람의 목숨을 지켜 줄 수 있는 전투 차량을 내놓을 것. 9개 업체가 나중에 엠랩MRAP이라고 불리게 될 차량의 시제품을 제출했다. 엠랩은 지뢰에 견디고 매복을 막는다는 뜻이다. 하지만 그 차량들을 현장에 투입하지 않은 채, 어느 것이 가장 안전한지, 그리고 정확히 얼마나 안전한지를 알아낼 방법이 있을까? 〈인명 취약성 분석가personnel vulnerability analyst〉를 고용하자.

육군 연구소는 생물 방어 전공으로 대학원 학위를 따고서 존스 홉킨스 의대 예과에 다니던 니콜 브로코프를 잽싸게 낚아채 왔다. 국방장관 민간인 공로 훈장의 최연소 수상자였다. 그녀는 벤치 프레스에 누워서 85킬로그램까지 들어올린다. 그녀의 사무실은 국방부에 있지만, 겸사겸사 몇 가지 일을 하기 위해 연구소로 출장을 나왔다. 나를 만나는 일도 그중 하나였다. 마크가 설명을 떠맡을 때마다, 브로코프는 뒤로 처져서 전화기를 꺼낸다. 무례해 보이지는 않는다. 그저 너무나 바쁘고, 일들을 다 잘 처리하려고 하는 것일 뿐이다. 나는 그녀가 내 시야 범위의 가장자리를 오락가락하면서 전자 우편에 답하는 모습을 본다. 그녀는 게으름을 피우는 사람을 도저히 두고 보지 못할 것 같은 인상을 풍긴다. 매력적이고 논리정연하고 몸놀림이 빠르고 강인하다. 그녀가 지나가면 사람들은 저도 모르게 시선을 뺏긴다.

브로코프는 사제 폭탄에 대응하기 위해 개조한 것을 하나 더 보여 주겠다고 한다. 충격 에너지를 줄여 주는 좌석이다. 우리는 스트라이커 보병 수송차의 승객 칸에 올라탄다. 공연용 박스카처럼 보통 차문 대신 내리면 경사로가 되는 문이 달려 있다. 이 신형 좌석의 좋은 점은 첫째, 더 이상 바닥에 볼트로 고정되어 있지 않다는 것이다. 둘째, 밑에 충격을 흡수하는 특수한 피스톤이 달려 있다. 무엇이 특수한가 하면, 눌렀다가 원상회복되는 금속이 안에 들어 있어서 좌석이 내려앉는 속도를 늦추어서 바닥에 쾅 충돌하는 것을 막아 준다. 탑승자의 발과 아랫다리를 보호하려면, 바닥에 쾅 부딪히지 않게 막는 것이 핵심이다. 각 좌석의 발판은 마주 앉았을 때 서로 엇갈리도록 되어 있다. 즉 몇 시간씩 서로의 무릎 사이에 다리를 밀어 넣고 앉아 있어야 한다는 뜻이다. 뒤따라 올라온 마크는 그런 식으로 무릎을 세운 채 앉아 있다 보면 엉덩이에 감각이 없어지곤 한다고 덧붙인다. 「변기에 아주 오래 앉아서 책을 읽을 때처럼요. 화장실 마비 증세가 나타나지요.」

화장실 마비라는 말이 내려앉을 곳을 찾지 못한 채 빙빙 떠돈다. 「남자들이 그렇다는 거예요.」 브로코프가 마무리를 짓는다.

장시간 타고 있으면 전투원의 발은 안전한 발판 위에서 멍해질 것이 확실하다. 하지만 그들의 지휘관은 어느 길목이 가장 위험한지 알 테니까, 고개 들라고 미리 경고를 해줄 수 있을 것이다.

고개 들라는 말이 나왔으니 말인데, 나는 차 지붕에 뇌 손상을 막아줄 에어백이 있는지 묻는다. 불행히도 자동차 에어백은 반응 속도가 느려서 폭발하는 순간에 튀어나와서 지켜 줄 수가 없다. 국방부에서 일하기 시작한 초기에, 브로코프는 한 장군에게 고속 에너지의 충격을 완화시킬 방법을 연구하고 싶다고 말했다. 장군은 나스카[4]에 이야기하라고 했다.

「나는 말했죠. 〈죄송합니다만, 장군님…….〉」 인원 수송차의 바닥에

---

4 NASCAR(National Association for Stock Car Auto Racing). 미국의 개조차 경주 대회 — 옮긴이주.

가해지는 충격은 나스카 경주차의 속도보다 훨씬 더 빠르다. 그리고 방출되는 힘도 훨씬 더 크다. 게다가 나스카의 접근 방식은 전투 차량에 맞지 않을 것이다. 경주차 운전자는 택배 상자에 담긴 유리잔처럼, 좌석에 꽉 밀착되어 있다. 머리도 꽉 조이고 지탱하기 때문에, 목이 부러지거나 뇌가 머리뼈에 포탄처럼 충돌하는 일도 없다. 대니커 패트릭[5]은 운전석 옆 창밖을 돌아보면서 자기 팀의 동료들에게 웃음 짓는 일조차 할 수 없다. 전투 차량은 정반대다. 운전병과 사수는 수상쩍은 것이 없는지 계속 사방을 살펴보아야 한다. 쓰레기 더미나 죽은 염소에도 폭탄이 숨겨져 있을 수 있고, 사람이 들고 있는 휴대 전화는 무선 폭파 장치일 수도 있고, 손가락을 귀에 대고 있는 아이는 신호를 보내고 있는 것일 수 있다.

육군은 기존 차량의 안전성을 강화하는 데 애쓰는 한편으로, 새로운 엠랩들을 평가하는 일도 서둘렀다. 브로코프가 첫 출근을 했을 때, 동료들은 자동차 산업에서 쓰는 충돌 시험용 인형(더미)을 써서 실험하고 있었다. 하이브리드 III라는 것이었다. 더미를 쓰는 이유는 첫째, 쓰라고 나와 있기 때문이다. 둘째, 어느 정도는 타당하기 때문이다. 자동차 충돌과 하부 폭발은 둘 다 무딘 힘 외상blunt force trauma을 일으킨다. 차량 내부의 무언가와 부딪힐 때 입는 상해를 가리킨다(폭발 압력파가 우리를 관통하면서 입히는 상해 — 장기와 고막의 파열 같은 — 와 정반대다. 차량은 그런 압력파를 대부분 막아 준다).

바로 그 점이 문제였다. 자동차 충돌 시험용 더미는 주로 두 축 방향

5 Danica Patrick. 미국 여성 자동차 경주 선수 — 옮긴이주.

으로 가해지는 힘을 측정하기 위해 설계된 것이었다. 앞뒤 축(정면 충돌)과 좌우 축(측면 충돌)이 그것이다. 반면에 폭발 충격이 밑에서부터 올 때는 충격의 축이 몸에 수직이 된다. 즉 발꿈치에서 머리로 향한다. 브로코프는 동료들에게 부드럽게 말했다. 「앞으로 충분히 몸이 쏠릴 것 같지는 않네요.」 요점을 명확히 하기 위해, 그녀는 하이브리드 III를 시체와 나란히 앉힌 뒤, 폭발 때 어떤 충격을 받는지 촬영했다. 슬로 모션으로 재생하니, 더미가 폭발 시험용으로 적합하지 않다는 사실이 명확히 드러난다. 관절염이 있는 노인이 줌바 댄스 수업을 따라가려고 애쓰는 모습을 지켜보는 것과 비슷하다. 시체의 양팔은 도리깨질을 하듯이 날뛴 반면, 더미의 팔은 거의 움직임이 없다. 시체의 머리가 아래로 숙여질 때, 더미의 머리는 위로 치켜 올라간다. 시체의 허벅지는 좌석에서 10센티미터쯤 붕 떠오르며, 발목은 거의 구부러지지 않는다.

하이브리드 III는 상해 — 발, 아랫다리, 척추가 입는 — 의 기본 양상을 포착하지만, 브로코프 연구진이 원했던 세부 자료는 제공하지 않는다. 「우리는 심한 상해의 수많은 미묘한 세부 사항들을 놓치고 있었지요. 알아야 했어요. 치료를 하면 회복될 수 있는 상해로부터 삶을 바꾸고 불구로 만들고 더 나아가 목숨을 앗아갈 수도 있는 상해로 전환되는 지점이 어디일까요? 이런 트럭들을 시험할 때에는 그런 구분을 할 수 있어야 해요. 하지만 지금은 할 수가 없어요.」

그래서 육군은 자체 더미를 개발 중이다. 위맨(WIAMan, Warrior Injury Assessment Manikin)은 하부 폭발 시험용 더미로 제작될 것이다. 약 1백 명이 이 과제에 매달려 있다(내가 최대한 파악해 본 결과, 그들 중 영화 「잭애스Jackass」를 본 사람은 거의 없었다. 따라서 등장인물

중 한 명인 키 작은 위 맨Wee Man을 아는 사람도 거의 없었다).

위맨 개발의 첫 단계는 자동차 충돌 시험용 더미를 개발할 때와 같
은 방식으로 이루어진다. 시체와 생명 공학자, 규모를 달리하면서 이
루어지는 폭발 시험, 부검을 통한 상해 평가라는 절차를 걸친다. 이런
일들을 시작할 수 있으려면, 먼저 폭발 장치를 만들어야 한다. 바로 밑
에서 이루어지는 폭발을 견딜 수 있을 만큼 튼튼한 장치를 설치해야
한다. 흔히 타워라고 불리는 이 장치는 지도 제작자들이 비어포인트
Bear Point, 애버딘 폭발 효과 분과에서는 EF13(Experimental Facility
13)이라고 부르는 곳 인근의 풀밭에 설치돼 있다. 나는 점심 식사 후에
EF13으로 향한다. 시체들은 이미 와 있다. 타워 기단에 놓인 좌석에
앉혀져 있다. 대학교 3곳의 생명 공학 연구실들에 있던 것들을 전날 가
져왔다. 일부는 개조한 말 트레일러에 실려서 왔다. 말의 꼬리나 엉덩
이를 보겠다고 지나가는 차에서 고개를 한껏 내미는 아이들을 실망시
키면서 말이다.

EF13은 한 해 중 이 무렵이 가장 날씨가 좋다. 10월 말의 태양이 차
가운 공기를 덥히고, 흰나비들이 작업 중인 생명 공학자들의 주변을
맴돈다. 이 개간지는 참나무 숲에 에워 쌓여 있다. 참나무 잎은 단풍이
드는 중이며, 낙엽이 지려면 더 있어야 한다. 시체들도 가을 색깔의 옷
차림이다. 한 구는 오렌지색,[6] 다른 한 구는 노란색 라이크라 보디슈트

---

[6] 나는 자신들이 시신 의류 시장에 진출했다는 사실을 알고 있는지 알아보기 위해, 라이크
라 전신복을 파는 회사 중 한 곳인 밴듀Vandue 주식회사에 전자 우편을 보냈다. 고객 관리 담
당자는 금시초문이라고 답신했다. 은행 강도들 사이에 자기네 제품이 유행한다는 말을 듣긴
했다고 했다. 얼굴을 가려도 밖을 내다볼 수 있는(살아 있었을 때) 천이기 때문이다. 라이크라

차림이다. 지금 시체들은 졸고 있는 지하철 통근자처럼, 고개를 가슴에 처박은 채 좌석에 축 늘어져 있다.[7] 설치하는 데 이틀이 걸리므로, 시신들은 밤새 이 풀밭에 있었다. 전자 장치를 보호하기 위해 임시 천막이 설치되었고, 경비원 두 명이 인근에 주차된 트럭에서 교대로 감시를 했다. 비어포인트에 더 이상 곰은 보이지 않을지 몰라도, 코요테는 출몰한다. 그리고 죽음도 라이크라도 고기를 찾아 달려드는 코요테를 막지 못한다.

기단 아래에는 중동의 토양 조건이 고스란히 모사되어 있다. 정해진 실험 절차에 따라 덥히고 습기를 조절한 토양이다. 일관성과 반복성이 이 실험의 핵심 요소다. 오후 2시 30분경, 픽업 트럭이 폭발물인 C-4를 몇 킬로그램 싣고 도착할 것이다. 여기 있는 모든 이들은 으레 〈위협〉이라고 부르곤 한다. 2시 45분경, 생명 공학자들과 투자자들과 나 같은 구경꾼들은 근처 엄폐호로 안내될 것이고, 위협은 그 특수한 흙에 매설되고 도화선이 연결될 것이다. 이어서 타워 기단으로 올라가는 나무 계단이 치워질 것이고(목수들이 다시 만들 필요가 없도록), 경고음이 세 차례 울릴 것이다. 그 뒤에 위협은 사건이 된다. 타워, 위협, 사건. 타로 카드 세 장이 이곳에서 펼쳐지는 듯하다.

이제 정오가 막 지난다. 장거리를 운송되어 온 터이니, 시신들에 연

옷을 더 자주 입는 스포츠 애호가와 할로윈에 분장하고 흥청망청 즐기는 이들과 달리, 강도짓을 하다가 시체가 된 악당은 아마 라이크라 위를 다른 천으로 더 가린 것이 아닐까? 나는 그렇지 않았기를 바라지만. 그리고 나는 그가 이왕이면 양말 원숭이 무늬를 골랐기를 바란다.

7 거꾸로, 잠자는 지하철 승객은 시체와 똑같아 보인다. 조용히 숨을 거둔 뒤 고개를 푹 숙인 상태로 있어서 순환선 전철이 몇 바퀴 도는 동안 아무도 알아차리지 못했다는 승객에 관한 뉴스 기사가 으레 나오는 것을 보면 알 수 있다. 〈1호선 전철을 몇 시간 동안 타고 있던 시신〉이라는 기사에 실린 승객의 말도 그렇다는 것을 말해 준다. 「그냥 자는 모습과 똑같았어요.」

결된 장치들을 다시 점검한다. 뼈에 부착된 감지기들로부터 팔다리와 척추 속에 깔린 전선을 타고 데이터가 흘러나와 수집될 것이다. 일종의 인공 신경계다. 실제 사람의 감각 자료는 신경을 타고 뇌로 향하지만, 여기서는 위맨 데이터 수집 시스템으로 모인다. 각 시신의 목 뒤로 전선 다발이 빠져나와서 시스템에 입력된다.

폭발 뒤에는 시신을 부검하여 상해 양상을 파악할 것이다. 차량 평가자들은 이 정보를 이용하여 위맨의 감지기들이 기록한 가속도와 손상과 중력을 해석할 수 있을 것이다. 시신의 공헌 덕분에, 위맨은 각기 다른 규모의 힘이 실제 폭발 때 어떤 상해를 얼마나 입힐지 예측할 수 있게 될 것이다. 위맨은 2021년쯤에야 나오겠지만, 그 동안에 시신 손상 자료를 이용하여 전달 함수를, 즉 하이브리드 III에 적용할 일종의 자동 번역 프로그램을 만들 수 있다.

이때쯤 시신은 허리를 곧게 펴서 식탁 앞에 앉은 것과 비슷한 자세로 놓는다. 고꾸라지지 않도록 포장 테이프를 써서 고정시킨다(앞으로 몇 달에 걸쳐, 더 현실적인 자세들을 취했을 때의 자료도 모을 것이다. 다리를 쭉 뻗거나 의자 밑으로 웅크린 자세 등등). 생명 공학자 한 명이 함께 출연한 배우에게 입을 맞추려 하는 영화배우 같은 자세로, 두 손으로 시신의 머리를 잡고 있다. 다른 한 사람은 가느다란 철사로 시선이 정면을 향하도록 고정시킨다. 움직임을 방해할 만큼 꽉 묶지는 않는다. 시신의 움직임은 동서남북에 구축한 엄폐호에 설치된 비디오 카메라에 찍힐 것이다. 모든 것이 절차로 정해져 있다. 시신의 무릎 각도, 손이 허벅지에 놓이는 위치, 신발 끈을 묶는 힘의 세기 등까지 절차로 규정되어 있다.

목가적인 주변 풍경과 달리, 사람들은 시신을 일정에 맞추어 준비하기 위해 엄청나게 애쓰고 있다. 나비 한 마리가 한 생명 공학자의 어깨에 내려앉는다. 당사자는 알아차리지 못한다. 어치가 포장 테이프를 뜯어내는 찍찍거리는 소음에 화답한다. 아니, 그렇게 들린다. 꼼짝하지 않고 있는 시신에 대비되어 과학자들의 부산한 모습이 과장스럽게 비친다. 시신이 마치 분장하기 위해 앉아 있는 앵커맨처럼 보인다. 이 화창한 가을날에 야외에 나와 있다니 얼마나 멋진 일인가. 자신들이 하겠다고 동의한 일을 잘 이해하고 있는 이들과 함께 하고 있으니 얼마나 멋진 일인가. 죽은 사람인 그들만이 할 수 있는 이 기이한 일을 말이다. 고통도 전혀 못 느끼고, 뼈가 부러져도 후유증이나 치료 따위는 개의치 않는 이들은 일종의 초능력을 지닌 셈이다. 몸에 착 달라붙는 라이크라 의상이야말로 딱 어울린다는 생각이 문득 든다.

　모두가 나처럼 생각하는 것은 아니다. 2007년, 국방부의 누군가가 육군 참모 총장에게 위맨 예비 실험을 왜 하냐고 투덜거렸다. 2015년까지 위맨 계획 책임자로 있었던 랜디 코츠는 말한다. 「결코 잊지 못할 겁니다. 수요일 저녁, 7시쯤이었어요. 애버딘에 있는 대령이 전화를 했어요. 그곳에서 실험을 진행할 예정이었죠. 그가 말했지요. 〈육군 참모 총장께서 실험을 중단시켰어요.〉 시신 세 구를 구해 와서 여러 사람들이 며칠 동안 밤새도록 달라붙어서 준비해 왔는데 말입니다.」 브로코프도 그 일을 떠올린다. 「누군가 자신의 신앙이 모욕당했다고 느꼈나 봐요.」 그녀의 상관은 참모 총장을 찾아가서 설명하고자 했다. 사람이 어떻게 반응하는지를 알아내지 못하면 인체 모형을 만들 수가 없어요. 그러다가 열이 받아서 길길이 날뛰었다. 이런 식으로 마지막 순간에 계획을 중단시키면 엄청난 예산을 낭비하게 될 뿐 아니라, 기증자의 시신도 버려지게 될 것이라고 항의했다. 다행히 시신이 부패하여 실험해도 결과를 믿을 수 없는 상황이 벌어지기 바로 전날인 금요일에 가까스로 실험을 재개할 수 있었다. 시신을 대상으로 한 최초의 모험적인 연구였기에, 당연히도 2성과 3성 장군 여러 명이 참관하러 왔다.

위맨 실제 폭파 실험을 감독하는 제이슨 타이스는 그 갑작스러운 집중 감시가 한 가지 긍정적인 역할을 했을지도 모른다고 지적했다. 「지휘관들에게 병사가 어떤 위험에 처하는지 깨닫게 해주었을 겁니다.」 내 나름대로 풀이하자면, 지휘관들이 시신 걱정을 좀 덜하고 살아 있는 병사에게 좀 더 관심을 갖게 되었을지도 모른다는 것이다.

한편 국방부 소동이 가져온 불행한 결과는 승인 과정이 대단히 까다로워졌다는 것이다. 시신을 이용하는 연구 과제는 육군 연구소 소장과 연구소를 감독하는 기관인 연구 개발 및 공학 사령부의 승인을 받아야 한다. 그런 뒤 서류는 육군 의료 연구 및 군수 사령부의 사령관에게 넘어간다. 사령관은 다시 육군 의무감에게 넘기고, 의무감은 승인한 뒤 의회로 보낸다. 승인 여부를 알게 되기까지 2주가 걸린다. 그리고 승인 단계에서 이의를 제기하는 사람이 아무도 없을 때, 그럴 때에만 연구를 시작할 수 있다. 그러다 보니 전체 과정에 6개월이 걸릴 수도 있다.

또 한 가지 부수적인 결과는 〈민감한 이용-sensitive use〉 정책이 새로 도입되었다는 것이다. 시신을 기증하고자 하는 사람은 시신이 〈충격, 폭발, 탄도 검사, 충돌 시험, 기타 파괴력〉이 수반되는 연구나 실험에 쓰일 수도 있다고 적혀 있는 서류에 동의를 해야 한다고 규정한 정책이다.

그런 서류에 서명할 사람이 과연 있을까? 많은 이들이 한다. 코츠의 말에 따르면, 군인의 안전을 지키는 데 어떻게든 도움을 줄 수 있다는 생각에 흔쾌히 동의하는 이들도 있다고 한다. 실제로 입대하지 않고서도 조국에 봉사하는 방식이다. 목숨과 팔다리를 잃을 위험을 무릅쓰고서 더 큰 대의를 위해 애쓰려는 숭고한 이상에 이끌리기에, 죽은 뒤에라도 그렇게 하고 싶어 할 이들이 있을 것이라고 상상할 수 있다. 나는 다른 가치 있는 노력들에 시신을 기증하고자 하는 바로 그런 이들이 여기서도 대부분을 차지할 것이라고 추측한다. 의대생이 해부학을 배우기 위해, 외과의가 새로운 수술법이나 새로운 장비를 시험하기 위해 당신의 시신을 해부해도 괜찮다고 여긴다면, 당신은 아마 폭발하는 장비에 시신을 태우는 것도 개의치 않을 것이다. 〈내게는 더 이상 필요가 없을 거야〉 하는 것이 자신의 시신을 보는 기증자의 전형적인 태도다. 〈시신을 좋은 일에 쓰겠다면 얼마든지 써.〉

　제2차 세계 대전 때에는 갑판치기라고 했다. 수중의 수뢰와 어뢰가 폭발하면 갑판이 위로 치솟으면서 선원의 발꿈치뼈를 으깨 놓곤 했다. 외상 후 스트레스 장애를 〈전투 피로〉라고 부르는 것처럼, 삶을 바꿔 놓는 상해에 거드름 피우듯이 붙인 자기 위안적인 명칭이었다. 발꿈치뼈는 단단해서 잘 부러지지 않지만, 한편으로 깨지면 여간해서는 잘 붙지 않는다. 초기의 한 논문에 따르면, 의학회지에 실린 접근법이 84가지였다고 한다. 아마포로 감고 코티지치즈를 바른다. 〈점잖게 무시한다.〉 〈나무망치로 때려서 잘게 부순 뒤 손으로 주물러서〉 발꿈치 모양을 빚어낸다. 그 시대의 통계 자료는 거의 없지만, 발을 절단하는 비율이 25퍼센트라고 인용한 논문이 있다.

하부 폭발로 군의관들은 다시 발꿈치뼈에 관심을 갖게 되었다. 나무망치와 아마포는 수술과 핀으로 대체되었지만, 갑판치기 상해자의 발 절단 비율은 전보다도 더 높다. 최근에 40명을 조사한 자료에 따르면, 45퍼센트라고 한다. 이 문제는 어느 정도는 뼈가 아니라 지방과 관련이 있다. 발꿈치 지방덩이는 발꿈치 밑의 피부가 벗겨졌을 때 뼈가 손상되지 않게 막아 준다. 다른 신체 부위에는 없는 극도로 치밀한 섬유질 지방이다(심하게 짓눌렸다 펴지곤 하므로 구두장이들이 〈발꿈치의 젖가슴〉이라고 부르는 것도 납득이 간다). 지방덩이는 하부 폭발 때 흔히 손상되곤 하며, 때로는 들어내야 할 만큼 심하게 다치기도 한다. 이 지방덩이가 없으면, 걸을 때 심하게 아프다. 남극 탐험가 더글러스 모슨은 비타민 A 중독으로 발바닥이 다 벗겨져 나가자, 닥터숄Dr. Scholl의 두툼한 깔창 비슷한 것을 신발 바닥에 쑤셔 넣었다. 계속 걸으려면 그 방법밖에 없었다.

손상된 지방덩이를 대체할 만한 것이 있을까? 나는 정형외과의 카일 포터에게 물어보았다. 그는 월터 리드 국립 군 의료 센터에서 그런 환자들을 치료하고 있다. 「작은 실리콘 유방 보형물 같은 것 말이죠?」 사실 그 생각을 한 것은 아니었지만, 그런 것임은 확실하다.

「없어요.」 포터는 가슴 보형물이 발꿈치로 딛고 서는 힘에 견딜 수 있게 고안된 것이 아니라고 지적했다. 걸을 때 발꿈치뼈는 사람 몸무게의 200퍼센트에 해당하는 압력을 받는다. 달릴 때에는 400퍼센트까지도 올라간다. 그러니 실리콘 보형물은 파열되거나 누출될 가능성이 높다. 포터는 설령 버틴다고 해도, 느낌이 아주 이상할 것이라고 했다.

누군가가 신발에 쑤셔 넣은 가슴 보형물을 밟는 듯한 느낌일 것이다. 그러니 더글러스 모슨 외에 그 누가 그런 것을 원하겠는가?

30분 안에, 갑판치기가 엄폐호의 비디오 모니터로 생방송될 것이다. 지금 우리는 모두 엄폐호에 모여 있고, 폭발물 팀은 저 너머에서 폭탄을 준비하고 있다. 여기에는 비치된 것이 별로 없다. 가공된 흙을 데우는 데 쓰는 전자레인지가 몇 대 있다(〈흙만 데울 것〉이라고 적혀 있다). 문 옆에는 귀마개 공급기가 있다. 귀마개는 광택이 나는 파스텔 폼이다. 점화 플러그라고 불러도 될 만큼 제조하는 데 그쪽으로 꽤 신경을 쓴 듯하다. 벽시계는 시간이 잘못되어 있다. 한 남자가 설명한다. 「시계를 어느 부서의 누가 담당하는지 아무도 몰라요. 서머 타임에 따라 시간을 앞당기고 늦추는 일도 할 수 없어요.」

우리는 선 채로 비디오 화면을 응시한다. 산들바람에 타워 너머의 나무들이 흔들린다. 시간이 맞는 시계를 지닌 누군가가 카운트다운을 시작한다. 폭발 소리가 둔탁하게 들린다. 귀마개보다는 거리 때문이다. 우리는 800미터쯤 떨어져 있다. 시신들은 폭발에 날아가는 듯하다. 하지만 액션 영화에서처럼은 아니다. 과속 방지턱을 아주 빨리 넘는 것에 더 가깝다. 자동차 〈충돌 시험〉과 마찬가지로, 실제 사건보다 그것을 가리키는 언어가 더 섬뜩한 느낌을 일으킨다. 하부 폭발 시험 때 시신은 위로 솟구치지만, 산산조각나지는 않는다.

폭발 사건은 초당 10,000프레임의 속도로 촬영된다. 이 영상을 초당 15나 30프레임의 속도로 되감으면서, 연구자들은 0.5초 동안 벌어진 사건 속으로 깊이 들어갈 수 있다. 이제 우리는 예전에는 볼 수 없었던 것을 실시간으로 지켜볼 수 있다. 먼저 부츠가 납작해지면서 좌우 양쪽이 눈에 띄게 불룩해진다. 허벅지에 놓여 있던 둘째손가락이 올라간다. 마치 시신이 무언가를 가리키려 하는 듯하다. 아랫다리가 뻗으면서 올라간다. 고개가 숙여지고 양팔은 허들 선수가 도약할 때처럼 쭉 뻗친다. 코츠가 영상을 되감아서 내게 척추를 지켜보라고 말한다. 폭발의 에너지가 좌석 판으로 향하자, 시신의 엉덩이가 솟구치면서, 몸통이 짧아지고 배가 불룩해진다. 하부 폭발로 앉아 있는 병사의 척추는 5센티미터까지 짓눌릴 수 있다. 등의 통증과 손상이 흔한 것도 결코 놀랄 일이 아니다.

시신의 움직임을 이 속도로(또 이 옷차림으로) 보니 마치 현대 무용을 보는 듯하다. 팔다리가 쭉 뻗는 모습이 야만적이거나 폭력적인 요소는 전혀 없이 우아하고 아름답기만 하다. 하지만 실시간에서는 가해지는 힘이 조직이 미처 따라갈 수 없을 만치 너무나 빨리 팔다리를 움직인다. 근육이 혹사당하고, 힘줄이 찢기고, 뼈가 부러질 수도 있다. 고무찰흙 덩어리를 잡아당긴다고 상상해 보자. 천천히 잡아당기면, 방 이쪽 끝에서 저쪽 끝까지 늘어날 것이다. 하지만 확 잡아당기면 둘로 끊어진다. 또 신체 조직은 종류마다 변형 속도가 다르다. 폭발로 생긴 힘에 한 조직은 찢기지 않은 채 길이가 5분의 1 더 늘어나는 반면, 다른 조직은 겨우 5퍼센트 늘어날 수도 있다. 위맨은 이런 차이들을 반영하여 보정되고 결과를 예측하게 될 것이다.

육군 병사나 해병대원의 장기적인 삶의 질을 고려하기 시작한 것은 비교적 최근이다. 예전에 군 의사 결정권자들은 계획대로 진행할 것인가, 중단할 것인가 하는 문제에 더 치중했다. 임무를 완수할 수 없을 만큼 병사의 부상이 심한가? 장기판의 졸을 또 하나 잃었는가? 위맨은 그 질문에 답하겠지만, 다른 질문들에도 답을 할 것이다. 이 병사는 여생을 등 통증에 시달리며 살게 될 가능성이 높을까? 절뚝거리게 될까? 차라리 발을 잘라 내는 편이 낫다고 생각할 만큼 발꿈치뼈가 몹시 아플까? 그 답들이 그들이 내리는 결정에 영향을 줄 수도 있고 그렇지 않을 수도 있지만, 적어도 그 계산을 하려는 이들을 위한 방정식의 일부가 될 것이다.

336동 건물로 돌아갔을 때, 나는 담당자들에게 스트라이커를 한 번 몰아도 되는지 묻는다. 아마 안 되는 모양이다. 하지만 자상한 부모처럼, 마크는 내가 운전석에 앉아서 운전대를 이리저리 돌리는 것까지는 해도 좋다고 허락한다. 손이 닿을 만한 곳에 있는 다른 모든 것들은 거의 다 튼튼한 군용 제품처럼 보이는 반면, 모든 토글스위치와 강철, 운전대는 1990년대 버짓Budget 렌터카에서 뜯어 온 것처럼 보인다(아마 그럴지도 모른다. 스트라이커의 제조사인 제너럴다이내믹스는 쉐보레도 소유하고 있다).

마크는 차량을 다시 주차하기 위해 나를 운전석에서 내쫓는다. 브로코프는 주차장 끝으로 빠르게 걸어가더니 일종의 플라스틱 충전재를 찾아낸다. 그녀는 스트라이커를 향해 달려와서, 그것을 맨 뒤쪽 타이어 뒤에 끼운다. 그러자 군대 청각 전문가들의 책 어디에도 나오지 않을 법한 소음이 난다. 18톤짜리 스트라이커가 후진하면서 한 아름의 뽁뽁이를 짓밟고 올라가면서 내는 소리다.

GRUNT
3장

귀를 이용한 전투

군대 소음의 수수께끼

미국 해병대는 귀마개를 많이 구입한다. 펜들턴 기지에는 곳곳에서 귀마개를 볼 수 있다. 사격장의 관람석 밑에도, 세탁기 바닥에도 있다. 효과가 좋으면서, 총알(총알도 세탁기에서 발견된다)만큼 싸다.[1] 수십 년 동안 귀마개를 비롯한 수동적인 청력 보호 수단들은 군 청력 보존 사업들에서 주된 방어 무기가 되어 왔다. 이런 상황을 바꾸고 싶어 할 사람들, 비용이 훨씬 더 늘어날 수 있다고 믿는 사람들이 있다. 귀마개가 총알만큼 치명적이 될 수 있다고 믿는 이들이다.

대다수의 귀마개는 소음을 30데시벨쯤 줄여 준다. 꾸준히 들려오는

---

1 그리고 딱히 요구하지는 않았을지라도, 총알과 귀마개는 비슷한 점이 하나 더 있다. 둘 다 의사들이 비명으로부터 귀를 보호하기 위해 써 왔다는 사실이다. 『육군 의무부 회지*The Army Medical Department Journal*』에는 마취제가 나오기 이전 시대에 수술할 병사에게 총알을 물고 있으라고 준 진짜 이유가 통증을 견디는 데 도움을 주기 위해서가 아니라, 비명을 막기 위해서였다고 실려 있다. 그리고 「E-A-R 폼 귀마개의 역사와 발전」이라는 논문에도, 응급실 의사들이 〈힘든 치료를 할 때 아이들의 비명을 막기 위해〉 폼을 쓴다고 적혀 있다. 이 내용은 〈특별한 응용 사례〉라는 항목에 적혀 있었다. 특별하다고 할 수 있는 것은 전혀 없었는데도 말이다. 폼 귀마개의 역사라는 제목에 혹해서 내가 너무 터무니없는 기대를 하고 있었나 보다.

지겨운 배경 소음을 줄이는 데에는 도움이 된다. 브래들리 전투 장갑차가 아스팔트 위를 덜거덕거리며 지나가는 소음(130데시벨)이나 블랙호크 헬기의 푸드득 소리(106데시벨) 같은 것들이다. 30데시벨이 별 것 아닌 것 같지만, 실제로는 중요하다. 시끄러운 소음의 세기가 3데시벨 커질 때마다, 청력 손실 위험이 없는 노출 가능 시간은 절반씩 줄어든다. 사람의 맨귀는 85데시벨(고속도로 소음, 혼잡한 식당)까지의 소리에는 하루에 8시간씩 노출되어도 청력 손실이 없다. 115데시벨(사슬톱, 록 콘서트 무대 바로 앞)의 소음은 안전한 노출 시간이 30초에 불과하다. AT4 대전차 화기가 뿜는 187데시벨의 소음에는 1초밖에 견디지 못하는데, 그 짧은 노출에도 보호되지 않은 맨귀는 청력이 영구적으로 저하된다.

귀마개는 사람이 외치는 소리나 상대방 소총의 장전 손잡이가 내는 소리를 줄이는 데에는 효과가 덜하다. 평균 30데시벨의 청력 손실을 입은 병사는 복귀하여 다시 일을 하기 위해 권리 포기 각서를 써야 할지도 모른다. 그가 맡은 일이 무엇이냐에 따라, 자신과 자기 부대를 위험에 빠뜨릴 수도 있기 때문이다. 「폼 귀마개를 내줄 때 우리가 무엇을 하는 걸까요?」 펜들턴 기지에서 연간 몇 차례씩 군 청각학자들을 대상으로 시뮬레이션 훈련을 하는 에릭 펠런이 말한다. 「그 정도의 청력 상실이 자연적으로 일어난 것이라면, 과연 그 병사를 부대에 배치해도 될지 고민해야 할 겁니다. 우리는 그 정도로 그들의 청력을 손상시키고 있어요. 이것이 미친 짓이 아니라면, 대체 뭘까요?」

펠런은 지금 강의실에서 강의를 하는 중이지만, 점심을 먹은 뒤 참석한 청각학자들은 실제 상황을 모사한 전투를 경험할 것이다. 국방부 청력 공동 연구 센터와 함께 일하는 그는 아머콥스Armor Corps라는 회사와 계약을 맺었다. 아머콥스는 해병대 특수 작전 부대 중 한 팀을 끌어들였고, 그들은 공동으로 반나절짜리 전투 시나리오를 짰다. 청각 전문가들에게 현재의 접근법이 어떤 위험과 난맥상을 지니고 있는지 직접 느끼게 하기 위해서다. 그들이 더 나은 방안을 내놓기를 바라면서.

팰런은 수강생들을 아머콥스의 크레이그 블래싱게임에게 인계한다. 크레이그는 해병대 출신인데, 영화에 나오는 슈퍼히어로로 같은 넓은 턱과 우람한 근육을 자랑한다. 근육이 어찌나 굵은지 그가 슬라이드 영사기 앞으로 걸어가자 팔뚝에 영상 전체가 들어갈 정도다. 지금은 아침 10시인데, 크레이그가 나서자 음산한 기운이 드리워진다.

「오늘 여러분은 수동 청력 보호 장비를 낀 채 청각을 이용하여 상황을 이해하려 애쓰는 게 어떤 느낌인지를 실감할 수 있는 상황을 접하게 될 겁니다.」 크레이그는 확성기처럼 우렁차게 말한다. 그는 해병대에 있을 때 청력을 얼마간 잃었기 때문에 목소리가 커진 것이라고 해명하지만, 나는 그 구레나룻, 목소리, 폴로셔츠 밑의 가슴 근육 등 모든 것에 깃든 힘이 강하게 표출되기를 원하기 때문일 거라고 추측해본다.

크레이그와 마찬가지로 전직 해병대원이자 지금 아머콥스의 CEO로 있는 아론 이완시는 곧 청각학자들(그리고 나)을 청력 실습을 위해 바깥으로 데려갈 것이다. 그 뒤에 사격장으로 향할 것이므로, 방탄복과 전투 헬멧을 쓴 상태에서 이루어지는 보기 드문 청력 실습인 셈이다. 아론은 크레이그보다 키가 더 작고 더 말수가 적으며, 기분 좋은 샴푸 향기를 풍긴다. 그는 내 장비 장착을 도와준다. 「세상에나, 이 꽉 조이는 조끼 주머니에 립밤과 녹음기를 넣을 수 있네요?」「탄약을 넣는 곳입니다.」

건물 밖으로 나가자, 크레이그는 우리를 정찰 대형으로 정렬시킨다. 전투 지역에서는 길을 걷는 데에도 나름의 전략이 있다. 수류탄 파편의 〈살상 반경〉은 4.5미터다. 부대가 관광객처럼 엉성하게 무리를 지어 걷다가는 수류탄 한 발에 많은 인명 피해가 날 수 있다. 그래서 정찰할 때는 서로 4.5~15미터 간격을 두고 움직인다. 하지만 간격이 더 멀어질수록, 서로의 말이 잘 들리지 않게 된다. 청각 보호 기구를 착용 중이면 더욱 그렇다.

아론이 맨 앞에, 크레이그가 맨 뒤에 선다. 우리는 전동 공구를 작동시킬 때 착용하는 것과 비슷한 귀걸이를 끼고 있다. 크레이그의 말소리가 그를 아주 작게 축소시켜서 양념 병에 집어넣은 것처럼 들린다. 나는 그가 〈오른쪽으로〉라고 말하는 소리를 들었다고 믿는다. 나는 그 말을 도로 오른편으로 비키라는 뜻으로 해석한다. 그래서 나는 도로를 건너기 시작한다. 「왼쪽이에요.」 동료가 소리친다. 그의 말소리가 확실하게 들렸기에, 나는 몸을 돌린다. 그 순간 난데없이 나타난 듯한 검은 서버번 차량이 바로 옆을 스치듯 지나간다. 자갈밭 위를 달리는 2톤짜리 SUV가 소리 없이 다가올 수 있다니, 위험천만하기 그지없다.

팰런은 자신이 보병대에 있을 때 의사소통에 착오가 일어나는 것이 으레 있는 일이었다고 말한다. 「〈대체 지금 뭐하고 있는 거야?〉라는 말을 얼마나 자주 했는지 몰라요. 우리는 걸음을 멈추고, 흩어져서 몸을 숨기라는 명령을 종종 받곤 했지요. 그럴 때마다 옆에 있는 동료가 말하곤 했어요. 〈뭘 하라는 거야?〉 그러면 나도 말하지요. 〈제기랄, 나도 몰라.〉」〈이봐, 뭐하는 거야?〉라고 소리를 지를 수도 없다. 적이 듣고서 당신이 어디에 있는지 알아차릴 테니까.

다음 실습은 아론이 맡는다. 사격장 너머의 벌판에서 실탄을 이용한 〈전술 시나리오〉가 펼쳐진다. 그곳으로 가기 전에, 그는 우리가 끼고 있는 귀걸이의 단추를 누르라고 말한다. 그때가 내가 공책에 〈바이오닉(binoic, 생체 공학)〉이라고 적은 시점이다. 어릴 때, 나는 〈바이오닉 우먼[2]이라는 TV 드라마를 즐겨 보곤 했다. 더 앞서 나온 시리즈의 남자 주인공처럼, 그녀도 심한 사고로 신체 불구가 된 뒤 군이 개발 중인 시험용 초능력 보철 장치들을 장착하게 된다. 그것이 쓸 수 있는 마지막 수단이었다. 장치 중 하나는 귀에 이식되었다. 그녀가 머리를 젖히는 순간, 우리는 거리 저편에 서 있는 뷰익 리비에라에 탄 지하 세계의 두목 두 명이 나누는 대화를 도청하게 된다. 지금 나도 그녀의 놀라운 청력을 지니고 있다. 4.5미터 떨어진 곳에서 크레이그에게 말하는 아론의 목소리가 마치 그의 머리카락 샴푸 냄새도 맡을 수 있을 것처럼 아주 가까이에서 들린다.

우리가 착용한 장치의 이름은 티캡스(TCAPS, Tactical Communication and Protective System)다. 이 장치는 들어오는 소음을 분석한다. 조용한 소리는 증폭하고 큰 소리는 더 작게 재생한다(이 시스템은 무선 통신에도 적용되고 있다). 지금까지는 주로 특수 작전 부대원들만 티캡스

---

2 우리나라에는 〈소머즈〉라는 제목으로 방영되었다 — 옮긴이주.

71
3장 귀를 이용한 전투

를 쓰고 있다. 이유는? 물론 예산 때문이다. 그러나 또한 이 장치의 예산은 무선 부문에서 나오는데 대다수의 보병은 무선 장치를 지니고 있지 않다는 사실 때문이기도 하다. 게다가 지휘관들 사이에서 회의적인 견해가 피력되기도 한다. 팰런은 말한다. 「선임 부사관들은 노골적으로 말할 겁니다. 〈이른바 첨단 기술의 경이가 될 쓰레기들, 고장나거나 배터리가 나가서 쓰지도 못하고 짐만 될 쓰레기들을 더 이상 안겨 주지 말라〉고요.」

공교롭게도 우리가 착용한 쓰레기는 팰런의 고용주인 3M이 만든 것이다. 「이 장치를 그 회사와 연결시켜 생각하지는 않았으면 좋겠어요.」 그가 내게 말한다. 나는 그런 생각을 전혀 하지 않고 있다. 팰런은 그 상표가 아니라 그 유형의 제품을 전도하고 있다. 3M은 군에 귀마개도 공급한다. 따라서 국방 예산이라는 파이를 어느 쪽으로든 맛보고 있는 셈이다.

이 전술 실습에는 청각 전문가들과 나 외에 해병대 특수 작전 부대원 12명도 참가하고 있다(부대명은 **빼달라**는 요청을 받았다). 아론이 우리에게 많은 내용을 짧게 전달한다.

「여러분은 아프가니스탄의 한 마을로 향하는 특수 작전 부대원입니다. 마을의 노인들과 연락망을 구축하는 것이 임무지요. 노인들의 환심을 사서, 그 지역에서 탈레반이 어떤 활동을 하는지 물어봅니다. 생활하기가 어떤지도 물어보고, 어떤 애로사항이 있는지도 물어보는 겁니다.」 아마 보청기를 끼워 줄 수도 있을 것이다. 「이 작전을 지원하기 위해 프레데터 드론이 공중에 떠 있고, 필요하면 특공대도 급파될 겁니다. 코브라나 휴이 헬기로요. 적이 실력 행사에 나서면 화기 지원 요청도 할 수 있습니다.」실력 행사에 나선다는 말은 사람들이 당신에게 총을 쏴대는 것을 가리키는 미군 용어다. 여기서는 가상의 사람들이지만, 특수 부대원들은 어쨌든 맞서서 사격을 할 것이다. 전투 시의 혼란과 소란 속에서 의사소통이 어떻게 이루어지는지 실습하기 위해서이니까.

우리는 무선 주파수 채널을 7로 맞춘 뒤, 특수 부대원 한 명당 두 명씩 뒤에 붙으라는 명령을 받는다. 가능한 가까이 붙되, 군화 뒤꿈치를 차지는 말란다. 아론이 말한다. 「그가 달리면, 여러분도 달립니다. 그가 한쪽 무릎을 땅에 대면, 여러분도 댑니다.」나는 헬멧 밑으로 땋은 머리를 늘어뜨린 중년의 청각학자와 함께 키 작은 대원의 뒤에 선다. 그는 코를 빼고 식별 가능한 특징들이 모두 일종의 장비로 가려져 있어서 뭐라고 묘사할 수가 없다. 그가 자기 소개를 하며 인사한다.

「안녕하세요, 난 메리예요.」청각학자가 대답한다.

「나도 메리예요.」

「좋습니다.」우리 특수 부대원이 말한다. 너무 많은 메리에 익숙하지 않은 게 분명하다. 「일이 좀 쉬워지겠네요.」

우리는 관목 숲으로 들어간다. 펜들턴 기지는 면적이 약 760제곱킬로미터이고, 캘리포니아 해안을 따라 27킬로미터쯤 뻗어 있다. 침투 훈련과 상륙 돌격 훈련을 위해 해안의 상당 부분은 야생 상태로 남겨 두었다. 미 해병대와 불안한 기색의 많은 야생 동물들을 위해 보존된 국립 공원 같다(보병은 동물을 쏘지 못하게 금지되어 있지만, 나는 그런 일이 일어난다고 추측한다. 최근에 펜들턴 기지 페인트볼 사격장에 들렀을 때, 어떤 느낌인지 알고 싶으니 직접 맞아 보겠다고 한 적이 있다. 해병대원 15명이 자원했다. 뽑힌 대원은 21미터 떨어진 곳에서 자신이 원하는 내 신체 부위를 정확히 쏘았다. 연구자가 찍은 동영상에 그가 한 말이 배경으로 깔려 있다. 「기분 아주 죽여주는데.」).[3]

숲을 지나가는 동안, 여러 사람들의 대화가 내 귀걸이로 들린다. 한 사람은 드론 조종사와 이야기를 하고 있고, 또 한 사람은 코브라 헬기 조종사 및 공격 통제관과 대화를 하는 중이다. 미국 대통령을 비롯한 모든 사람은 누구든 원한다면 무선 통신 장치를 7번 채널로 맞추면 다 들을 수 있다(오사마 빈라덴의 거주지를 덮쳤을 때, 네이비실은 티캡스를 착용하고 있었다. 그래서 오바마 대통령과 힐러리 클린턴 국무장관도 교신 내용을 듣고 있었다).

우리 앞의 대원이 대화 단추를 얼마나 자주 누르는지, 그 뒤를 따라가는 내 목소리가 얼마나 멀리까지 전달되는지 모르겠지만, 이 임무가 대본과 다소 어긋날 가능성도 있다.

「마을에 접근 중, 오버.」

「알았다, 리버티. 표적 지점의 상황은?」

「당신 목 뒤쪽에 선크림을 좀 발라야 할 것 같아요.」

「여기는 상공에 떠 있는 해머다. 군인 연령[4]의 남성 두 명이 보인다. 목적지로 향하고 있는 듯하다.」

「알았다, 해머.」

「탈레반도 청력 보호 장비를 쓰고 있나요?」

---

3 「당신을 꽤 잘 아는 사람 같았어요.」 그 연구자가 말했다.
4 아프가니스탄에서는 12세 이상을 뜻한다. 서양에 사는 우리는 장난감과 보드 게임을 하는 나이라고 순진하게 생각하는 나이다.

「여기는 해머. 마을에서 여자들과 아이들이 탈출하는 것을 보았다. 다른 군인 연령의 남성 두 명이 방수포로 덮인 무언가를 다루고 있다.」

「증원 실시.」

「할로, 로켓과 포 사용 승인 완료, 오버.」

「땅에 구멍들이 가득하네요. 박격포 흔적인가? 아니면……」

「공격 준비!」

「……뒤쥐 흔적일까요?」

「공격 임박!」

모의 공격이 시작된다. 나는 바로 뒤에 있는 메리와 함께, 우리 대원의 뒤를 가능한 한 바짝 따라붙으려 애쓴다. 그가 총을 쏘기 위해 멈출 때 등을 들이받지 않으려 하면서. 나는 우리 조가 어떻게 보일지 상상하려 애쓰지만, 내 뇌는 「제로 다크 서티」와 토끼뜀 사이에서 어느 쪽이 더 맞을지 판단을 내리지 못한다. 점심 식사를 하고 돌아오는 한 장교가 다른 장교의 옆구리를 쿡 찌르는 모습을 상상한다. 「저기서 대체 뭐하는 거야?」

「청각학자들이야.」

임무는 강의실 앞으로 돌아와서 끝난다. 우리는 장비를 반납하고 특수 작전 부대원들과 질의응답 시간을 갖기 위해 강의실로 들어간다. 그들은 강의실 앞에 늘어선 어울리지 않는 사무실용 의자에 앉는다. 첫 질문이 나온다. 「청력 손실을 입은 분은 몇 명인가요?」 12명 모두 손을 든다. 한 연구(티캡스가 쓰이기 전)에 따르면, 특수 작전 대원들은 육군에서 청력 손실을 입는 비율이 가장 높다고 한다. 훈련할 때와 실제 임무를 할 때 모두, 그들은 폭발물과 시끄러운 대포 주변에서 보내는 평균 시간이 더 길다. 저격수가 아니라면 말이다. 따라서 이 대원들은 아주 시끄럽거나 아주 조용하다.

「이해가 안 돼요.」 뒷줄에서 목소리가 들린다. 「청각학자로서 많은 환자를 만났지만, 진료실에 찾아와서 〈맙소사 귀가 안 들려요! 사고를 겪었는데, 지금은 청력이 손상되었어요〉라고 말하는 사람은 한 명도 없었거든요.」

8번 의자에 앉은 대원이 설명한다. 「대원들은 복귀해서 다시 일을 하고 싶어 합니다.」 청력 검사를 해서 정해진 기준보다 더 손상이 되었다고 드러난다면, 임무에 부적합하다는 판정을 받거나 권리 포기 각서를 써야만 복귀할 수 있다는 의미가 될 수 있다. 대체로 이들은 자신의 일을 사랑하는 사람들이다. 이들은 의사를 기피하는 것과 똑같은 이유로 청각학자를 피한다.

3번 의자의 대원도 동의한다. 「지금 하고 있는 일을 그만두고 싶지 않습니다. 그런 검사를 받을 때…… 어떻게 귀가 안 들린다고 말할 수 있겠어요? 나는 통과하고 싶어요. 그래서 꾸며내죠. 〈네, 음을 들은 것 같아요〉라고요.」 사기다!

또? 이들은 특수 작전 부대에 속해 있다. 맙소사, 〈귀가 안 들려요!〉는 이들의 대본에 없다. 실력 행사를 할 때면, 대원 중 50퍼센트 이상은 다치거나 죽을 것이다. 청각 상실은 이들이 걱정하면서 시간을 보낼 대상이 아니다. 주어진 것일 뿐이다. 2번 의자의 대원이 덧붙인다. 「여러분은 어느 정도의 청력 저하는 별개로 취급할 거라고 예상하시면 됩니다.」 팰런은 포병으로 있을 때 자신이 어느 정도의 청력 상실을 원했다고 말한 바 있다. 자기 부대원들이 모두 청력 손실을 입고 있었기 때문이다. 「청력 손실을 입지 않았다면, 아무 일도 하지 않았다는 뜻이었지요.」 또 그 말은 튼튼한 안쪽올리브달팽이관MO 반사 능력을 타고 났다는 뜻이기도 하다. 이 반사는 뇌로 향하는 엄청나게 큰 소리의 음량을 줄이는 일을 한다. 자연의 티캡스다. 오늘 여기에 와 있는 해군 잠수함 의학 연구소의 연구원 린 마셜은 추가 보호 조치를 취할 수 있도록 MO 반사 능력이 약한 사람들을 식별할 단순한 검사법을 개발하는 일을 해왔다.

6번 의자의 대원이 끼어든다. 「정부는 티캡스를 계속 밀어붙입니다. 이봐, 귀를 보호해 준다니까 하면서요. 하지만 우리에게는 통신이 주된 기능입니다. 상황 파악용이지요.」 청각 공동 연구 센터의 현황 자료에 따르면, 상황 파악은 50~60퍼센트가 청각을 통해 이루어진다고 한다.

팰런은 질문 하나만 더 받고 저녁 식사를 하자고 말한다. 이번에도 뒷줄에서 질문이 나온다. 거의 애원에 가까운 질문이다. 「지금까지 청각학자가 여러분에게 도움이 된 적이 있었나요?」

「있습니다.」 5번 의자의 대원이 자진해서 말한다. 여태껏 별 말을 안한 검은 머리에 검은 눈, 전반적으로 어두운 인상의 대원이다. 「내 보청기를 맞춰 줬습니다.」

흠, 와. 무슨 일이든 할 수 있는 강인한 특수 부대원이 보청기를 낀다고? 나는 안젤리나 졸리가 유방을 떼어 냈다는 뉴스를 읽었을 때처럼 좀 어안이 벙벙한 반응을 보인다. 대원은 더 나아가 자신 같은 사람이 임무에 부적합하다고 판정하는 정책에 의문을 제기한다. 「우리는 시력을 교정하는 장치를 껴도 좋다고 허용합니다. 나는 청력을 돕는 장치를 끼고 있는 겁니다.」 무슨 차이가 있을까? 미국 특수 작전 부대 사령부가 아마 오사마 빈 라덴을 죽이는 것보다 더 힘든 도전 과제를 해낼 수도 있지 않을까 하는 생각이 문득 든다. 보청기라는 낙인을 제거하는 일이다.

한 가지 흥미로운 사실은 퇴역한 4성 장군 데이비드 퍼트레이어스가 사격장에서 가슴에 총을 맞았는데, 그 당시에 위로해 주는 사람이 없었다는 것이다. 크레이그 블래싱게임의 일은 위로를 해주는 것이 아니다. 이곳 펜들턴 기지 사격장에서 그가 하는 일, 그리고 그가 잘 해내고 있는 일은 우리가 반자동 M16A4 돌격 소총을 쏘다가 뜨거운 탄피가 튀어서 셔츠 등쪽으로 들어왔을 때 응급조치를 취하고 가장 가까운 구급 헬리콥터 착륙 지점까지 수송하고, 그런 일을 겪은 뒤에 우리에게 남아 있을 수 있는 자기 만족감을 제거하는 것이다. (「그냥 말해요. 〈총알이 아니라, 탄피에 맞은 거예요.〉」)

특수 작전 대원들은 우리의 사격 교관 역할을 할 예정이다. 우리는 탄창 두 개에 담긴 총알을 쏠 것이다. 한 개는 귀마개를 끼고, 또 한 개는 티캡스를 끼고서다. 겉으로 보기에는 수동적인 청력 보호 기구를 끼고서 사격을 할 때 명령을 듣기가 얼마나 어려운지를 보여 주려는 것 같다. 나는 거기에 청각학자들을 꾀기 위한 의도도 들어 있을 것이라고 추측한다. 특수 작전 대원들과 함께 M16을 쏠 분! (내게는 그 유혹이 먹혔다.)

크레이그는 우리를 두 집단으로 나눈다. 한 집단은 사선에 서고, 내가 속한 집단은 몇 미터 뒤의 대기실에 모인다. 크레이그가 말한다.

「나는 도저히 못하겠다는 분이 있다면, 무서워지기 시작하는 분이 있다면, 총을 내려놓고 손을 들고 말하세요. 〈나는 안 되겠어요〉라고요.」 전쟁이 그런 식이기만 하다면.

귀마개가 제 일을 충분히 할 수 있을 만큼 깊이 꽂기 위해서는 귓바퀴를 잡아당겼다가 놓아야 한다. 전투 헬멧을 쓴 채로는 불가능한 일이다. 총격전의 열기에 휩싸여 있는 상황에서는, 어느 누구도 자신의 헬멧을 벗고 귓바퀴를 잡아당겨서 귀마개를 넣은 뒤, 이 과정 전부를 반대쪽 귀에도 한 다음 헬멧을 다시 묶을 시간을 내려 하지 않을 것이다. 사격장에서는 그런 일을 할 시간이 있고, 군인들이 대형을 짠 다음에 장전 명령을 받는 내전이 벌어지는 곳에서도 그럴 시간이 있었을지 모른다. 저번에는 저기, 이번에는 여기, 폭력 사태가 일어나려 하는 때를 알았고, 대비할 시간이 있었다. 그 시간이 대검을 꽂는 시간을 의미하든 귀마개를 꽂는 시간을 뜻하든 간에 말이다.

그런 1차원적인 전쟁터는 더 이상 없다. 어디든 최전선이 될 수 있다. 아무런 경고도 없이 IED가 폭발하고 실력 행사가 이루어진다. 귀마개로 청력을 보호하려면, 정찰하는 13시간 내내 끼고 있어야 한다. 그 시간 중 95퍼센트는 아무런 큰 소리도 나지 않는데 말이다. 그러니 끼고 다니는 사람이 아무도 없다. 그것이 바로 팰런이 이렇게 말하는 이유다. 「군대에는 소음 문제가 없어요. 조용한 게 문제지요.」

「2조.」크레이그가 소리친다. 나다. 「사선으로!」

「이봐요, 기분이 어때요?」 내 교관이 묻는다. 「내 이름은 잭입니다.」 잭은 지금껏 내가 만났던 특수 작전 부대원들과 다르다. 그는 래브라도레트리버처럼 붙임성 있고, 지역 판매 관리자처럼 말끔하게 면도한 모습이다. 아마 샌디에이고나 스코츠데일에서 비밀 작전을 수행하고 있고, 특수 공작원이 알카에다 국가에서 턱수염을 기르는 것처럼 지역 남성들과 섞일 필요가 있어서 면도를 하는 것인지도 모른다. 아니면 임무를 끝내고 잠시 쉬는 중일 수도 있다.

잭은 내 헬멧을 가리킨다. 「끈이 귀걸이 위로 가야 해요. 지금 헬멧이 더 꽉 조일 테니까, 아마 조금 느슨하게 해야 할 겁니다.」 귀에 차는 티캡스가 지닌 문제점 중 하나는 그 장비 자체가 아니라, 장비가 보급되는 순서다. 티캡스가 보급되기에 앞서 헬멧을 먼저 머리에 맞춰 놓았다. 그다음에 티캡스를 끼고서 헬멧을 쓰려고 하니, 이제 헬멧이 너무 꽉 끼는 상황이 벌어졌다. 이 사소해 보이는 계획 착오로 많은 이들이 무수히 청문회에 불려 다녀야 했다. 한번은 잭 근처에서 IED가 폭발했는데, 그는 티캡스를 착용하고 있지 않았다. 「티캡스가 뜨거워서 머리가 지끈거렸습니다. 그래서 그날 정찰할 때 빼놓았어요. 그리고 바로 그날 폭발에 날아가면서, 청력이 심하게 손상되었지요. 아론도 같은 일을 겪었어요.」

내 오른쪽에서 극도의 살기를 내뿜는 청각 전문가는 이미 첫 탄창을 다 비운 상태다. 나는 아직도 헬멧 끈과 씨름하는 중이다. 「도와줄게요.」 잭이 말한다. 내가 두 손을 무릎에 내리자, 그가 끈을 조정한다. 「이런, 머리카락을 잡아당기고 싶지는 않은데.」 상냥한 저격수다.

잭은 내게 M16을 건넨다. 「전에 이런 총 쏴본 적 있어요?」 나는 무겁기 그지없는 머리를 젓는다. 그는 탄창을 쥐어 주면서 어디에 장전하는지 보여 준다. 영화에서 본 적이 있다. 손바닥 아래쪽으로 빠르게 찰싹 친다.

어라?

「반대로요. 총알이 앞쪽을 향하도록요.」

M16에는 시야 한가운데 작은 빨간 화살표가 보이는 조준경이 붙어 있다. 화살표를 쏘고 싶은 것 또는 (어머나!) 사람에게 일치시킨 뒤, 방아쇠를 쥔다. 〈쥔다〉와 〈잡아당긴다〉는 둘 다 이 방아쇠에 적용되는 움직임을 과장하여 표현한 것이다. 실제로는 사소한 작은 움직임, 꿈을 꾸는 아기의 씰룩거림에 불과하다. 너무나 빨리 너무나 수월하게 당겨져서, 나는 그 움직임을 가장 대수롭지 않은 행위 외의 다른 무엇과 연관 짓기가 쉽지 않다. 책장 넘기기. M 글자를 입력하기. 가려운 곳 긁기. 한 목숨을 끝내는 데에는 그저 근육만 좀 있으면 된다.

M16의 탕 소리는 약 160데시벨이다. 잭은 특수 작전 부대에서 10년 남짓 보내면서 10만 번쯤 사격을 했을 것이라고 추정한다. 보훈처가 청력 손실과 귀울림에 연간 10억 달러의 예산을 편성하는 데 가장 큰 기여를 하는 건, 자동차 엔진이나 발전기(그리고 MP3 플레이어)[5]에서 나는 〈꾸준한〉 소음보다는 무기와 폭발물이다.

이 10만 번의 사격 중 대부분은 총소리를 알아차리지도 못한 상태에서 이루어졌을지 모른다. 잭이 청각 보호 장비를 착용했기 때문이 아니라, 그의 신경이 딴 데 가 있었기 때문이다. 「총을 쏠 때면 내밀하고 사적인 상태에 빠져들어요. 당신의 마음은 자신에게 가장 중요한

---

5 국방부 청력 공동 연구 센터에 따르면, 미국의 6~19세 아이들 중 12~16퍼센트가 소음 때문에 난청이 생겼다고 한다. 진공청소기와 잔디 깎기 때문이 아니다. MP3 플레이어의 음량을 최대로 하면 112데시벨이 된다. 1분이 넘으면 청력 손실을 가져올 수 있을 정도다. 디 안트보르트Die Antwoord의 라이브 음악을 들어본 적이 있는지? (120~130데시벨이다.) 난청이 생겼을 테니 유감이다.

것에 가 있지요.」 청각 배제auditory exclusion라고 하는 생존 메커니즘이 작동하는 것이다. 청력을 조금이라도 잃을지 모를 가능성이 소리를 차단한다.

나는 저격수 또한 그럴 거라고 추측한다. 그들은 지금 내 신경을 거슬리게 하는 것들에 별로 개의치 않을 것 같다. 엎드린 채 총을 받치기 위해 양팔을 내밀면, 방탄조끼가 위로 올라와서 헬멧의 뒤통수를 밀고, 헬멧이 이마 쪽으로 숙여지면서 눈을 보호하는 고글을 누르고, 고글 테두리가 양쪽 뺨을 칼처럼 눌러 대고 있다는 점 말이다.

「대체 이런 걸 어떻게 하는 거예요?」 화딱지가 난 내가 말한다. 잭은 잠시 가만히 있는다. 이 질문을 꽤 많이 받았겠지만, 몸에 맞지 않는 탄피 보호 장비 때문에 짜증이 나서 묻는 사람은 드물지 않았을까?

「익숙해져야 할 게 많죠.」

나는 특수 작전 부대원들이 대가를 받고 오늘 여기에 왔다고 상상하지만, 스테이크 때문에 왔을 가능성도 있다. 펜들턴 기지의 요리사는 잭과 내 앞에 수류탄만 한 필레미뇽[6]을 내놓는다. 팰런은 생선을 받았다. 거의 울 것 같은 표정이다.

「우리에게 뭐가 가장 힘든 일인지 아세요?」[7] 잭은 식탁 주변을 흘깃

6 filet mignon. 안심이나 등심처럼 뼈가 없는 연한 쇠고기 부위 ― 옮긴이주.
7 언뜻 보면 그런 건 전혀 없는 듯하다. 2008년, 한 심리학 연구진은 아프가니스탄에서 복무한 저격수 19명에게 가장 심란했던 일이 무엇인지 물었다. 90~95퍼센트는 적을 죽이거나, 시체를 다루고 찾아내거나, 백병전을 펼치거나, 다치거나, 바로 옆 동료가 총에 맞거나, 〈죽은 캐나다인을 볼〉 때에도(캐나다 연구진의 연구였다) 거의 또는 전혀 심란하지 않았다고 답했다.

둘러본다. 「바로 이런 곳에 앉아 있는 거요.」

「그렇군요.」 나는 이해한 양 끄덕인다. 이방인답게 나름의 질문과 가정을 토대로 말이다.

하지만 잭의 말은 그런 것들과 상관이 없었음이 드러난다. 〈우리〉는 저격수나 특수 작전 대원을 가리킨 것이 아니었다. 귀가 잘 안 들리는 사람들을 뜻했다. 그리고 〈바로 이런 곳〉은 시끄러운 저녁 식탁을 의미했다. 잭은 몇몇 동료들이 질문을 많이 하고 답을 듣는 척하면서 대처한다고 말한다. 「저기 앉아서 고개를 끄덕이면서 계속 〈아하, 아, 네〉 하고 있는 친구들이 보이죠?」 다른 대원들은 그냥 말없이 홀로 식사만 하고 있다.

이런 유형의 위축된 태도는 전투를 벌일 때에도 나타난다. 나는 잭과 펠런에게 월터 리드 국립 군 청각학 및 언어 센터의 한 연구진이 내놓은 연구 결과를 말해 준다. 더그 브런가트와 벤 셰필드는 청력 손실이 치사율과 생존율에 미치는 영향을 연구해 왔다(자료 수집을 위해 셰필드는 실제 전투를 상정한 군사 훈련이 벌어지는 곳을 클립보드를 들고서 뛰어다녀야 한다). 101 공수 사단의 대원들은 청력 손실 시뮬레이터가 달린 특수 헬멧을 쓰기로 동의했다. 최고의 임무 수행 능력을 지닌 부대에서는 청력 손실이 어느 정도만 일어나도 〈사살 비율〉(없앤 적의 수를 생존한 부대원의 수로 나눈 값)이 50퍼센트 줄어들었다. 잘 듣지 못해서 잘못된 방향으로 총을 쏘거나 달리기 때문이라기보다는 무슨 일이 일어나고 있는지 확신하지 못하게 되었기 때문이다. 의사소통 능력이 방해를 받자, 그들은 더 주저하게 되었다.

위축된 태도는 후방에까지 영향을 미친다. 브런가트는 폭발로 팔과 다리를 한쪽씩 잃고 양쪽 고막이 파열된 한 해병대원의 이야기를 해주었다. 「그는 가장 최악의 상해가 청력 손실이라고 했어요. 아내나 아이들과 제대로 의사소통을 못하니까요.」 드러나지 않기 때문에, 아니 그럼에도, 전선에서 입은 눈에 덜 띄는 상해는 가장 견디기 힘든 것이 될 수 있다.

GRUNT

4장

허리띠 아래
가장 잔인한 총격

팔다리를 잃은 사람들은 반바지 차림이다. 그들은 월터 리드 센터의 로비를 지나거나, 보안 요원과 수다를 떨거나, 이 식당 저 식당 앞에 줄을 서 있다. 반바지를 입을 날씨는 아니다. 지금은 12월 4일, 게다가 이곳은 메릴랜드 주다. 크리스마스 음악이 줄곧 울려 퍼지고 있다. 징글 벨, 즐거운 성탄절, 눈이 내리라고 선동하는 프랭크 시나트라의 노래 등등. 의족이 추위를 타지 않는다는 것은 틀림없지만, 내 생각에 이 드러난 팔다리는 다른 무언가를 의미하는 듯하다. 정상이라고, 전혀 의식하지 않은 채 대수롭지 않게 자신의 하드웨어를 드러내 놓고 세상을 돌아다니겠다는 공개 선언이다. 서글픈 뻣뻣한 살색 보철기의 시대는 끝났다고.

탄소 섬유에, 수직 충격 흡수 기능을 갖추고, 마이크로프로세서로 제어되는 보철기들 사이에서 드러나지 않은 또 다른 문제가 있다. 독자는 뭉뚱그려서 요로 외상urotrauma이라고 하는 상해, 혹은 그것을 치료하는 데 쓰이는 기술들에 관해 별로 들어본 적이 없을 것이다. 어느 정도는 환자 수 때문이기도 하다. 팔다리가 잘린 환자가 18,000명인데 비해, 요로 생식기 환자는 300명에 불과하니까. 반군이 폭탄을 충분히 크게 만들지 않아서가 아니다. 커다란 폭탄은 환자가 아니라 시신을 남긴다. 하지만 전선에서의 부상자 치료 방식의 발전, 더 신속한 응급 치료, 작전 지역에 더 가까이 설치되는 야전 병원에 힘입어서 생식기 재건을 필요로 하는 환자가 더 늘어나 왔다. 이 분야는 여전히 덜 알려져 있지만, 사실 생식기 자체가 드러나 있지 않기 때문이기도 하다.

로비 벽의 시계는 오전 9시 정각을 가리키고 있다. 이곳은 베데스다다(그리고 로스앤젤레스는 오전 6시 정각이고, 괌은 한밤중이다). 나는 비뇨기과로 가기 전에 카페에서 시간을 때우고 있는 중이다. 한 해군 장교가 빈 양념 통을 다시 채워 주는 여성에게 스페인어를 써보고 있다. 「감사합니다, 금요일viernes이네요!」 등이 굽은 한 퇴역 군인은 CNN을 보고 있다. 에미리트 항공사의 비행기가 이륙 도중에 옆으로 날려가는 장면이다. 「전에도 본 건데.」 그는 혼자 중얼거린다. 월터 리드는 공식적으로는 국립 군 의료 센터라고 불리지만, 실내에 조성된 소도시 같은 느낌을 더 준다. 큰 통로마다 이름이 붙어 있다. 자유길, 영웅길, 중심가라고 붙은 통로에는 우체국과 패스트푸드점이 몇 곳 있다. 던킨 도너츠 앞 입간판에는 콜린 파월이 오전 11시 정각에 도서 사인회를 열 예정이라는 안내문이 붙어 있다.

파월 장군이 『내게는 통했어*It Worked for Me*』[1]의 책장에 서명을 하고 있을 때, 괌 사람들은 자고 있을 것이고, 개빈 켄트 화이트는 요도 재

---

1 한글 번역본은 『콜린 파월의 실전 리더십』이지만, 문맥상 원서 제목을 옮겼다 ─ 옮긴이주.

건을 받고 있을 것이다. 2011년에 육군 사관 학교를 졸업한 화이트 대위는 아프가니스탄에서 IED를 밟았다. 그에게는 운이 잘 통하지 않았다.

IED는 두세 개씩 함께 묻는다. 하나는 차량에 탄 사람을 죽이기 위해서다. 다른 폭탄은 도우러 오는 사람들을 죽이기 위한 것이다. 화이트는 칸다하르 주의 부비트랩이 가득한 길에서 통로 확보 임무를 맡아서 지휘 통제 차량을 타고 가던 중에 첫 폭발을 목격했다. 그는 전투 공병 소대를 이끌고 있었다. 도로, 벽, 엄폐호, 다리 등을 건설하거나 파괴하는 전문가들로 이루어진 부대다. 그 분쟁 지역에서 미국과 나토와 협력하는 아프간 육군 병사들이 탄 험비 차량은 앞서 가지 말라는 화이트의 경고를 무시했다. 세 명이 죽고, 세 명이 다쳤다. 차량이 옆으로 넘어지면서 길을 막았기에, 치우기 위해 공병대가 파견된 것이다. 화이트가 묻혀 있던 압력판을 밟는 순간, 두 번째 폭발이 일어났다. 10킬로그램짜리 〈희생자 작동형victim-operated〉 IED였다. 나는 그에게 당시 상황 중 기억나는 것이 있는지 물었다.

화이트는 월터 리드 4층의 병원 침대에서 침구 위에 겹쳐 올려놓은 베개에 기댄 모습으로 누워 있다. 창밖의 경치는 좋지만, 여기서 4개월을 넘겼으니, 이제 그가 별 감흥을 못 느낄 것이라고 짐작할 수 있다. 그는 시야가 온통 강렬한 주홍색으로 물들면서 공중에 붕 뜨는 기분을 느꼈다는 말로 시작한다. 「몸을 일으켜서 지혈대를 꺼내 오른쪽 다리에 묶으려 했는데, 다리가 없는 거예요.」 왼쪽 다리는 길이는 온전했지만, 종아리 부위가 찢겨 날아가고 없었다. 그는 당시에는 그 사실을 알아차리지 못했다. 군화와 바지 앞부분이 그대로 있었기 때문에, 다리도 멀쩡하다고 여겼다.

우리는 화이트와 같은 상황에 처한 사람이 맨 처음 이런 말을 한다는 이야기를 종종 듣는다. 「내 거시기는 멀쩡한가요?」 하지만 화이트의 머릿속에 맨 처음 떠오른 것은 자기 소대원들이었다. 누군가 심하게 피를 흘려서 죽어 가고 있지 않을까? 「나는 소리치기 시작했습니다. 〈맞은 사람 있나? 있어?〉」 화이트는 지휘관이었지만, 굳이 지휘관이 아니라고 해도 군인이라면 폭탄이 터진 뒤에 동료들의 생사 여부를 먼저 떠올리게 된다. 이라크에서 복무한 바 있는 육군 대령이자 월터 리드의 외과의인 롭 딘도 그렇다고 했다. 「그들이 맨 처음 묻는 질문은 이런 겁니다. 〈내 동료buddy는요? 무사해요?〉」 나는 그 단어가 자기 음경을 가리키는 것일 수도 있지 않을까 하고, 나도 모르게 중얼거렸다. 「아닙니다.」 딘이 말했다. 「그들이 그다음에 하는 말이 바로 〈내 물건 달려 있어요?〉이니까요.」

위생병이 확인해 주었음에도(「모두 괜찮습니다. 대위님만 다쳤어요」), 한쪽 다리는 불구가 되었고 다른 한쪽은 어딘가로 날아가 버렸음에도, 화이트는 병사들을 점검하기 위해 계속 일어나려 애썼다. 상황을 파악해야 해. 지휘관이니까. 위생병은 그를 뉘어서 묶어 놓아야 했다. 좋든 나쁘든 간에, 그쪽에 관심이 집중되는 바람에 그는 자신의 부상을 자세히 살펴볼 생각조차 못했다. 폭발의 즉각적인 여파로, 그는 자신의 음경 끝이 〈활짝 꽃핀flowered out〉 상태인 것을 보았지만, 얼마나 깊이 손상되었는지는 불분명했다(어울리지 않게도 꽃피다라는 동사는 IED 부상을 묘사하는 데 쓰여 왔다. 전형적인 하부 폭발 때,

다리 근육은 뼈와 분리되면서 날려가고, 그 벌어진 꽃 안으로 세균이 섞인 짙은 먼지 구름이 빠르게 몰려든다. 흙먼지로 뒤덮인 꽃은 씻어 내기 힘들고, 치료하기 어려운 감염이 쉽게 일어난다).

화이트는 39분 동안 그 문제를 생각할 시간이 있었다. 구급 헬기가 도착하기까지 걸린 시간이다. 「어느 순간 이런 생각이 들었어요. 〈내 거시기가 없어졌다면, 날 그냥 여기 놔두고 가.〉 반쯤은 진지했지요. 아직 자식도 없거든요. 그걸로 아무것도 할 수 없다면 돌아가고 싶지 않았어요.」 대원들은 그를 안심시키려 애썼다. 「〈대위님, 거시기는 괜찮다니까요〉 하는 식이었지요.」 나는 그 당시의 화이트와 대원들의 진면목이 바로 그 단어들에 들어 있는 것이 아닐까 추측한다. 〈거시기〉라는 뻔한 속어와 〈대위님〉이라는 딱딱한 경어체의 결합 속에 말이다.

「나는 이렇게 말했던 것 같아요. 〈제기랄, 나도 봤다고. 그냥 알고 싶다고. 고칠 수 있을까?〉」

고칠 수 있다. 요도 협착과 흉터로 배뇨 속도가 느려졌고 발기 시 뒤틀림이 생겼지만, 이번 주에 할 수술로 양쪽 다 치료될 것이다. 사소한 외관 손상도 말끔히 없어질 것이다.

화이트가 위생병에게 펜타닐fentanyl 주사를 한 방 더 놔달라고 요청할 만큼 고통이 너무나 심했지만(「안 돼요, 대위님. 죽을 겁니다」), 그는 그 점에 관해서는 할 이야기가 거의 없다. 「솔직히, 나는 대원들에게 더 신경을 쓰고 있었어요.」 대원들은 몸은 다치지 않았을지라도, 지휘관이 쓰러지면 일종의 심리적 해제 상태에 빠진다. 화이트는 대원들이 얼마나 동요하고 있는지를 알아차릴 수 있었고, 그들과 농담 따먹기를 하려고 애썼다. 「내 현역 생활은 끝장난 것 같아, 헤헤. 사실 잘한 것도 없었지만.」

나로서는 상상하기가 어렵다. 자신이 두 다리의 일부와 아마도 자신의 생식기 일부까지 막 잃었고 골반의 윗부분도 깨진 상황에서 다른 사람들의 감정 상태를 걱정하다니 말이다. 화이트는 얼마 전에 자기 소대의 부사관이 이런 말을 했다고 한다. 「아마 대위님이 그만큼 강한 사람이라서 그런 일을 겪은 건지도 몰라요.」 나는 화이트가 꽤 강인하다고 생각하지만, 지금이 강인함을 이야기할 자리는 아닐 듯하다. 이는 일종의 맹목적인 이타심, 불타는 건물로 부모를 뛰어들게 하는 종류의 본능이다. 전쟁터에서의 유대감, 자신의 임무와 동료 병사들을 향한 이해타산이 없는 본능 등은 외부인인 나로서는 사실상 결코 이해할 수 없는 것들이다.

나는 우리가 만난 날 밤에 화이트에게 전자 우편을 보냈다. 감사하다는 말로 시작했지만, 쓰다 보니 일종의 팬레터처럼 바뀌었다. 내 주변에는 사람들이 가득하지만, 나를 포함하여 그들은 다른 사람이나 자신이 믿는 바를 위해 자신의 목숨과 몸을 내던질 일이 결코 없다. 영웅은 언제나 영화에서나 보는 단어, 오케스트라의 웅장한 영화 음악이 곁들여지는 단어였다. 월터 리드의 복도에서 들리는 단어 중 하나였다. 이제 그 단어는 어떤 울림을 지니게 되었다.

수술 환자를 발표하는 모습은 무도회장에서 손님을 맞이하는 장면과 비슷하다. 그들이 순서대로 휠체어에 실려 들어오면 서류에 적힌 내용을 읊어 준다. 이름, 나이, 수술 절차, 수술 부위. 외과의는 수술실, 환자, 수술 부위가 맞는지 확인을 한다. 화이트의 수술에서는 한

가지 의아함을 느낄 수도 있다. 간호사가 황갈색의 표준 살균제를 수술 부위에 바르고 있다. 그런데 사타구니가 아니라 얼굴에 바르고 있다. 임신한 모습이 거의 익살맞게 보이는 보조 외과의인 몰리 윌리엄스 소령은 요도를 늘이는 데 쓸 조직을 화이트의 볼 안쪽에서 띠 모양으로 떼어 낸 조직으로 만들 것이라고 설명한다. 입 조직은 우수한 요도 대체물이 된다. 무엇보다도 털이 없다. 소변에는 광물질이 들어 있어서, 요도에서 털이 자라면 엉겨 붙어 쌓일 것이다. 요로결석은 소변의 흐름을 방해하거나 끊고, 소변을 눌 때 엄청난 통증을 일으키는 골칫거리다.

집도의인 제임스 제지어는 한쪽 싱크대에서 손톱을 닦고 있었다. 이제 그도 우리 곁으로 와서 손을 앞으로 내민 채 말리고 있다. 파란 눈에 가는 연한 갈색 머리의 그는 장난기 어린 웃음을 머금고 있다. 나는 소년 같다는 형용사를 쓰곤 싶지만, 서류상으로는 소년이라고 할 수 없다. 그는 우두머리(월터 리드 비뇨기과의)이자, 책임자(재건 비뇨기학의)이자, 대령이다.

제지어는 말한다. 「또 입은 오줌을 견뎌 냅니다.」 그는 입이 본래 축축한 곳에 알맞게 되어 있다고 설명한다. 팔뚝 아래쪽이나 귀 뒤쪽의 털이 없는 피부로도 요도를 만드는 것은 가능하지만, 소변에 자주 젖다 보면 손상될 수 있다. 일종의 기저귀 발진이 요도 안에 생길 수 있다. 그러면 염증이 조직을 먹어치우면서 구멍이 난다. 샛길fistula이 생겨서 그쪽으로 소변이 빠져나가게 된다. 그러면 피부에 난 구멍에서 소변이 방울방울 흘러나온다. 누구도 원하지 않는 결과다.

화이트의 얼굴은 구멍이 하나 나 있는 파란 멸균 천으로 덮여 있다.

아프간의 부르카가 떠오른다. 구멍이 눈이 아니라 입 부위에 나 있다는 점이 다르긴 하다. 마치 환자가 어떤 밀교의 파생 종파 사람처럼 보인다. 당김기가 화이트의 입을 양쪽으로 넓게 벌려서 네모난 모양이되어 있다. 아이가 혀를 내밀기 위해 손가락으로 입을 벌리는 것과 비슷하다. 제지어는 수술용 펜으로 이식편의 윤곽을 표시한 다음 전기지짐 도구로 잘라 낸다. 화롯불 냄새와 머리카락이 타는 냄새의 중간쯤에 해당하는 왠지 익숙한 느낌의 향내가 피어오른다. 제지어는 그냄새에는 무심하지만, 전립샘을 갈라 열었을 때 풍기는 독특한 기분좋은 냄새에는 반응을 보인다.

제지어는 긴 집게로 달랑거리는 조직을 집어 몰리에게 넘긴다. 중국요리 하나에 몰두해 달라붙어 있는 남녀처럼 보인다. 몰리는 장갑을낀 엄지손가락 위에 이식편을 펴 올린 다음, 다른 손으로 지방과 조직을 조금씩 베어 내어 더 얇게 만든다. 새로운 혈관이 자라나서 이식편에 피를 공급하려면 시간이 걸린다. 그래서 첫 이틀 동안, 이식편의 세포들은 혈청 수프로부터 양분을 공급받는다. 이식편이 너무 두꺼우면, 표면의 세포들만 잘 자라고, 안쪽에 있는 세포들은 죽을 것이다. 그래서 화이트의 남은 다리의 뒤쪽 같은 상처에 붙일 더 넓은 피부 이식편은 메셔mesher를 통과시켜 그물망처럼 만든다. 그물코들은 세포들이상호 작용할 표면적을 더 넓힌다. 영양소가 들어가고 노폐물이 빠져나오기 쉽게 한다.

조직 이식으로 대체 요도를 만드는 방법이 문제를 해결하지 못한다면, 샅요도개구술perineal urethrostomy이 대안이 될 수 있다. 손상된 부위를 잘라 낸 다음, 짧아진 요도를 샅에 있는 입구와 연결하는 수술이다. 샅(회음)은 음낭과 직장 사이의 중간 지대를 가리킨다. 「그러면 숙녀처럼 앉아서 소변을 눠야 해요.」 몰리가 말한다.

그것이 큰 문제일까? 제지어는 IED에 생식 기관이 손상된 사람은 대개 팔다리도 하나 이상 잃었다는 점을 지적한다. 그렇다면 앉아서 눠야 한다는 문제가 그들의 걱정 목록 중 상위에 안 놓일 수도 있지 않을까?

몰리는 머리를 기울여서 나를 바라본다. 「엄청난 문제죠.」 어느 정도는 문화에 따라 다르다. 몇 년 전, 그녀는 국제 비뇨기학 학술 대회의 샅요도개구술 분과 회의에 참석했다. 발표를 듣던 이탈리아 외과의들은 새파랗게 질렸다. 「이탈리아 남자에게는 앉아서 소변을 봐야 한다는 말조차 꺼낼 수 없어요.」

그 회의에 참석한 여성 비뇨기학자는 몰리까지 단 두 명이었다. 몰리는 성비 불균형을 의식하고 있지만, 당혹스럽지는 않다. 좋은 점은 휴식 시간에 화장실에서 결코 줄을 설 필요가 없다는 것이다. 「이런 비뇨기학 학술 대회에서 여성 화장실을 이용하는 사람이 나밖에 없을 때도 이따금 있어요.」

「여기서도 마찬가지죠.」 제지어가 무표정하게 말한다.

뺨에서 떼어 낸 조각은 이제 새 일을 맡을 준비가 되어 있다. 간호사가 화이트의 엉덩이를 덮고 있던 멸균된 옷자락을 걷은 뒤, 멸균한 막대로 피부를 문지르기 시작한다. 젊은 남성의 정력이 본래 그러한지, 전신 마취 상태에 애무를 하는 것이 클로라프렙Chlora Prep 스펀지[2]인

---

2 스펀지를 끼운 변기 청소 솔을 떠올리면 된다 — 옮긴이주.

데도, 음경이 반응한다. 아마 정상적인 상태일 때보다는 물렁할 것이다. 제지어가 발기를 일시적으로 무디게 하는 약물을 처방했기 때문이다. 절개한 부위는 음경이 흐물흐물한 상태일 때 꿰맨다. 발기하면 절개한 부위가 죽 늘어난다. 그러면 다친다. 하지만 발기하면 음경에 피가 더 많이 쏠리므로, 치유 속도가 더 빨라진다. 또 흉터가 생기는 것도 막아 준다. 후자는 중요하다. 흉터, 특히 발기 조직에 흉터가 있으면 발기했을 때 구부러지고 불편해질 수 있기 때문이다. 이런 이유로, 수술 후에 음경을 위한 일종의 물리 요법으로서 성행위를 장려하기도 한다. 잠시 뒤에 만나겠지만, 월터 리드의 간호부장 크리스틴 데스로리어스는 배우자나 연인만 병실에 있고 의료진이 방해하지 않는 〈내밀한 시간〉을 매일 주라고 집중 치료실 담당 직원을 설득했다.

제지어는 음경을 절개하여 요도를 찾는다. 절개하는 동안 그는 한 손의 손바닥 두덩을 화이트의 음낭에 대고서 음낭을 빈백 의자³처럼 이용한다. 몰리는 더 정석대로 하는 쪽이다. 그녀는 손목을 추켜올리고 수술 도구들을 칼과 포크처럼 들고 있다. 직사각형의 이식편이 제자리에 꿰매진다. 하지만 편평한 상태다. 당분간 소변은 이식편 밑의 피부에 낸 구멍을 통해 배출된다. 일단 혈관이 자라서 새로운 피가 공급되고 이식편이 자리를 잡은 것이 명확해지면, 제지어는 후속 수술을 통해 물길을 정상 상태로 연결할 것이다. 이식편을 말아서 관 모양으로 만들어서 원래의 요도에 연결하는 것이다. 그것으로 일이 마무리되기를 바랄 것이다.

---

3 beanbag chair. 커다란 자루 안에 충전재를 넣어서 사람의 움직임에 따라 모양이 바뀌면서 푹신함을 주는 의자 — 옮긴이주.

수술이 끝나자, 제지어는 장갑을 벗어던지고 수술실 구석에 있는 탁자의 전화기 쪽으로 곧장 걸어가서 내선 연결 버튼을 쿡 누른다. 화이트의 어머니가 병실에서 대기 중이다.「아드님이 깨어났어요. 수술은 잘 되었고요.」

오늘 세 번째로 제지어 박사를 놓쳤다. 수술용 신발 덮개를 벗으려 몸을 구부리거나 물을 마시러 음수대에 갔다가 돌아오면, 사라지고 없다. 간호사나 관리자나 환자의 부인이 데려간다. 그는 결코 거절하지 못하는 성격이다. 거절할 온갖 이유가 있음에도 말이다. 늘 너무나 바쁜 그는 몸을 약간 앞으로 숙인 자세로 복도를 바쁘게 돌아다닌다. 마치 1초 더 빨리 도착하면 계속 밀려 있는 할 일을 하게 될 수 있다는 것처럼. 그의 사무실 화장실에는 읽을 것들이 세면대를 무너뜨릴 것처럼 가득 쌓여 있다. 모두 비뇨기학에 관한 자료다.

쇼핑몰의 미아처럼, 나는 그 자리에 마냥 있으면 결국 그가 나를 찾아오리라는 것을 안다. 나는 월터 리드의 복도를 따라 늘어선 다양한 주제의 게시판 중 하나인 〈상자들과 저장〉에 적힌 내용을 훑어본다. 한 사진에 〈골판지에서 번데기가 된 메밀 나방 애벌레〉라고 설명이 달려 있다. 내가 온종일 본 것 중 가장 심란한 이미지다. 하지만 오래가지는 않는다. 제지어와 나는 그의 사무실로 향한다. 그가 이라크에서 치료한 환자들의 사진을 보여 주겠다고 해서다. 나를 심란하게 만들기 위해서가 아니라, 총알과 폭탄 그리고 외과의가 무엇을 할 수 있는지를 더 폭넓게 인식하도록 하기 위해서다.

제지어는 간단한 해부학 어휘를 써가면서 설명하지만, 나는 눈에 보이는 것이 그런 단어들과 어떻게 들어맞는지 이해가 안 갈 때도 있다. 사진에서 사람을 아예 분간하지 못할 때도 있다. 내 눈에는 고깃간인데. 붕대는 정신도 보호해 주는 모양이다. 사진 속의 군인들 중에는 내가 보고 있는 것을 아예 못 본 이들도 있다. 제지어의 환자 중에는 자신의 음경에 입은 부상을 3주 동안 못 본 사람도 있다. 그는 이 군인이 병원에 도착했을 때의 슬라이드를 보여 준다. 탄도학계에서 흔히 쓰는 말을 빌리자면, 무기와 표적의 상호 작용을 확대한 사진이다. 어떻게 해야 환자가 실상을 보고서 충격을 덜 받을까? 제지어는 말한다. 「우리는 대개 낙관적으로 들리도록 애써요. 하지만 마침내 자신의 부상을 본 이 친구는 〈이런, 맙소사!〉 하는 표정이었지요. 또 한 차례의 황폐함, 두 번째 상실이었어요.」 그러고 나면 의료진은 좀 무뚝뚝한 태도로 말한다. 「나는 이렇게 말하곤 합니다. 〈중상입니다. 받아들여요.〉」 경악할 일을 해야 한다면, 긍정적인 방향으로 돌리자.

이들을 위해 할 수 있는 일이 뭐가 있을까? 많다. 음경 성형술 — 환자의 다른 신체 부위를 이용하여 음경을 만드는 수술 — 의 역사는 길다(성전환자들이 적잖은 기여를 했다). 제지어는 음경을 만들 때 팔에서 시작한다. 손목 아래쪽 피부판을 직사각형으로 취해서 더 얇은 두 층으로 만든다. 안쪽 층은 말아서 요도를 만든다. 바깥쪽 층은 음경 몸통이 된다. 이 관 속의 관은 팔 속에 그대로 놓인 채, 팔의 혈관에서 영양분을 공급받으면서 자란다. 손상된 음경의 상처가 아물면, 새 음경을 팔에서 떼어 내 음경 끝에 붙인다.

발기 조직은 의학적 도전 과제다. 스펀지 형태의 발기 조직은 남성 몸의 다른 부위에도 있지만 — 요도 주변과 부비동(코곁굴, 충혈이 되면 코선반이 팽창하여 코가 막힌다)에 ── 그리 많지 않으며, 그런 조직을 이식하려 시도한 사람은 아직까지 없다. 그리고 눈 은행, 정자 은행, 뇌 은행은 있지만, 코를 은행에 맡기려는 사람은 아무도 없다. 그래서 의사는 음경 해면체 ── 발기 조직으로 이루어진 나란히 놓인 두 원통 ── 가 있을 자리에 한 쌍의 팽창되는 실리콘 보형물을 넣는다(발기시키려면 환자가 (혹은 그 친구가) 음낭에 이식한 작은 실리콘 공을 누른다. 그러면 방광에 있는 통에 담긴 식염수가 음경으로 들어간다). 이 관들을 연결하고 신경이 재생되도록 한다. 시간이 흐르면 오르가즘과 사정도 돌아온다.

제지어는 슬라이드를 계속 넘긴다. 「이분은 여단장입니다. 저격수의 총알이 샅굴 위쪽을 관통했어요. 음경의 중간 부위도 날아갔지요.」 음경을 다 잃는, 그러면서도 폭발에 살아남는 사례는 드물다. 하차 복합폭발 상해[4] 3등급 이상인 환자 중 20퍼센트는 음경에도 손상을 입고 있다. 하지만 음경이 통째로 사라진 사람은 4퍼센트에 불과하다.

당연히 궁금증이 들 것이다. 저격수는 사냥감을 놓친 것일까? 아니면 일부러 그곳을 쏜 것일까? 사타구니를 겨냥하는 저격수가 있을까? 제지어는 있다고 생각한다. 그는 제2차 세계 대전 때 그랬다는 이야기를 들은 적이 있다. 인근 군의관 의과 대학USUHS에서 군 의학 및 역사 담당 교수로 있는 데일 스미스도 그런 이야기를 들었지만, 그는 뒷받침할 증거가 전혀 없다고 알고 있다. 스미스는 저격수의 두 번째 목표가 공포를 퍼뜨리는 것이라고 지적한다. 그런 의미에서 보면, 사타구

---

4 Dismounted Complex Blast Injury. 차량에서 내릴 때 사제 폭탄 폭발로 주로 팔다리와 골반, 생식 기관에 부상을 입는 것 ── 옮긴이주.

니 저격은 효과적이다. 하지만 스미스는 전자 우편에서 그런 저격이 위험성을 안고 있다고 지적했다. 저격수는 위치 노출 위험 대 전술적 노력에서 〈높은 비율의 이득〉을 추구한다. 골반은 〈치명타〉로 보지 않는다.

제지어는 또 다른 저격 사례를 보여 준다. 총알이 음낭과 직장을 뚫었다. 「이건 정소의 내부입니다.」 현대전의 실상을 담은 끔찍한 입체파 그림 같다. 월터 리드의 남성학과장인 롭 딘이 이 환자의 재건 수술을 맡았다. 남성학자의 전문 영역은 배설이 아니라 생식이다. 즉 정소와 음낭, 호르몬과 출산율이다. 딘은 몇 분 뒤 우리와 함께 점심 식사를 할 예정이다. 아래층 샌드위치 가게에서다. 두 사람은 이라크에서 4개월 동안 함께 복무한 바 있다.

제지어는 사진 파일을 닫고 비뇨기학 대기실을 지나 계단으로 향한다. 「잭슨 환자분?」 접수 담당자가 부른다. 마치 〈환자〉가 그 사람의 계급인 양. 나는 어떤 의미에서는 그렇다고 본다. 그는 소령이거나 대령일 수도 있고, 그의 맞은편에 앉아 있는 남자는 민간인일 수도 있지만 여기서는 모두 환자다. 계급과 위계질서로 정의되는 문화에서, 월터 리드는 사랑스럽게도 인류 평등주의적으로 보일 수 있다. 물론 외부인에게 그렇다는 것이다.

딘은 이미 샌드위치를 주문하기 위해 줄을 서 있다. 그도 대단히 바쁘다. 원대하면서 섬뜩한 전쟁 체계에서 그 점은 좋은 일이다. 점점 더 강력해지는 폭발에도 살아남는 사람이 더 많아진다는 의미이기 때문이다. 이 분야의 연구비 지원과 연구가 뒤처진다면, 그것은 성적인 모든 것 — 가여운 생식 기관 자체도 포함하여 — 을 전반적으로 불편해하는 문화 탓도 얼마간 있다. 제지어는 훨씬 더 단순한 차원에서, 그것이 눈에 안 보이니, 마음에서도 멀어진 사례라고 말한다. 「어떤 유명인이 월터 리드에 와서 당신의 병실을 들렀는데…….」

그때 딘이 끼어든다. 그들은 오래 해로한 부부마냥 서로의 생각을 마무리한다. 「……맞아, 대통령이 이불보를 걷었다가 말하는 거지…….」

「……〈끔찍하군요. 저것 봐요. 음경이 사라졌어요. 이쪽으로 예산을 좀 지원하도록 합시다.〉」

비록 처음에는 좀 반발이 있었긴 하지만 월터 리드 의학 센터는 음경 성형술에 예산을 배분한다(보형물 자체의 가격만 해도 약 10,000달러다). 딘은 말한다. 「발기를 〈케이크에 올리는 장식〉에 불과하다고 여겼지요. 〈사람들은 사실 그게 별 필요가 없어요〉 하는 식이었어요. 나는 이렇게 반박하곤 했죠. 〈그러면, 다리가 잘린 친구에게는 의족이 필요 없겠네요. 휠체어를 타면 되니까요.〉 그러면 그들은 말하죠. 〈그건 아니죠! 걷는 건 중요해요!〉 그러면 나는 말하죠. 〈마찬가지죠. 대부분의 사람들은 섹스가 중요하다고 생각해요.〉 카프레제 샌드위치와 코크 제로 주세요.」

딘은 표현력이 풍부한 손과 눈, 두드러진 초승달 모양의 눈썹을 갖고 있으며, 말하고 웃을 때면 그것들을 모두 사용하곤 한다. 이런 일을 하는 이들은 유머와 솔직함을 자기 자신의 치료법으로 삼는다. 딘은 낙심한 환자의 음경에 자를 대고서 이렇게 투덜거리곤 한다고 알려져 있다. 「15센티까지 커지네요! 대체 얼마나 더 길어야 한다는 겁니까?」

이 유쾌한 어조에 속지 말기를. 딘은 자기 환자를 위해서 물불을 안

가린다. 배후에서 보훈처에 압력을 가해서 부상으로 불임이 된 병사들을 위해 인공 수정 비용을 대도록 한 것도 그였다. 그는 USUHS 학생들에게 부상당한 군인들의 성적 건강 문제에 관해 강연을 하고 퇴역 군인 지원 단체들의 질문에 답해 준다. 그는 동료인 크리스틴 데스로리어스를 도와서 월터 리드 성 건강 및 친밀함 작업 그룹을 설립했다. 지역 의료 종사자와 사회 복지사 십여 명이 정기적으로 모여서 전략을 짜고 자원을 공유하는 문제를 논의한다. 한 예로 그들은 수도 워싱턴의 작업치료사인 캐서린 엘리스와 케이틀린 데니슨이 쓴 『상이군인을 위한 섹스와 친밀함Sex and Intimacy for Wounded Veterans』이라는 책을 읽고 토의했다. 두 저자는 결코 머뭇거리지 않는다. 이 책에는 팔다리 3개가 잘린 군인을 위한 섹스 자세가 나와 있다. 양팔의 팔꿈치 아랫부분을 잃은 환자용으로 진동 자위 기구를 개조하는 방법도 실려 있다. 나는 표지 안쪽에 적힌 문구(정확하지는 않다)에 담긴 감상에 동의한다. 〈모든 환자, 배우자, 의료 종사자…… 의 손에 이 책이 쥐어지기를 희망한다.〉

특히 의료 종사자의 손에. 데스로리어스는 말한다. 「놀랍게도 그 문제를 제기하면 소스라치게 놀라는 사람이 아주 많아요.」 그녀는 자신이 치료하던 한 해병대원이 이런 말을 했다고 한다. 「선생님, 나는 음경 수술을 36번이나 했어요. 음경 몸통은 완전히 재건되었고요. 그런데 집에 가서 요걸 아내에게 어떻게 쓰라고 말해 주는 사람은 한 명도 없어요.」

아내들도 거의 아무 말도 듣지 못한다. 제니어는 말한다. 「몇몇 부부들이 서로를 대하는 모습을 지켜보고 있으면 심란해져요. 이런 생각이 절로 떠오르지요. 〈그녀가 남편을 떠나려 하는구나.〉 데스로리어스에게 이혼율이 얼마나 되는지 묻자, 그녀는 말했다. 「이혼율이요? 자살률은 어때요? 그리고 애써 재건 수술을 받았는데 목숨을 버리다니 정말로 안타까운 일이지요. 그들이 계속 살아가도록 해줘야 해요. 하지만 살아가는 방법은 전혀 안 가르치고 있지요.」 월터 리드에는 정식 봉급을 받고 일하는 전임 성 교육자나 성 치료사가 없다. 내과 병동에서 〈성 건강과 친밀함〉에 관한 진료를 하지만, 간호사 한 명이 배정되어 있을 뿐이다.

제지어는 그 주제가 나오자 말했다. 「우리가 바라는 만큼 여건이 잘 조성되고 있지는 않죠.」

딘이 끼어든다. 「전혀 아니지요. 진공 상태나 다름없어요.」

데스로리어스의 작업 그룹은 7년 동안 여러 군사 위원회들과 회의를 열면서 국방부로부터 월터 리드에 성 치료사를 정식 채용할 예산을 따내기 위해 애써 왔다. 그녀는 지지하겠다는 말을 많이 들었지만, 거의 말뿐이다. 문제가 단순히 예산 감축 때문은 아니다. 「문제는 미국 정부가 섹스를 포용하도록 만드는 거예요.」 그녀는 몇 년 전 월터 리드에 온 한 장군과 만난 일을 떠올렸다. 「그는 이렇게 말했어요. 〈음경이 없는 사람에게 뭘 가르치겠다는 건지 이해가 안 됩니다. 그런 사람에게 정확히 무슨 도움을 주겠다는 겁니까?〉」

데스로리어스는 장군에게 해줄 수 있었을 이야기를 많이 갖고 있다. 이렇게 말해 줄 수도 있었다. 「스트랩온[5]을 입고 섹스하는 법은요? 허

---

5 strap-ons. 딜도가 부착된 가죽 끈팬티 형태의 성인 용품 — 옮긴이주.

벅지에 묶는 딜도를 이용하는 법은요?」 엘리스와 데니슨의 책을 인용할 수도 있었다. 「〈잔류 사지를 상대 여성의 클리토리스를 자극하는 데 이용하도록 창의적 방식을 가르치는〉 것은요?」 「〈더 큰 쾌감을 줄 수 있는 다른 부위들(젖꼭지, 목, 귀, 전립샘, 직장 등)을 탐구하도록〉 가르치는 것은요?」 하지만 그녀는 더 기본적인 것을 언급했다. 「나는 말했지요. 〈장군님, 아주 솔직하게 말할 게요. 그가 혀를 갖고 있으면, 혀를 쓰는 법을 배울 수 있지 않겠어요?〉」

제지어는 말한다. 「명심해야 할 것이 또 있어요. 큰 부상을 입은 뒤 처음에는 반드시 높은 우선순위에 놓이는 것이 아니지만 성적 친밀함을 도모하기 위해 하는 많은 일들이 있어요. ……」

딘이 고개를 끄덕인다. 「〈먼저 양치질을 할 수 있을까요?〉 같은 거죠.」

「그리고 이 시기를 통과하기 위해 많은 약 처방을 받아요.」 마약류, 신경 안정제, 항우울제 같은 것들이다. 「따라서 그들이 발기가 잘 안 되면, 이렇게 말하는 거죠. 〈이 시기를 넘깁시다. 진통제 처방을 끊은 뒤에 어떻게 될지 보자고요.〉」

또는 당신이 크리스틴 데스로리어스라면 이렇게 말할 것이다. 「통증을 좀 견딜 수 있어요? 4시간 동안 약을 끊고서 섹스를 한 뒤에 다시 약을 투여합시다.」 도뇨관을 끼고 있다고? 뒤로 접은 뒤 콘돔을 끼자. 「도뇨관을 낀 채로도 얼마든지 섹스를 할 수 있어요!」

크리스틴 데스로리어스의 연구 외에, 다른 유망한 발전 사례들이 있을까? 요로 외상 분야에서는 뭐가 있을까? 음경 이식은 어떨까? 나는 반쯤 농담 삼아 말을 꺼냈는데, 제지어는 존스 홉킨스 의대에서 진행되고 있는 실험적인 연구를 말하기 시작한다.

「잠깐만요, 음경을 이식할 거라고요?」 누군가가 놀라서 외치는 소리가 들린다. 파니노 샌드위치를 먹던 한 쌍이 우리를 쳐다본다.

제지어가 말한다. 「예.」 영수증을 받을 것인지, 즉 별것 아닌 양 감자튀김과 함께 영수증을 받을 것인지 물어볼 때 하는 식의 대답이다. 그는 우리가 보았던 사진들 속에 나온 환자 한 명이 후보자라고 덧붙인다. 적어도 6개월 뒤의 일이겠지만 말이다. 「그 연구진은 지금 시신을 상대로 실험하고 있어요.」

「정말입니다.」

GRUNT

5장

기이해질 수 있다
성기 이식에 바치는 찬사

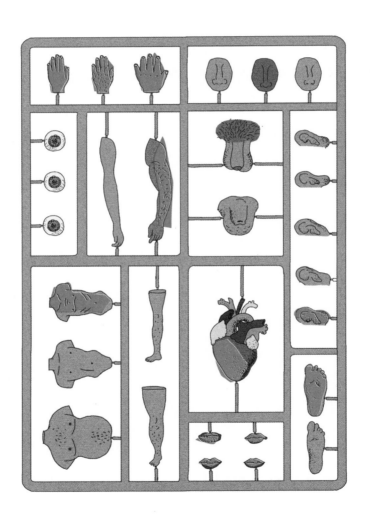

나이 지긋한 사망자(남성)는 예외 없이 면도를 할 필요가 있는 듯하다. 아마도 사망하기까지 여러 날이 걸리곤 하기 때문일 것이다. 죽어 가는 동안에는 면도를 하거나, 발톱을 깎거나 머리를 매만지는 데 쓸 예정에 없던 시간이 많이 생긴다. 그러나 말쑥하게 꾸밀 힘도 거의 없거니와 그런다고 불러 주는 곳도 없다. 오늘 아침 메릴랜드 주 해부용 시신 기증 위원회의 시신 해부실 내 들것에 누워 있는 두 남성 시신도 털이 까칠하고 푸석푸석하다는 점에서는 같다. 하지만 그 외에는 닮은 구석이 전혀 없어 보인다. 한쪽은 뚱뚱하고 몸통이 크다. 다리는 엉덩이부터 벌어져 있고 무릎이 굽어 있는데, 한쪽이 더 높다. 태평하게 지그 댄스를 추고 있는 남자의 다리 같다. 다른 시신은 곧고 깡마르다. 두 다리는 젓가락처럼 서로 붙어 있다. 전당포 유리창 아래쪽 틈새로 밀어 넣을 수 있을 것도 같다. 한쪽 시신은 문신이 있고, 다른 쪽 시신은 없다.

　한쪽은 포경 수술을 했고, 다른 쪽은 안 했다. 오늘 아침 이루어지는 수술이 음경 이식 ── 미국에서는 최초로 이루어지는 수술 ── 이기에, 이 차이점은 유독 눈에 띈다. 물론 중요한 것은 아니다. 수혜자가 깨어나서 새로 기증 받은 장기를 보는 일은 없을 것이다. 따라서 시신은 생식기의 어떤 특징 때문에 선택된 것이 아니다. 「그냥 마침 손에 들어온 시신들이에요. 그리고 남성이고요.」 오늘 수술을 집도할 외과의인 릭 레뎃의 말이다.

레뎃과 그를 도울 성형 및 재건 외과의인 데이먼 쿠니와 사미 투파하는 길 위쪽 존스 홉킨스 대학교에서 왔다. 홉킨스 의대는 국방부의 지원을 받아서 지난 10년 동안 이식 분야에서 많은 혁신을 이루어 왔다. 미국 최초의 양팔 이식과 팔꿈치 위쪽까지의 팔 이식에 성공한 수술 팀의 구성원들도 현재 그곳에 있다. 홉킨스의 이식 전문의들은 골수 주입이라는 기술을 다듬는 데 기여했다. 골수 주입은 환자의 몸이 새 신체 부위를 거부할 가능성을 크게 줄여 준다. 이 점은 복합 조직을 이식할 때 특히 유용하다. 간이나 콩팥과 달리, 얼굴이나 손은 피부, 근육, 점막의 다양한 집합이다. 음경이라면, 거기에 발기 조직도 추가된다. 몸은 한두 종류의 조직만 받아들이고 다른 조직은 거부할 수도 있다. 피부는 특히 문제를 일으킨다. 피부는 보호 장벽이기 때문이다. 면역학적으로 삼엄한 경계 상태를 유지한다. 이 몸의 보초병을 속이기 위해, 환자에게 기증자의 골수를 주입한다. 골수는 면역 세포를 만드는 일을 한다. 기증자의 골수는 환자 자신의 골수를 대체하지는 않지만, 면역 체계를 얼마간 재프로그래밍 한다. 몸은 새로 이식된 부위를 점점 수상쩍게 여길지 모르지만, 통째로 제거하는 일까지는 하지 않는다. 거부될 위험이 더 낮다는 것은 면역 억제제가 덜 필요하다는, 따라서 투여량을 더 줄일 수 있다는 의미다. 결과적으로 부작용도 더 적어지고 환자가 더 건강해진다.

골수 주입 같은 신기술들은 목숨을 구하는 용도가 아닌 형태의 이식을 받아들이는 쪽으로 윤리적 균형의 저울을 기울였다. 얼굴이나 손(그리고 아마 음경) 이식은 혜택이 단점보다 많아지고 있다(다리는 매력이 덜한 형태의 이식이다. 신경 재생이 요원하기 때문이다. 지금으로서는 의족이 더 나은 대안이다).

레뎃은 존스 홉킨스 의대의 팔 재건 및 성형 수술 이식 팀을 이끌고 있으며, 이 문장을 쓰고 있는 나처럼 다른 여타 부위들보다 한 신체 부위에 더 집착할 것이다. 예전에 그는 몸이 붙은 쌍둥이를 분리하는 수술을 묘사한 바 있다. 그 문장은 이런 식으로 시작되었다. 「……그래서 우리는 죽어 가는 쪽 자매의 다리와 엉덩이 그리고 골반 약간을 이식했다. 그 뒤 그녀의 대동맥을 떼어 내 ……에 연결했다.」 레뎃의 외형은 마치 사진을 보정한 것 같은 모습이다. 얼굴은 균형이 잘 잡혀 있고, 코는 평균 크기이거나 조금 작은 듯하고, 두 눈은 딱 보기 좋을 만큼 떨어져 있다. 목소리도 두드러진다. 마치 배우 제임스 스페이더가 말하는 듯하다.

레뎃은 기사의 사슬 갑옷 같은 수술 모자를 쓴다. 양쪽 귀를 덮고 이마까지 낮게 덮는다. 시신 해부실의 냄새를 막기 위해서는 그 편이 더 낫다(그는 회의를 겸한 점심 약속이 있다). 쿠니의 수술 모자는 아일랜드를 상징하는 연록색 행운의 토끼풀 그림이 찍힌 것으로, 원래 그의 부친 것이었다. 그 아래 관자놀이로 회색 머리칼이 언뜻 보인다. 비록 딱 맞는 단어라고는 못하겠지만. 동안이라는 말을 쓸 수 있을 것

III
5장 기이해질 수 있다

도 같다. 40세이지만 30세처럼 보인다. 또 그는 부친의 확대경도 끼고 있다. 부친을 기리기 위한 것인데, 그에게는 너무 커서 코로 계속 미끄러지고 있다. 그는 감기에 걸렸다. 악취를 대하기에 적절한 타이밍이다.

월터 리드의 퇴역 군인 중에는 음경 성형술을 받으러 존스 홉킨스로 오는 이들이 가끔 있다. 자신의 손목 아래쪽 피부를 카놀리[1]처럼 돌돌 만 것에 식염수로 팽창시킬 수 있는 막대를 넣어 재건한 음경이다. 그렇게 나온 〈신형 음경neopenis〉은 놀라울 만치 자연스럽게 보인다. 레뎃의 전화기에 있는 그 음경 사진 중 일부는 앤서니 위너[2] 식의 셀카로 착각할 수 있을 정도다. 그만큼 그의 솜씨가 뛰어남을 입증한다.

「이 환자는 아프가니스탄에서 RPG에 맞았어요. 정소와 음낭, 음경을 잃었지요. 팔에서 지금 조직판이 자라고 있습니다.」 레뎃은 뿌듯해하는 부모처럼 사진들을 죽 넘긴다. 「우리는 회음부에 조직 확장기를 써서 음낭을 만들었어요. 이건 인공 정소까지 갖춘 모습이지요. 지금은 감각도 완전히 돌아왔어요.」 9~12개월이 지나면, 전에 팔이었던 조직에서 환자의 음경 신경도 재생되어 정상적인 음경 감각을 되찾으며, 예전과 거의 똑같은 오르가슴도 일으킨다.

그렇다면 환자가 이식을 택할 이유가 있을까? 이식이 아직 — 골수 주입을 한다고 해도 — 어느 정도 면역 억제를 필요로 하는 데도 말이다. 그리고 면역 억제제는 몸의 방어 능력을 떨어뜨려서 감염과 암에

1 cannoli. 파이 껍질을 관이나 나팔 모양으로 튀겨 리코타 치즈와 초콜릿, 견과류 등으로 속을 채운 이탈리아 후식 — 옮긴이주.
2 Anthony Wiener. 여성들과 알몸 사진을 주고받다가 유출되는 바람에 국회 의원직에서 물러난 미국의 정치인 — 옮긴이주.

취약하게 만들 뿐 아니라, 여러 가지 부작용도 있다. 음경 성형술이 더 낫지 않을까?

「문제는 이겁니다.」 레넷은 벽에 걸린 칠판으로 가더니 음경을 그린다. 한 순간, 그것은 마치 5학년짜리 아이가 제멋대로 그린 것처럼 보인다. 문제는 돌출이다. 일반적으로 성교 도중, 보형물이 음경 끝으로 삐져나오는 것이다. 원래 음경 보형물은 발기 장애가 있는 남성들(시알리스도 듣지 않는 심한 사례)을 위해 고안된 것이다. 이런 남성들에게는 발기실(총의 총열처럼 음경 몸통 양쪽에 나란히 뻗어 있는 두 층)을 감싸는 질긴 섬유질 덮개 안에 이 팽창 가능한 막대 둘을 삽입한다. 음경 성형술 환자는 이런 덮개 없이, 그냥 피부만 있을 뿐이다. 그래서 더 쉽게 구멍이 난다. 음료수 빨대를 쥐고 빨대가 튀어나올 때까지 포장지를 아래로 잡아당긴다고 상상해 보라. 바로 그런 상황이다. 돌출율이 무려 40퍼센트에 달한다고 보고되어 있다(비록 합성 섬유인 데이크론이나 시신에서 얻은 조직으로 보형물을 감싸면 다소 도움이 된다고는 하지만). 또 앞 장에서 말했듯이, 손목 아래쪽 피부로 만든 요도는 습한 환경에서 삭거나 떨어져 나가기도 한다.

더구나 남성은 자연스러운 발기를 원할 것이다(성가시게도, 보형물을 이식한 사람은 음낭 안에 든 공을 눌러서 식염수를 밀어 넣어야 한다). 또 일을 끝내고 나면 덜 부담스럽게, 더 쪼그라드는 생식기를 원할지 모른다. 부풀리지 않는 형태의 음경 보형물은 덜 뻣뻣하지만 더 짧아지지는 않는다. 「그렇죠?」

쿠니가 확대경 너머로 흘깃 쳐다보며 대꾸한다. 「일반론이죠. 남자는 거시기가 너무 크다고 불평하지는 않거든요.」

독자가 이 글을 읽고 있을 때면, 레덧 팀이 그들의 첫 음경 이식 수술을 했을지도 모른다. 가장 최근인 2016년 2월에 내가 검색한 바에 따르면, 한 상이군인이 선택되어서 기증자를 기다리는 중이라고 했다. 레덧은 내게 보낸 전자 우편에서, 음경이 장기 이식에 적용되는 기준들을 충족시켜야 할 뿐 아니라 시각적으로도 잘 들어맞아야 한다고 썼다. 「피부색도…… 나이도요.」 나는 크기도 맞아야 하지 않냐고 답장을 보냈다. 그는 굳이 답할 필요를 못 느낀 모양이다.[3]

레덧 연구진의 최초가 세계 최초는 아니다. 2006년에 중국 광저우 군부 산하의 병원에서 이식 수술이 이루어진 바 있다. 수술진은 환자가 군인이 아니라, 특정되지 않은 〈불행한 외상 사고〉의 희생자라고 적었다. 불행히도 외상은 거기에서 그치지 않았다. 〈유감스럽게도〉 2주 뒤에 새 음경을 다시 〈잘라내야 했다〉. 환자의 몸이 거부했기 때문이 아니라, 그의 아내가 거부했기 때문이다. 〈우리와 환자가 상상도 못한 수준의…… 심각한 심리적 문제〉가 있었다는 말 외에 구체적인 내용은 알려지지 않았다. 음경이 부었고, 일부 조직이 괴사했다는 언급도 있긴 했다.

괴사는 조직에 산소가 들어가지 못할 때 일어난다. 이 사례에서는 이식 수술을 한 의사가 필요한 동맥 연결을 하지 않았기 때문이다. 그럴 때 피부는 검게 가죽처럼 변했다가 결국 떨어져 나간다.

「괴사는 죽었다는 뜻이죠. 외과의는 죽음이라는 말을 꺼내고 싶어

---

3 미국 최초의 음경 이식 수술은 2016년 5월에 MIT 의대 수술진이 음경 암 환자를 대상으로 실시했다. 미 국방부는 가뜩이나 심신에 상처를 입은 상이군인에게 검증되지 않은 음경 이식술을 하는 것을 꺼려 하고 있다. 일단 민간 부문에서 어느 정도 자리를 잡은 뒤에 적용하겠다는 것이다 ─ 옮긴이주.

하지 않아요.」쿠니가 설명한다.

괴사가 일어나지 않아도, 이식된 부위에는 죽음의 기운이 어려 있다. 죽었기 때문이 아니라, 소생되었기 때문이다. 환자가 그 점을 얼마나 불편하게 느낄지 상상할 수 있다. 콩팥이나 허파 같은 내부 장기는 이식의 심리적 영향이 대체로 적다. 눈에 안 보이면, 마음에서도 멀어지니까. 〈하지만 죽은 사람의 손은…… 보면서 사용하기가 쉽지 않다. 거울 앞에서 죽은 사람의 얼굴을 보는 것도 쉽지 않다.〉 최초로 손 이식에 성공한 외과의 장 미셸 두베르나르는 그렇게 썼다. 나중에 그 손은 다시 제거되었다. 환자가 그 손에 악마가 깃들었다고 믿었기 때문이다(악마 탓은 아니었지만, 손은 붓고 염증이 생긴 상태였다. 환자가 면역 억제제를 안 먹고 있었던 것이다).

쿠니의 경험은 달랐다. 「사람들은 사실 손과 얼굴을 이식하면 인격 전환 — 다른 사람의 신체 부위에 심리적으로 동화되는 현상 — 이 일어날 것이라고 생각했어요.」하지만 그렇지 않았다. 「나는 그것이 몸이 온전한 사람의 오만임을 깨달았어요. 당신과 나는 두 손을 지니고 있기에, 다른 사람의 손을 얻는 것이 부자연스럽다고 느끼는 겁니다. 하지만 한 손을 잃은 채로 사는 것이 더 부자연스럽거든요.」쿠니는 자기 수술진이 손을 이식한 환자 6명 모두가 수술에서 깨어난 즉시, 그 손을 자신의 손으로 여기는 것을 보았다. 아직 감촉을 느끼지도 보지도 못한 상태에서도 그랬다. 성별이 다르거나 피부색이 좀 다른 사람의 손을 이식했을 때에도 마찬가지였다.

낯선 사람의 얼굴을 이식 받았을 때에도 당사자는 사람들이 상상하는 것만큼 심란하게 느끼지 않는다는 것이 드러났다. 이식의 대안이란 얼굴이 아예 없는 채로 사는 것이니까. 쿠니는 말한다. 「환자들은 〈누구 얼굴을 이식 받든 상관없어요〉라고 말합니다. 얼굴을 지닌다는 것은 인간이 된다는 겁니다. 얼굴이 없으면 영화 속 괴물이 되는 거죠.」

그렇다면 음경은? 「생각하려고 애써 봤는데요.」 쿠니는 커다란 운반대에 놓여 있는 수술 도구들의 줄을 맞추면서 말한다. 「음경이라고 다를 게 뭐 있겠어요? 얼굴이나 손과 마찬가지로 음경도 정체성의 일부가 아닙니다. 하지만 음경만의 뭔가가 있긴 해요. 어떤 면에서 음경은 더 사적인 겁니다. 아무도 보지 못하니까요.」

그리고 음경은 누구나 원할 것이다. 언론은 집중 조명을 함으로써 당사자를 몹시 불편하게 만들 것이다. 「저쪽에 양팔 이식을 받고 휠체어에 앉아 있는 사람을 보면서, 〈와, 정말로 팔을 달았네〉라는 식의 말은 으레 할 수 있지요.」 레뎃이 다른 운반대에 있는 자기 수술 도구들을 정돈하면서 말한다. 「하지만 환자복을 입고 앉아 있는 사람을 보고서, 〈오, 수술이 잘 됐대〉라고 말하면, 남들이 무슨 생각을 하는지 짐작할 수 있어요. 작동해? 한번 볼 수 있을까?」

쿠니가 칼을 깊이 넣어 자르자, 몸집 큰 남자의 음경이 칼날 아래 마치 훈제 소시지처럼 툭 벌어진다. 이 이야기가 계속되면, 그는 남자로서 수술하기 불편해질 것이다. 그래서인지 주제를 바꾼다.

「이것이 해면층의 해면 조직입니다.」 그는 양쪽 발기실 중 하나를 가리킨다. 그가 잘린 부위를 꾹 누르자, 스펀지에서 물이 떨어지듯이 피가 배어난다.

발기를 일으키는 것은 혈액이므로, 동맥을 제대로 연결하는 일은 이중으로 중요하다. 괴사를 막는 한편으로, 성 기능을 증진시키기 위해서다. 중국 수술진은 해면체 동맥을 다시 연결하지 않았다. 양쪽 발기실의 한가운데로 지나면서 발기에 필요한 혈액의 상당 부분을 공급하는 혈관이다. 아마 그것이 그 아내가 불만을 터뜨린 이유 중 하나가 아닐까.

한편 한 운반대 너머에서는 마른 시신의 배쪽 피부에 있는 동맥을 수액 주머니에 딸린 관에 연결하는 중이다. 주머니에 든 액체에는 남색 색소가 섞여 있다. 그래서 몸속으로 흘러들기 시작하면, 피부가 멍이 든 것처럼 퍼레지면서 그 동맥이 정확히 어디로 연결되는지가 드러난다. 이런 식으로 레넷 연구진은 이식에 중요한 혈관들을 찾아낼 수 있다. 따라서 미국인이 첫 음경 이식을 받을 때에는 괴사가 일어나지 않을 것이다.

수액은 똑똑 떨어지는 대신에 빠르게 주입된다. 응급실에서 손실된 혈액을 빨리 보충할 때 쓰는 방식이다. 「이 수술을 처음 시도했을 때는 정말 엉망이었죠.」 사미 투파하가 말한다. 그는 전문의 과정 때 음경의 혈관 구조를 연구한 바 있다. 「방 전체가 색소로 뒤덮였거든요.」 청소부는 짜증을 냈고, 신발은 퍼렇게 물들었다. 그는 한쪽 발을 내민다. 「이건 시신 해부 전용 신발입니다.」

우리 뒤에서 제임스 스페이더의 목소리가 들린다. 「시신 해부 전용 신발이 없다면, 연구를 충분히 안 했다고 할 수 있죠.」

이 해부실에서 앞서 수술을 할 때, 투파하는 아랫배의 음경 바로 위 피부 밑을 지나는 넙다리 동맥에서 뻗어 나온 혈관 하나를 찾아낸 바 있다. 지금 수술진은 그 혈관을 다시 살펴보려 한다. 비정상적인 혈관이 아닌지 확인하기 위해서다. 투파하는 손을 뻗어서 수액 주머니의 밸브를 연다. 몇 초 지나지 않아 멍든 부위가 서서히 넓어지는 것이 보인다. 부위가 넓어지면서 거무스름해지고, 경계가 명확히 드러난다. 레뎃이 말한다. 「엄청나죠. 이 부위 전체가 이식과 관련이 있다고 볼 수 있어요.」 음경을 이식하는 것은 나무를 이식하는 것과 비슷하다. 나무의 밑동을 싹둑 베어 내는 것이 아니라, 줄기에 양분을 공급하는 뿌리와 그 주변의 흙까지 파야 한다. 정맥과 동맥은 3~4개씩, 그리고 신경도 두 가닥을 연결해야 할 것이다.

기증 받을 시신, 즉 홀쭉한 시신은 한쪽 팔을 허리에 두른 채 똑바로 누워 있다. 편안한 자세, 영화 속의 한 장면 같은 자세. 성교 후의 자세나 수영장 옆 긴 의자에 누워 있는 자세. 어떤 수술을 받을지를 고려할 때, 묘한 시각적 인상을 심어 준다. 이제 투파하와 레뎃은 이식할 부위 전체를 분리한 상태다. 음경과 음낭, 위와 옆쪽의 살덩어리들. 후자는 투파하가 발견한 중요한 동맥이 들어 있는 부위다.

레뎃은 나중에 학회에서 발표하기 위해 사진을 찍어야 한다. 투파하가 떼어 낸 부위들을 들고 카메라 앞에 선다. 양쪽 엄지손가락과 둘째 손가락으로 피부 위쪽 양끝을 집어 들어올린다. 이어서 뒤집어서 들어올린다. 레뎃이 뒷면도 찍도록. 예비 엄마가 모임의 손님들 앞에 아기 옷을 들어 올리면서 예쁘다는 감탄의 말을 듣는 장면을 상상해 보라. 내 말은 크기와 나풀거리는 모양새가 비슷하다는 뜻이다. 더 나은 비유가 있을 법도 하지만, 그냥 넘어가기로 하자.

나중에 나는 해부실이 있는 복도 끝 사무실에서 메릴랜드 주의 시신 기증 사업을 관리하고 있는 론 웨이드에게 시신이 어떻게 쓰일지를 알고 싶어 하는 가족을 만났을 때 뭐라고 말할 것인지 물었다. 그는 〈다

목적 임상/수술 표본〉이라고 말하겠다고 했다. 내 눈으로 본 것을 토대로 판단할 때, 모호하게 답변할 필요성이 있음은 분명하다. 시신 기증자의 가족이 오늘 이루어지고 있는 연구의 세부적인 사항들을 수락하기를 기대할 수 있으려면, 먼저 이런 수술을 통해 얻을 수 있는 것들이 무엇인지를 구체적으로 이해할 필요가 있다. 육군이나 해병대원이 IED 폭발로 삶에 구멍이 난 뒤에 수술실에서 깨어나는 것이 어떤 의미인지를 이해할 필요가 있다. 공포 영화 속 밀실 같은 이 창문 없는 방에서 개발되고 있는 수술법이 한 젊은 남성의 삶 전체를 복구시킬 잠재력을 지니고 있음을 이해할 필요가 있을 것이다. 그의 미래, 인간관계, 행복 전체를 말이다. 나는 그 은혜의 세세한 사항은 말하지 않는 편이 더 우아할 것이라고 생각한다.

기증자가 할 일은 끝났다. 음경이 달려 있던 곳[4]에는 새빨간 직사각형이 남아 있다. 자신의 엉긴 피로 이루어진 국부 가리개인 셈이다. 가죽이 벗겨진 정소는 엉덩이 옆에 떼어져 있다. 「이건 필요 없나요?」 나

4 팔다리를 잃은 사람이 예전에 팔다리가 있던 곳에서 헛통증을 느끼는 것처럼, 음경을 잃은 사람도 때로 헛쾌감을 느끼곤 한다. 〈환상지phantom limb〉라는 용어를 만든 사일러스 위어 미첼은 이 헛쾌감과 헛발기를 학계에 처음 알린 사람이기도 하다. 미첼은 그런 전문 지식을 어떻게 얻었을까? 그는 필라델피아 중심가의 〈스텀프 병원Stump Hospital〉(직역하면 팔다리가 잘리고 그루터기만 남은 이들의 병원이라는 뜻 — 옮긴이)에서 남북 전쟁 때 팔다리를 잃은 사람들을 치료했다.
오, 옛 시절의 경제적인 이름 짓기여! 스텀프 병원은 사라지고 그 자리에는 보훈처 팔다리 상실 예방 및 보철 공학 공동 연구 센터 같은 기관들이 들어서 있다. 하지만 전부 다 사라진 것은 아니다. 런던의 발과 발목 센터, 뉴델리의 유방 클리닉, 테헤란의 콩팥 병원, 캘커타의 얼굴과 입 병원, 뉴욕의 눈과 귀 병원, 멕시코의 음문 병원 등이 있으니까. 가엾게도 음경에게는 자신의 이름이 붙은 병원이 없다.

는 레넷에게 묻는다. 그가 마치 여행 가방이라도 꾸리고 있다는 듯이. 나는 부상 때문에 정자를 생산할 능력을 잃은 전투병을 상상하는 중이다. 그들에게 제 기능을 하는 음경과 번식 능력까지 제공하는 것은 멋진 일일지 모른다. 이런저런 관들을 몇 개 더 연결하면 되지 않을까?

그러면 문제가 된다. 성가신 문제가 생긴다. 정소를 연결하면, 음경 기증자는 정자 기증자도 된다. 이식 받은 사람이 죽은 기증자의 정소 — 더 정확히 말하면 유전자 — 를 써서 누군가를 잉태시키면, 그 아이는 누구의 자식일까? 기증자의 미망인이 죽은 남편의 정자, 지금은 다른 남자의 몸 속에서 생산되는 그 정자의 소유권을 주장하고 나선다면? 죽은 남자의 부모가 생물학적 손주를 만나고 싶어 한다면? 쿠니는 음경 부위에서 고개를 들고 쳐다본다. 「이상해질 수 있어요.」

나는 레이 메이도프에게 이 문제를 물어보았다. 메이도프는 보스턴 법학 전문 대학원 교수이자, 사자의 법적 권리를 다룬 필독서인 『불멸과 법*Immortality and the Law*』의 저자다. 그녀는 말했다. 「우리가 이미 지닌 문제야말로 가장 기이한 거죠.」 오래전에 미국이 이미 정자 기증과 아빠 기증이라는 미지의 해역에 들어갔다는 의미다. 「일부 국가들, 사려 깊은 국가들은 죽은 사람의 정자에 관한 사항들을 다루는 법규를 갖추고 있어요.」 미국은 아직 그렇지 못하다. 미국은 정자 기증자에게 양육비를 대라고 판결을 내리고, 강간범에게 강간 희생자의 아이를 만날 권리를 부여하는 나라다.

지금은 해결해야 할 더 현실적인 문제들이 있다. 뇌사 상태에서 산소 호흡기로 연명하고 있는 사랑하는 이의 음경을 릭 데넷으로 하여금 떼어 내게 해서 다른 사람의 몸에 꿰매 붙이도록 해줄 기증자를 찾아내는 것도 힘든 과제다. 쿠니의 말마따나, 세포 계통을 가져가는 것이 〈대다수의 사람들이 생각하는 정상적인 기증의 범위를 벗어나는〉 것일 수도 있다. 그런 한편으로 더 단순한 대안들이 존재한다. 당연히 군은 남성 군인을 배치하기 전에 정자를 은행에 보관할 수 있다.

4장에서 만난 월터 리드의 남성학자인 롭 딘은 그 일 역시 간단하지 않다고 반박한다. 내가 방문했을 때 그는 이렇게 말했다. 「그건 개인의 선택 사항입니다. 군이 〈줄 서! 귀관들은 정자를 기증할 것이다〉라고 말할 수는 없지요.」 또 비용 편익 문제도 있다. 항구적 자유 작전[5]에 참가한 퇴역 군인 중 약 300명은 부상으로 불임이 되었다. 「그 300명을 위해 15만 명의 정자를 은행에 보관하겠어요?」 예산을 감축하려는 국방부의 현재 분위기에서 그렇게 하기란 쉽지 않다. 메이도프는 군 예산 편성자들이 우려하는 점이 하나 더 있을지 모른다고 추정했다. 죽은 군인의 보관된 정자를 쓰는 미망인은 아기뿐 아니라 정부 연금 수혜자까지 낳는 것일 수 있다.

세 번째 대안도 있다. 정자는 대개 약 48시간 동안 살아 있으므로, 수술실에서 생물학적 아버지가 될 마지막 기회를 얻는 것도, 즉 병사가 지닌 마지막 정액을 추출하는 것도 가능하다. 고환의 상황이 몹시 심각해 보인다면 말이다. 「하지만 이 일도 당사자가 동의를 하지 않았다면 할 수 없어요. 환자가 지금 또는 나중에 아버지가 되고 싶어 하는지를 나는 알 수 없어요. 그걸 원하는지 알아야 해요. 아니면 법적 보호자나 그 다음으로 가까운 친척에게서 (사전에) 요구를 받거나요. 아

---

5 Operation Enduring Freedom, 2001~2014년 탈레반 축출을 위해 아프가니스탄에서 벌인 미국의 군사 작전을 일컫는다 — 옮긴이주.

내와 여자 친구는 화가 날지 몰라도, 그들 몸은 아니죠.」 딘의 말이다.

그래서 교육이 이루어지고 있다. 배치되기 전에 군인들에게 정자 은행에 관해 알려 준다. 최소한 대안이 있음을 알도록 하기 위해서다.

하지만 내가 월터 리드에서 이야기를 나눈 퇴역 군인 번식권 운동가인 스테이시 피들러는 그 정도로는 부족하다고 말한다. 불임 문제를 다루는 전국 규모의 비영리 단체 리졸브Resolve의 지원을 받아서, 피들러는 기지 내에 정자 은행 설치를 위한 운동을 펼치고 있다. 그녀는 아들인 마크와 함께 산다. 마크는 월터 리드 국립 군 의료 센터에 있는 숙소에서 회복 중에 있는 해병대원이다. 근처에서 터진 IED 때문에 허리띠에 차고 있던 수류탄 3개가 폭발하면서 다쳤다. 마크는 두 다리와 양쪽 엉덩이의 대부분을 잃었다. 스테이시의 말을 빌리자면, 〈큰 녀석은 괜찮〉지만, 정소는 좀 손상을 입었다. 그래서 식구들은 마크가 회복되었을 때 불임이 될지 아닐지를 알지 못한다.

내가 도착했을 때 마크는 누워 있었다. 이른 오후였지만, 커튼이 드리워져 있었다. 침대 옆 탁자에 설치된 영사기가 「빅뱅 이론」을 투영하고 있었다. 나는 영사기의 빛이 뻗어 가는 길에 놓여 있는 빈 의자에 앉았다. 내 머리 양쪽에서 배우들이 떠들어 댔다. 이윽고 마크가 리모컨을 눌러서 껐다. 욕창 때문에 그는 똑바로 앉을 수가 없었다. 엉덩이 근육에 방석을 대지 않으면, 골반의 뾰족한 부위가 피부에 구멍을 낼 수 있다. 마크에게는 침대가 소파이자 사무실이자 식탁이 되어 왔다. 팔이 닿는 범위에 3개의 리모컨, 아이패드 1대, 도넛 한 판, 가장 단순한 보철구인 등나무로 만든 효자손이 있었다.

마크는 말했다. 「흠, 나는 보병이 무슨 생각을 하는지 알아요. 그들은 아이를 갖겠다는 생각을 하고 있지 않아요. 대부분은 아내가 없거든요.」 그는 셔츠 없이 회색 플리스 모포를 덮고 있었고, 하체가 너무 짧아서 몸이 둥글었다. 그는 트웬티나인팜스에 있는 해병대 훈련소에서 가장 가까운 정자 은행이 아마 3시간 거리의 로스앤젤레스에 있을 것이라고 지적했다. 「원한다면 모든 정보를 그들에게 줄 수 있죠. 그들에겐 아무 소용이 없겠지만 말입니다.」

그의 모친이 대화에 끼어들었다. 스테이시 피들러는 해병대 휘장이 달린 붉은 셔츠에 청바지 차림이었고, 마크가 엎드려 타고 조이스틱으로 조종할 수 있는 바퀴 달린 수레 가장자리에 걸터앉아 있었다. 그녀는 말했다. 「기지에서 곧바로 이용할 수 있어야 해요. 그리고 원하지 않으면, 이용하지 않아도 되고요.」

「아니죠.」 마크가 반박했다. 「이용하게끔 만들어야 해요. 솔직히 아프가니스탄에서 우리는 거의 매일 폭탄에 날아가는 이야기를 했어요. 하지만 부상 쪽으로 가장 많이 나온 이야기는 무릎 위쪽, 두 다리를 잃을지도 모른다는 거였어요. 생식기는 아예 생각도 안 해요. 생식기는 〈으으으윽, 그만 말해〉라고 말할 기회조차 전혀 없는 거죠.」

군이 모든 남성 신병이 배치를 받기 전에 정자를 보관할 비용을 댄다면, 난자를 추출하여 냉동할 비용도 대야 하지 않을까? 더 많은 비용이 들고 더 복잡하다고 해도? 스테이시는 아니라고 고개를 저었다. 「여군은 난소가 날아가 버린다면, 여기로 오지 못할 거예요.」 난소를 날려 버릴 정도의 폭발이라면, 사망할 가능성이 높다는 의미다. 「종목이 전혀 다르죠.」 그녀가 말했다. 말장난을 할 의도는 전혀 없어 보였다.

마크는 자기 방에 들어오는 사람이 어떤 마음 자세를 지니고 있는지 금방 알아차렸다. 불편해하는지, 의료진처럼 초연한지, 나처럼 호기심이 넘치는지 등등. 거의 경고도 없이, 그는 엎드리더니 담요를 걷고 바지 뒤쪽을 끌어내렸다. 그는 엉덩이가 있던 곳을 가리키면서 말했다. 「바로 여기가 내 무릎이에요.」 원래 그랬다는 뜻이다. 수술진은 허벅지, 어쨌거나 제거해야 했던 허벅지의 앞쪽 피부를 떼어 내서 수류탄이 만든 구멍을 덮었다. 컵받침만 한 붕대가 욕창을 덮고 있었다.

그는 욕창이 나으면, 스카이다이빙, 말 타기, 올가미를 던져 송아지 잡기를 해보고 싶다고 말했다. 좀비 영화에도 출연하고 싶고 악어와 씨름도 하고 싶어 했다. 왠지 몰라도, 나는 그의 다음 말에 감상적이 되었다. 「파리에 가보고 싶어요.」 지금까지도 나는 마크를 생각할 때면, 한쪽 귀에 담배를 꽂은 채 생제르맹 거리를 아주 빠르게 미끄러져 나아가는 그의 모습을 상상한다.

이 글을 쓰고 있는 지금, 언론에서는 궁극적인 복합 조직 이식에 관한 이야기로 떠들썩하다. 몸 전체를 옮기는 것 말이다. 척수 재생이 가능하다면, 이론상 심하게 찢겨 나간 병사의 몸에서 머리를 잘라 내어 이식할 수도 있다. 인공호흡기로 산소를 공급해서 심장을 뛰게 한, 막 머리를 잘라 낸 시신의 몸통에 동맥과 정맥, 신경을 연결해 이식하는 것이다. 이 수술은 1960년대에 클리블랜드의 외과의 로버트 화이트가 붉은털원숭이 한 쌍을 대상으로 엉성한 형태로 시도한 바 있다. 새 몸에 붙은 머리는 며칠 동안 살아 있었지만, 몸을 움직이지도 스스로 호흡하지도 못했다. 그 뒤에 조직 거부 반응을 해결하려는 노력이 시작되었다. 더 나은 면역 억제 방법들이 도입되면서 프랑켄슈타인 이야기에 현실성을 부여했다. 비록 여전히 추측의 영역이 남아 있긴 하지만 말이다. 척수 신경은 말초 신경보다 훨씬 더 복합적이다. 몸의 말단에서 일하는 말초 신경은 피복으로 덮인 전화선과 같다. 선이 잘리면, 그 지점에서 신호는 멈춘다. 하지만 그 축삭을 다시 연결하면, 말이집(덮개)을 따라가면서 재생될 것이다. 전화선 비유는 척수 신경에는 들어맞지 않는다. 척수 신경은 복잡한 컴퓨터 연결망의 선을 자르는 셈이된다. 잘린 신경은 어디를 다시 연결해야 할지, 어느 쪽으로 재생해야 할지, 어떤 경로를 따라 기능을 회복해야 할지를 알지 못한다. 시신경도 그와 비슷하게 복잡하다. 그것이 바로 어느 누구도, 릭 레뎃조차도 눈 이식에 성공하지 못한 이유 중 하나다.[6]

홀쭉한 시신의 음경은 쿠니가 밑동의 신경과 혈관을 분리하는 동안 큰 시신의 배에 올려져 있다. 이번에는 연결을 하지 않을 것이다. 연결하려면 외과의 4~6명이 바퀴 달린 현미경을 써서 6~10시간 동안 수술해야 하기 때문이다. 그리고 그 연결은 오늘 수술의 요점이 아니다.

쿠니가 다 분리하자, 레뎃은 그 기관을 집어서 몸집 큰 시신의 사타

---

6 의사인 H. W. 브래드퍼드가 한 수술은 예외 사례다. 그는 미용 목적으로 토끼의 눈을 어릴 때 눈을 다친 한 선원의 안구에 이식했다. 브래드퍼드는 1885년 사례 연구를 소개하는 논문에 이렇게 썼다. 「당사자의 직업 특성상 유리알 눈을 쓰는 것은 바람직하지 않았다.」 나는 원양 항해를 하는 눈알이 직업상 정확히 어떤 위험을 안고 있는지는 모르지만, 해적들이 안대를 많이 낀 것을 보면 위험이 있기는 있는 모양이다.

좀 얼룩이 생기긴 했지만, 수술은 어느 정도 성공했다고 여겨졌다. 비록 눈동자가 좀 더 크긴 하지만, 토끼 눈은 다른 측면들에서는 거북스러울 만치 우리 눈과 비슷하다. 구글 이미지로 검색만 해도 금방 알 수 있다. 하지만 나는 이 검색을 추천할 수가 없다. 검색 결과에 다음과 같은 설명이 딸린 플라스틱 상자에 담긴 토끼 머리 사진도 나올 것이기 때문이다. 〈토끼 머리: 목과 가죽은 없음. 눈은 있음. 가격은 100그램 단위로. 시세는 직접 문의 바람.〉

구니에 걸쳐 놓는다. 손님이 셔츠를 자기 어깨에 대면서 맞는지 살펴 보는 것처럼, 우리는 이 몸이 다른 몸에서 적출한 음경과 어울리는지 감을 잡을 수 있다. 레넷이 카메라를 가져오기 위해 걸음을 옮길 때, 발표 준비용은 아니지만 나도 사진을 몇 장 찍어 둔다. 마치 그 광경을 잊을 수 있는 것처럼 말이다.

레넷은 다 찍은 뒤 카메라를 내려놓는다. 몸집 큰 시신을 담은 사체 낭의 지퍼를 채운다. 양복 가방과 비슷하지만, 시신의 이름을 적을 곳 도 있으며, 검은 마커로 쓴다. 호텔로 돌아간 나는 그를 위해 쓸 만한 온라인 부고를 찾아본다. 대화형 선택지가 많이 있다. 그중 하나가 나 를 사례들게 했다. 〈……님의 사진을 추가하고 인생 이야기를 공유 하세요.〉 또 한 곳을 눌렀더니, 온라인 방명록에 기억나는 일화를 추가 하라고 나온다. 〈적절한 단어를 찾는 데 도움이 필요하면, 제시된 문구 를 살펴보세요.〉 어느 것도 적당한 것 같지 않다.

GRUNT
6장

포화 속 살육
의무병은 어떻게 대처할까?

기도 종소리는 칼스주니어 식당의 주차장에서도 들린다. 웰스파고 운전자용 현금 인출기 앞에서도 샌디에이고 카운티 상수도국의 사무실 바깥에서도 들을 수 있다. 주의 깊은 청취자라면 뭔가 이상하다는 것을 알아차릴 것이다. 하루 전체에 걸쳐 5번 종소리가 울리기보다는 아침나절에만 6~7차례 울릴지도 모른다. 아예 울리지 않는 날도 있다. 의아해서 소리를 따라가 보면, 모스크가 아니라 스투 시걸 프로덕션의 영화 촬영소와 무대가 죽 늘어선 곳이 나올 것이다. 이왕 왔으니, 문을 두드리고서 둘러보라.

시걸의 본래 성은 스튜어트였지만, 영화 크레디트와 내 마음속에서 그는 언제나 당연히 스투다.[1] 가슴털이 보일 수도 있고, 거기에 목걸이

---

1 고드프리였을 때를 제외하고. 그는 1970년대의 많은 영화 크레디트에서 그 이름을 썼다. 고드프리 대니얼스는 줄거리에 쓸데없이 주의를 기울이지만 않는다면 푹 빠지게 되는 오래전에 잊힌 〈소프트코어soft core〉 장르에 속한 영화 10편을 제작했다. 그 줄거리 중 하나는 나의 책에서 한 장을 차지할 수도 있다. 〈최신 장비를 이용하여 섹스 인형을 검사하는 연구 시설〉이다.

가 걸려 있을 때도 있다. 성기고 긴 구레나룻이 있을 때도 있다. 턱수염을 기르는 것인지 그저 면도할 기분이 안 들어서 방치한 것인지 어중간한 모습이다. 그는 아내가 있지만, 밥과 더 많은 시간을 보낸다. 밥은 그의 사무실에 있는 까만 가죽 소파 위에서 졸고 있는 싹싹한 로트와일러 품종 개다. 시걸은 즐겁게 자기 배역에 몰입했다가 빠져나오곤 한다. 대본을 쓰고, 감독하고, 제작한다(가장 잘 알려진 것은 TV 범죄 드라마인 「헌터」다). 그는 영화사 옆에 식당도 차렸다. 요리를 직접 하지는 않지만, 이따금 새 요리에 이름을 붙인다. 이름을 보면 어떤 요리인지 알아차리기가 그리 어렵지 않다. 붑(Boob, 닭 가슴살) 샌드위치가 한 예다.

2002년 초 9/11 사건으로 할리우드의 액션 드라마 제작 의욕이 좀 식었을 때, 시걸은 유혈과 폭력 장면을 찍는 데 뛰어난 자신의 재능을 다른 쪽으로 활용하기 시작했다. 그는 시끄럽고 스트레스를 일으키고 초현실적인(이 용어는 그가 늘 내세우는 단어가 되어 왔다) 군인 훈련용 전투 시뮬레이션을 제작할 스트러티직 오퍼레이션스Strategic Operations라는 회사를 설립했다. 전시의 혼란을 세트에서 재현하는 것이다. 훈련생 중에는 위생병이 많다(해병대나 네이비실과 함께 배치되는 해군 위생병). 총알이 빗발치고 사람들이 정원 호스처럼 피를 뿜으면서 비명을 질러 대고 죽어 가고 있는 상황에서 응급조치를 수행해야 하는 임무를 맡은 남녀 군인들이다. 이 훈련의 기본 개념은 〈스트레스 접종〉이다. 스투 시걸이 모사한 아프가니스탄 마을에는 적이 매복해 있다. 그곳을 헤집고 돌아다니다 보면, 해외에서 실제로 총격전이 벌어지는 상황에 처했을 때 더 차분하고 더 훌륭하게 대처할 수 있다는 것이다. 위생병에게는 더 차분한 대처가 대단히 중요하다. 전투 상황이나 퇴각 상황에서는 싸움-도피 반응(급성 스트레스 반응)이 도움이된다. 그러나 곧 살펴보겠지만, 동맥 출혈을 막거나 막힌 기도를 뚫거나 그냥 전반적으로 신속하고 명쾌하게 생각해야 할 상황에서는 이런반응이 재앙을 가져온다.

인근 펜들턴 기지에 사령부가 있는 해병 제1사단의 위생병 훈련생 40명은 전투 외상 관리 과정의 한 단계를 치르기 위해 오늘 이곳에 와있다. 훈련생들은 이틀 반나절에 걸쳐서, 역할 연기를 하는 이들에게응급처치를 하게 될 것이다. 연기자는 대부분 해병대원이다. 오전 8시정각부터 아프간 마을에서 반군의 공격이 시작되면서 펼쳐지는 아수라장 6곳을 헤쳐 나가면서 치료를 해야 한다.

시걸의 무대 중 가장 큰 마을은 흙벽돌로 지은 건물 24동, 작은 시장한 곳, 녹슬어가는 놀이터 한 곳으로 이루어져 있다. 최근까지는 염소들도 돌아다녔다(염소는 치웠다. 주말에 누구든 와서 사료를 줘야 하는데, 주로 시걸이 그 일을 해야 했기 때문이다). 훈련을 더 가까이에서 지켜보기 위해, 나도 역할을 달라고 했다. 나는 본연의 역할을 맡기로 한다. 도중에 끼어들어서 일을 성가시게 하는 기자 역할이다. 나는가구가 거의 없는 방 두 개짜리 집에 배치된다. 응급 상황에 처한 역할을 오래 해본 세자르 가르시아라는 사람과 함께다.

세자르는 찢어진 바지 속에 피부처럼 보이게 만든 덮개를 착용한다.실리콘에 가짜 피와 석고로 된 뼛조각을 붙인 것이다. 동맥이 찢겨서피가 쏟아지는 모습은 자체 개발한 특수 효과용 혈액 3리터가 든 통에연결된 작은 펌프를 통해 꾸민다. 통은 드러나지 않게 등에 지고 있다.

흡혈귀용 배낭인 셈이다. 출혈량은 무선 리모컨으로 조절한다. 위생병이 지혈기를 얼마나 잘 묶느냐에 따라, 멈추거나 늦추거나 계속 흐르게 할 수 있다. 원래는 시나리오대로 작전이 진행될 때 주변에서 지켜보는 교관이 리모컨을 갖고 있다. 하지만 세자르는 출혈량을 상황에 더 잘 맞게 조절하고 싶어서 직접 하겠다고 했다.

「나는 말했죠. 〈일단 출혈을 일으키면…….〉」 세자르는 말을 멈추고 귀를 기울인다. 종소리가 울리기 시작한다. 마을 중앙에 있는 탑의 스피커에서 녹음된 소리가 흘러나온다. 역할 연기자들과 신호탄 전문가들에게 제 위치로 가라는 신호다. 왼쪽 창문 너머로 훈련생들이 마을로 들어오는 광경이 보인다. 무장한 채 대열을 이루어 걷고 있지만, 긴장하지는 않은 듯하다. 녹음된 종소리가 멈추자, 잠시 침묵이 깔린다. 세자르의 혈액 펌프에서 부드럽게 고동치는 소리가 들린다.

그러다가 그 소리는 다른 소리에 묻히고 만다. 먼저 화약이 터지면서 발사체가 날아가는 삐이익 하는 익숙한 고음이 터진다. 자신이 어떤 인생을 살았느냐에 따라, 여름 밤하늘에 멋진 광경을 연출하는 폭죽 소리로 들릴 수도 있고, 대전차 로켓포의 소리로 들릴 수도 있다. 이어서 총소리가 쏟아진다. 탄약은 재워져 있지 않지만, 알아차리지 못할 것이다. 신호탄 전문가들이 총알이 땅이나 벽에 맞을 때 생기는 것과 같은 먼지도 일으키기 때문이다.

기도 종소리 대신에 사격하는 소리, 총알이 윙윙거리며 날아가는 소리, 병사들이 공황 상태에 빠져서 내지르는 소리가 울려 퍼진다. 아수라장 같은 전쟁터에 와 있는 것 같다. (나중에 나는 시걸에게 물어보았다. 「베트남인가요?」 「〈라이언 일병 구하기〉에서 따온 겁니다.」) 옆에 있는 수도국에서는 뭐라고 할지 궁금하다.

「으악, 제기랄! 아아아아악, 도와줘!」세자르가 내는 소리다. 무척 실감난다.

한 훈련생이 방으로 들어온다. 그는 바닥의 핏방울, 한쪽 다리에서 멀리 떨어져 나간 발과 군화를 바라본다. 군화 밖으로 뼈와 살이 뒤엉켜서 튀어나와 있다. 〈상처 예술가〉가 실제 부상 입은 사진을 보고서 만든 아랫다리의 잔해다. 위생병이 저도 모르게 소리를 내지른다. 「괜찮습니까?」

몇 년 전 나는 친구인 클라크와 함께 길을 건너다가 바닥에 피와 깃털이 뒤엉킨 것을 보았다. 비둘기의 잔해임을 어렴풋이 알아볼 수 있었다. 클라크는 허리를 굽혀 쳐다보면서 소리쳤다. 「너 괜찮니?」그때보다는 덜하지만, 그래도 마찬가지로 바보같이 느껴진다. 바닥에 작은 피 웅덩이가 점점 커져 간다. 바로 여기서 초현실주의적인 장면이 벌어진다. 위생병의 눈에 세자르는 영락없이 다리가 떨어져 나간 부상병으로 비친다.[2] 그는 다리 밑동에 실리콘 덮개를 쓰고 있다. 그가 경련을 일으키듯이 다리를 떨자, 핏방울이 호를 그리며 떨어진다. 대승리를 거둔 뒤 탈의실에서 터뜨린 샴페인처럼 피가 사방으로 튄다.

문 바깥에서는 교관들이 다른 부상자들을 〈후송(off the X)〉하라고 소리치고 있다. 숨기라고, 후방으로 옮기라고 말이다. 부상자들이 들

2 그리고 세자르는 내가 스텀프스 아르어스Stumps R Us 다음으로 좋아하는 절단 장애인 단체인 미싱 섬싱Missing Something의 설립자다. 나는 1990년대에 스텀프스 아르어스의 볼링 모임에 참석한 바 있다. 그 자리에서 호스머 의수의 스포츠용 부착기의 놀라운 성능을 접했다. 호스머는 볼링 부착기 외에도 야구 글러브 부착기, 폴을 쥐는 스키 손/낚시 손 부착기도 만든다. 나는 호스머 의수를 단 볼링 선수들에게 처참하게 졌다.

것에 실려 우리 옆방으로 온다. 바닥에 눕혀진다. 역할 연기자들이 누워 있고 위생병 훈련생들이 주변에서 몸을 웅크리고 있다. 가슴 쪽 몸통이 유달리 큰 한 명이 눈에 띈다. 컷슈트Cut Suit 연기자다. 심폐 소생술용 인체 모형인 레서시 앤Resusci Anne 같은 〈환자 인체 모형〉을 본 적이 있는지 모르겠다. 초보자는 처음에 이 인체 모형을 대상으로 연습을 한다. 스트러티직 오퍼레이션스의 컷슈트는 〈사람이 입는〉 형태의 환자 모형이다. 연기자는 조끼처럼 생긴 가슴우리(흉곽)를 입는다. 가슴우리는 안에 복부의 장기들을 서랍처럼 집어넣도록 되어 있다. 이 위에 살갗 색깔의 고무 옷을 껴입는다. 피부를 모사한 옷으로 찔리면 피가 난다. 세자르가 다리 밑동에 쓰는 것과 같은 관과 펌프를 이용한다(상처는 컷슈트 실리콘 수선 장비를 써서 〈치료〉한다). 마치 누군가가 레서시 앤 안으로 기어 들어가서, 아무리 종을 울리고 호루라기를 불어도 앤이 결코 보여 줄 수 없는 능력을 제공하는 듯하다. 바로 인간성을 말이다. 심맨SimMan은 피를 흘리고 오줌을 지리고 몸부림을 칠 수도 있고, 혀가 부어오르고 배에서 꾸르륵 소리가 날 수도 있다. 하지만 일어나 앉아서 실습생의 눈을 바라보면서 세자르가 방금 한 것처럼 애원을 하지는 못할 것이다. 「제발 나를 이곳에서 꺼내 줘, 여긴 너무 지독한 곳이야!」

오늘의 컷슈트 연기자는 소리를 지르지 않는다. 가슴에 총알을 맞아서 허파가 쪼그라들었기 때문이다. 그가 공포에 질린 표정으로 얕게 헉헉댄다. 군복 명찰에 베이커라고 적힌 훈련병이 내부 압력을 낮추기 위해 바늘로 찌를 준비를 한다. 총알이나 부러진 갈비뼈에 의해 허파에 구멍이 나면, 들이마신 공기가 허파를 에워싸고 있는 공간으로 빠져나간다. 그 공간에 공기가 점점 들어차면 허파는 눌려서 부풀어 오르지 못하게 된다. 그러면 호흡하기가 힘들어진다. 이 증상을 공기가 습증(기흉pneumothorax)이라고 한다. 영어 단어는 공기와 가슴을 뜻하는 그리스어에서 유래했다. 전투 시 두 번째로 주된 사망 원인이다. 베이커의 과제는 도관이 연결된 바늘을 꽂아서 공기를 빼내어 압력을 낮추는 것이다. 그는 진땀을 흘리고 있다. 안경이 코에서 미끄러진다. 그는 역할 연기자의 빗장뼈 옆에 바늘을 대고 있다. 빗장뼈는 갈비뼈 사이도 아니고 컷슈트의 일부도 아닌데 말이다.

「정말로 거기가 맞나, 베이커?」 TV에서 해병대 교관이 과장하면서 험악하게 소리 지르는 것 같다. 하지만 과장이 아니다. 「거기는 빗장뼈다. 진짜로 그를 찌를 뻔한 거야.」

곧 바늘이 제자리에 꽂히고, 밀봉 붕대가 감기고, 역할 연기자는 들것에 실린다. 베이커는 들것의 앞쪽 손잡이를 잡더니, 뒤쪽 손잡이를 잡은 훈련병에게 말하지도 않은 채 벌떡 일어선다. 환자와 그가 입은 57,000달러짜리 컷슈트가 바닥으로 구른다.

「베이커 훈련병, 정신 못 차리나!」

사실 그의 정신은 온전하다. 그저 그의 교감 신경계가 제 일을 하고 있을 뿐이다. 위협이라고 지각되는 것은 모두 편도체로 향한다. 늘 경계 상태에 있는 뇌의 보초인 편도체는 그 즉시 싸움-도피 반응이라는 일련의 생화학적 연쇄 반응을 일으킨다. 스트러티직 오퍼레이션스 이사이자 이곳에서 자문을 하고 있는 브루스 사이들은 〈생존 스트레스 반응〉이라는 용어를 더 선호한다. 뭐라고 부르든 간에, 사이들의 표현을 빌려서, 멋지고 간결하게 요약하자면 이렇다. 「빠르고 강해지는 동시에 멍청해지는 겁니다.」 우리의 뇌에 새겨진 생존 전략은 위협이 식인 포유동물의 형태로 다가왔던 시대, 돌을 초인적인 힘으로 던지거나 나무를 초인적인 수준으로 빠르게 기어올라 가야 간신히 살아남을 수 있었던 시대에 진화했다. 위협이 닥치면 아드레날린이 분출하고, 아드레날린은 코르티솔이 혈액으로 왈칵 쏟아지도록 자극한다. 코르티솔은 허파에는 산소를 더 많이 빨아들이라고, 심장에는 두 배 또는 세 배 더 빨리 뛰어서 그 산소를 더 빨리 온몸으로 보내라고 재촉한다. 한편 간은 포도당을 토해 냄으로써, 그런 일들에 쓸 연료를 공급한다. 필요할 것이라고 여겨지는 신체 부위로 산소와 연료를 보내기 위해, 팔과 다리의 큰 근육에 있는 혈관들은 팽창하는 반면, 우선순위가 더 낮은 기관들(위장과 피부 같은)로 뻗은 혈관들은 수축된다. 피를 게걸스럽게 빨아들이는 주요 기관인 전두엽도 배급 제한을 받는다. 추론과 분석이여, 안녕. 섬세한 운동 기능이여, 나중에 봐. 초기 인류에게는 그런 것들이 그다지 중요하지 않았다. 으르렁대는 포식자 앞에서는 이렇게 하는 편이 나을지 저렇게 하는 편이 더 나을지 따질 필요도, 그럴 겨를도 없다. 하지만 의료 장비가 점점 정교해지고 소형화함에 따라, 위생병에게는 그런 판단력이 아주 중요해졌다. 설상가상으로, 근육의 능력 발휘를 충동질하는 아드레날린은 신경 활동도 증진시킨다. 그래서 몸이 덜덜 떨리게 된다. 여기에 구급 헬기의 움직임과 진동까지 고려하면, 위생병이 얼마나 힘겨운 도전 과제에 직면하는지 감을 잡을 수 있을 것이다.

위생병은 부상자를 돌보는 일 외에도, 총을 쏠 사람이 아무도 없으면 대응 사격을 해야 한다. 정확성을 요구하는 과제가 다 그렇듯이, 사격도 스트레스를 심하게 받을 때면 정확도가 떨어진다. 사이들은 경찰관 사격 명중률이 직무 능력 검사에서는 평균 85~92퍼센트에 달하지만, 실제 총격전을 벌일 때는 18퍼센트로 떨어진다고 말했다.

세자르를 치료하는 훈련병은 지혈대를 제대로 다루지 못한다. 베이커처럼, 어설픈 모습의 그도 아드레날린 쇄도의 단점을 잘 보여 주는 사례다. 교관이 문간에서 머리를 들이밀면서 소리친다. 「여기서 뭐하고 있나? 장기 이식하나? 빨리 이동해!」

실제 상황이었다면, 세자르는 지금쯤 사망했을 것이다. 대동맥에 출혈이 일어나면, 심장은 2분도 채 안 되어 3리터의 피를 잃을 수 있다. 치명적인 수준이다. 스트러티직 오퍼레이션스 혈액 펌프 장치의 용량이 3리터인 것은 결코 우연이 아니다. 사람의 몸에는 약 5리터의 피가 들어 있는데, 3리터를 잃으면 전해질 균형이 치명적인 수준으로 무너지고, 생명 유지에 필요한 기관들을 움직일 산소를 충분히 공급하지 못한다. 출혈 쇼크는 전투 때 가장 주된 사망 원인이다.

이런 점들을 종합하면, 응급 외상 치료가 얼마나 어려운지 짐작할 수 있다. 부상이 더 심할수록, 환자를 안정시킬 시간은 더 짧아진다. 시간이 부족하고 결과가 더 심각할수록, 위생병이 느끼는 압박은 더 커진다. 그리고 실수를 저지를 가능성도 그만큼 커진다. 수술실에서의 〈스트레스 위기〉가 미치는 영향을 다룬 22건의 연구를 검토한 2009년 논문을 보면, 그런 상황에서 외과의의 능력이 줄어든다는 것이 확실히 드러난다. 수술 솜씨뿐 아니라, 좋은 판단을 내리고 효과적으로 의사소통을 하는 능력도 줄어든다. 그리고 수술실에서의 스트레스 위기 ─ 이 연구에서는 출혈, 장비 고장, 주의 산만, 시간 압력이라고 정의

했다 — 는 전쟁터에서는 흔히 일어나는 일이기도 하다.

세자르는 무거운 밍크 목도리처럼 한 훈련병의 목에 얹혀, 이른바 소방대원 식 운반법fireman carry이라는 자세로 밖으로 실려 나간다. 베이커는 들것을 들고 뒤따른다. 손바닥에 땀이 흥건해서 들고 가기 힘든 모양이다. 도중에 그는 들것을 내려놓고 바지에 손을 닦는다. 이번에도 뒤쪽을 들고 있는 동료에게 사전 경고도 없이 말이다.

「베이커 훈련병, 정말 이럴 건가?」손바닥의 땀은 더 잘 움켜쥘 수 있도록 진화한 싸움-도피 반응의 한 특징이지만, 땀이 너무 많이 나면 정반대 효과를 가져올 것이 명백하다. 「필요하다면 그 빌어먹을 계집애 같은 장갑을 끼든 해라.」

교관이 그렇게 말하는 데에는 나름의 이유가 있다. 교관은 훈련병에게 실제로 총을 쏘지 않으면서, 가능한 한 많은 공포와 스트레스를 주려는 의도를 갖고 있다. 이 경험 전체 — 가짜 부상, 총소리와 폭발 소리, 공개적으로 계집애라는 말을 듣는 모욕감 — 는 일종의 감정 백신을 접종하기 위함이다. 위생병뿐 아니라 모든 부대의 전투 훈련에는 전통적으로 일종의 모의 출혈과 상해에 노출시키는 과정이 포함되어 왔다. 리카도 러브 대령이 2011년 논문 「심리적 탄력성: 병사들을 전쟁에 대비시키기」에 적은 내용에 따르면, 오랜 세월 지휘관들은 병사들에게 끔찍한 부상 장면을 찍은 사진과 동영상을 보여 주고, 〈자신이 경험한 끔찍한 전쟁의 실상〉에 관한 퇴역 군인의 강연을 들려주곤 했다고 한다. 미래의 위생병들을 준비시키는 일을 돕기 위해, 해군 건강 연구 센터는 폭발과 총격으로 생긴 부상을 섬뜩하게 그린 200쪽짜리 만화책 『닥스The Docs』를 배부했다. 지극히 사실적인 그래픽 노블이다.

신호탄과 전투 음향은 현실감을 높이는 동시에 싸움-도피 반응을 촉발한다. 갑작스러운 커다란 소음은 놀람 반응startle pattern이라는 순식간에 일어나는 방어적인 반사 행동의 집합을 촉발한다. 보호하기 위해 눈을 깜박이는 동시에, 위협의 정도를 평가하기 위해 상체를 소리가 나는 방향으로 돌린다. 팔을 구부려서 가슴 쪽으로 끌어당기고, 어깨를 수그리고, 무릎을 굽힌다. 이 모든 행동이 조합되어 더 작고 덜 눈에 띄는 표적이 된다. 팔다리를 몸에 꽉 붙이면 중요한 내부 장기를 보호하는 데 도움이 될 수도 있다.[3] 자신을 자기 몸의 인간 방패로 삼는 것이다. 사이들은 어깨를 숙이는 행동이 목을 보호하기 위해 진화했을 수 있다고 말한다. 동굴인 시대의 유산인 셈이다. 「먹이를 향해 슬그머니 다가가는 대형 고양이과 동물은 마지막 6미터쯤 남았을 때 뛰어올라서 등과 어깨로 내려앉아 목을 물어뜯어요.」

여기서 궁금해질 수도 있다. 임팔라와 얼룩말도 놀람 반응을 보일까? 이 물음을 떠올린 게 당신이 처음은 아니다. 1938년, 심리학자 카니 랜디스는 놀람 반응의 진화 양상을 조사하면서 브롱크스 동물원에서 얼마간 지낸 적이 있다. 동물원 직원들의 인내심도 시험하면서 말이다. 랜디스는 전시된 동물 앞에 영화 카메라를 설치한 뒤, 32구경 리볼버를 공중에 대고 쏘곤 했다. 동물원 관람객의 입장에서는 동료 연구자인 조슈아 로제트의 실험 방법이 덜 불편하고 더 재미있었을 것이다. 그는 자기 실험 대상자(인간)의 뒤로 몰래 다가가서 둘째손가락으

---

3 하지만 아이폰은 아니다. 영리한 스마트폰 도둑은 놀람 반응을 이용한다. 태평하게 문자를 보내는 사람의 뒤로 다가가서 뒤통수를 후려갈긴다. 희생자가 놀라서 팔을 안으로 움츠릴 때 휴대 전화는 손에서 휙 날아간다. 사실상 도둑에게 던지는 꼴이 된다.

로 귓바퀴를 톡 튕기곤 했다. 로제트의 가족들은 꽤 짜증이 나지 않았을까?

브롱크스 동물원에 임팔라는 없었지만, 염소처럼 생긴 히말라야산양은 있었다. 그리고 적절한 놀람 반응을 보였다. 두발가락나무늘보, 벌꿀오소리, 킨카주, 딩고, 반달곰, 자칼 등 카니 랜디스의 불쾌한 과학 실험을 견뎌 낸 다른 모든 포유동물들도 그러했다.

그 주제를 다룬 랜디스의 책 한 권 분량의 논문 「놀람 반응The Startle Pattern」이 큰 성공을 못 거두었다고 해도 그리 놀랍지 않을 것이다.

오늘의 두 번째 시나리오는 해군 구축함에 폭발이 일어난 뒤의 상황을 모사한 것이다. 이번에는 나도 증상을 얻었다. 연기 흡입으로 인한 화상이다. 그래서 검댕으로 줄을 좀 긋고 입가에도 까맣게 묻힌다. 무대는 선원용 침대들이 달린 방 하나와 복도를 따라 좀 더 간 곳에 있는 병실 하나로 이루어진다. 머리 위의 좁은 통로에서 교관들이 훈련병을 지켜보면서 독설을 퍼붓는다.

연기 발생기에서 뿜어지기 시작한 연기가 우리에게 연기를 시작하라는 신호가 된다. 우리 5명은 아마추어처럼 과장된 연기를 펼치면서 어둠 속에서 침대에 누워 있다. 나는 도우러 온 훈련병에게 호흡할 때마다 아프다고 말한다. 그는 내가 침대에서 나오도록 도운 뒤 복도로 데리고 간다. 「이쪽입니다, 선생님.」 그는 마치 식탁 옆에서 내 시중을 들듯이 계속 말을 한다. 그는 앞쪽을 향해 먼저 치료해야 할 사람이 있다고 소리친다. 「선생님, 크리크crike를 해야 할 듯해요. 무슨 뜻인지 모르시겠죠? 바로 여기를 조금 절개할 겁니다.」 그러면서 내 목 앞쪽을 건드린다. 크리크는 반지방패 연골 절개술cricothyrotomy의 약어다. 그는 숨을 쉴 수 있도록 목을 절개하여 공기 통로를 내는 응급조치를 하는 척할 것이다.

「정말로요?」 내 증상은 산소만 공급하면 된다.

「네. 숨을 쉴 수 없으니까요.」 나는 병실의 검사대에 눕혀진다.

「호흡할 때 더 아파요.」 나는 단서를 주려고 시도한다. 「화끈거려요.」

훈련병은 수술칼을 집는다. 그때 위에서 목소리가 들린다. 마치 신이 아브라함을 부르듯이. 「동작 그만!」 교관이다. 「그녀가 네게 말하고 있잖아, 맞지? 그리고 숨을 쉬고 있어. 그러니까 쨀 필요가 없어.」

다른 누군가가 소리친다. 「피를 쓸어!」 한 훈련병이 내 등 밑으로 손을 넣어 양손을 어깨에서 엉덩이까지 미끄러뜨린다. 그는 두 손을 보면서 피가 묻었는지 살핀다. 상처를 못 보고 놓쳤을 수도 있기 때문이다. 상처가 없다면, 피 쓸기는 기분 좋은 느낌을 준다.

내 마사지는 짧게 끝난다. 나는 왔던 복도로 다시 안내되어 팔다리를 잃은 연기를 하는 메건 로케트 옆에 앉는다. 나는 앞서 분장실에서 메건을 보았다. 특수 효과용 피가 아직 그녀의 잘린 다리 끝에 묻어 있다. 그녀는 다리를 꼰 채로 앉아서 느긋하게 전화기 화면을 넘기고 있다. 마치 그녀가 페이스북에 정신을 판 동안 사자가 다가와서 다리를 뜯어 간 것처럼 보인다.

바닥은 피로 미끄러진다. 메건의 혈액 공급 장치가 고장 나 있다. 훈련병 둘이 발을 헛디디면서 미끄러진다. 가장 치료가 시급한 부상자를 떨어뜨리지 않으려 애쓰면서. 아랫다리의 양말대님 부위에 지혈대를 대고 있는 남자다. 좀 더 문명화한 환경을 전제로 했나 보다. 훈련병들은 그를 검사대에 쿵 떨어뜨린다.

「그런데 이 사람이 왜 중요하지?」 높은 곳에 있는 신이 소리친다.

「골절 부위를 열어!」 누군가가 시도해 본다.

「죽어 가고 있나? 아니지!」 목소리가 더 커진다. 「훈련병들, 누가 죽어 가고 있지? 가장 죽을 확률이 높은 사람이 누군가?」 대답이 없다. 신의 손이 메건을 가리킨다. 메건이 잘린 부위를 들어올린다. 안녕, 병사들! 「이 환자가 어때 보이나?」

훈련병 둘이 메건을 데려가기 위해 달려간다. 한편 골절 부위가 열린 연기자는 내가 있는 복도로 나와서 생존 가능한 부상자 무리에 합류한다. 나는 옆으로 좀 비키려 하지만, 바지가 바닥에 딱 달라붙어 있다. 나중에 나는 특수 효과용 피의 주성분이 카로Karo 시럽임을 알았다. 피를 뱉어 내는 연기를 하는 배우로서는 그편이 더 안전하고 더 유쾌하겠지만, 그 위에 앉아 있거나 서 있을 때 말라붙는다면, 빵을 굽는 쟁반에 올린 사과 사탕처럼 바닥에 들러붙을 것이다.

상황이 종료되자, 훈련병들은 결과 보고를 듣기 위해 무대 바깥의 포장도로에 모인다. 치크라는 교관이 입을 연다.

「지독히도 엉망이었다. 대체 정신을 어디다 놓고 있는 건가? 다리 한쪽을 잃은 여성이 치료 1순위가 되는 게 당연하지 않나?」

이런저런 변명이 나온다. 컴컴했다. 연기가 자욱했다. 바닥에 누워 있어서 안 보였다 등등.

치크가 말한다. 「방 한가운데 환자 한 명이 서 있었다. 방 한가운데에 서 있었다고. 그런데 아무도 그 사람에게 주의를 기울이지 않았어. 시야를 더 넓혀야 한다. 빌어먹을 터널시tunnel vision에서 벗어나야 해.」

빌어먹을 터널시라는 전문 용어는 주의가 협소해진다는 뜻이다. 그것 역시 선사 시대에는 도움이 되었지만, 지금은 생존 스트레스 반응의 재앙을 일으키는 한 요소다. 다른 것들을 다 배제하고 오로지 위협에만 초점을 맞추는 것을 가리킨다. 브루스 사이들은 어느 의사와 불안해하는 인턴의 재미있는 사례를 들려준다. 의사는 교통사고 환자의 찢긴 상처를 꿰매라고 인턴을 응급실로 보냈다. 인턴은 꿰매는 일에만 너무 몰두하다 보니, 환자가 사망했다는 사실을 알아차리지 못했다.

스트러티직 오퍼레이션스에서 화장실을 가려다가는 길을 잃기 쉽다. 그리고 아주 재미있는 것들이 널려 있다. 새로 페인트칠을 한 배설 장치들을 햇볕에 말리기 위해 죽 널어놓은 곳이나, 작업대 앞에 앉아서 컷슈트의 실리콘 성형 음경의 솔기를 다듬는 사람 앞을 지나갈 수도 있다.[4] 두 사람이 대화하는 소리를 엿듣게 될 수도 있다. 「다른 피를 쓰면, 품질 보증을 못 받아.」 나는 한 모퉁이를 잘못 도는 바람에 보관 지역에 들어선다. 한 캐비닛 서랍에는 〈지라〉라고 적혀 있다. 〈대동맥〉이라고 적힌 서랍도 있다. 캐비닛 위에는 컷슈트 피부들이 담요처럼 개어져 있다. 마침내 화장실을 발견한다. 문에 〈헤드〉[5]라고 군대 속어가 적혀 있다. 나는 평소에 머리를 놓고 다녀야 하는 것인지 혼란스러워진다.

돌아가는 길에 컷슈트 훈련 지도 강의가 이루어지는 것을 보고 앉

---

4 더 공식 명칭은 〈선택적 공용 남근optional integrated phallus〉이다. 백인과 아프리카계 미국인 모두 쓸 수 있다(똑같은 크기에 색깔만 다르다).
5 HEAD. 화장실을 뜻하는 군대 용어 — 옮긴이주.

아서 들어 보기로 한다. 크림색으로 탄 피부에 알록달록한 금발의 여성이 컷슈트의 부품들이 놓여 있는 탁자 앞에 서 있다. 그녀는 펜들턴 기지에서 온 두 해병대원에게 설명을 하고 있다. 마치 주방 용품을 설명하는 듯하다(해병대는 방금 컷슈트 한 벌을 구입했고, 알리와 미첼이라는 두 해병대언은 컷슈트 담당자가 되기 위한 훈련을 받고 있다). 교사인 제니는 〈내장 안감〉의 똑딱단추를 열어서 복부 장기를 드러내는 방법을 보여 준다. 「내장 적출도 할 수 있어요.」 그녀는 유쾌하게 말하면서, 라텍스 안감이 찢기면 그냥 뜯어내고 교체하면 된다고 설명한다.[6] 내장 안감은 200개 묶음으로 구입할 수 있다. 내장 적출용이라고 보면 제정신이 아닐 만큼 많아 보인다.

제니는 떼어 낸 창자를 집어 들면서 알리와 미첼에게 원하면 직접 만들 수 있는 가짜 대변을 안에 채워 넣을 수 있다고 말한다. 오트밀을 갈색으로 물들이고 리퀴드 애스Liquid Ass라는 최신 파티용품을 뿌려서 냄새를 풍기게 하면 된다는 것이다. 컷슈트 훈련 총괄 진행자인 자이메 들라파라는 시연하기 위해 가방에 리퀴드 애스를 넣고 회의를 하러 다니곤 한다. 제니를 비롯한 다른 직원들은 아니다. 최근에 자이메가 그녀에게 이유를 물었다고 한다. 「나는 말했죠. 〈내 부스에 아무도 안 올 테니까요.〉」

컷슈트의 발명자인 시걸은 그것이 아주 사실적이라고 뿌듯해하는데, 그럴 만도 하다. 하지만 창자의 냄새가 아무리 진짜 같고, 다리 밑

---

6 내장 안감, 교체용 정맥, 포피(나스코 포경 수술 연습 기구용), 레르달 농축 모의 구토제는 업계에서 〈소모품〉으로 취급된다. 레르달 초킹 찰리 인체 모형의 식도에 쑤셔 넣는 모의 음식 덩어리는 소모품이라고 보기가 좀 애매하지만.

동이 제아무리 진짜로 잘려나간 듯 보인다고 해도, 훈련병들은 진짜가 아님을 알고 있을 것이 분명하다. 위생병을 훈련시키기 위해 진짜 팔다리를 자르지는 못하니까.

아니, 적어도 사람의 팔다리는 아니다.

1960년대만 해도 전투 외상 의학을 공부하던 이들은 마취시킨 돼지와 염소를 대상으로 인명 구조법을 실습하곤 했다. 거기에는 아무런 문제도 없었을 것이다. 헛간의 동물들이 본래 총에 맞거나 칼에 찔리거나 사제 폭탄에 날아가는 상황에 처할 일이 없다는 사실을 제외하면 말이다. 따라서 학생들을 훈련시키려면 그런 동물을 쏘거나 찌르거나 다리를 잘라 내는 일을 할 회사와 계약할 수밖에 없었다. 그런 회사 중 하나가 여기서 멀지 않은 곳에 있다.

오늘 점심시간에 스투 시걸의 식당 뒤쪽 난간에서는 생체 조직 실습이 화제에 오른다. 스투와 내가 앉은 곳으로 키트 레이벌이 온다. 회사의 부사장이다. 레이벌은 국방부가 살아 있는 조직을 대상으로 한 훈련에 쓰일 동물의 수를 2015년 수준 — 연간 약 8,500마리 — 에서 3~5천 마리 수준으로 줄이라고 요구하는 법령을 준비하고 있다고 말한다. 책임 있는 의학을 위한 의사 위원회Physicians Committee for Responsible Medicine라는 동물권 옹호 단체가 배후에 있다고 한다. 환자 모형 장치의 발달 — 그리고 국회 의원들을 상대로 이루어진 고도로 극적인 컷슈트 시연 — 에 힘입어서 생체 조직 실습을 옹호하는 이들의 주장은 점점 힘을 잃어 가고 있다.

불행하게도, 돼지는 우리와 내장의 크기와 배치가 거의 비슷하다.

혈압도, 출혈 때 피가 흘러나오는 속도도 그렇다. 응급 기도 확보 수술을 실습하는 데에는 염소가 더 낫다. 절개할 목 지방의 두께가 돼지처럼 10센티미터씩은 안 되니까 말이다.

나는 유튜브에서 누군가가 몰래 찍은 생체 조직 실습 장면이라고 하는 동영상을 본 적이 있다. 비가 오고 있는데 접이식 탁자 주위로 사람들이 서 있다. 위에는 방수포로 임시로 지붕을 설치했다. 한 번에 두세 명씩 탁자 위에 꼼짝 않고 누워 있는 돼지 위로 몸을 굽혀서 들여다본다. 카메라는 그들의 등을 보고 있다. 그들은 조용하게 대화를 한다. 통돼지 바비큐를 굽는 요리사처럼 보인다. 채식주의자도 한 명 있다. 누군가 그에게 돼지에게 한 방 더 놓으라고 말하는 걸 들을 수 있다. 마취제를 더 놓으라는 뜻이다. 돼지의 다리를 절단하는 장면은 카메라에 안 비치지만, 교관이 쓰는 수술 도구를 볼 수 있다. 연결된 사슬을 자르는 데 쓰는 것 같은 긴 손잡이가 달린 가위다. 섬뜩한 소리가 들리지만, 일은 금방 끝난다. 마취제가 잘 들었다고 가정할 때, 나는 매일 도축장에서 베이컨과 두툼한 고깃살과 갈비를 얻는다는 명분하에 벌어지는 일과 특별히 다르다는 인상을 못 받는다.

사이들은 바로 그 이유 때문에, 그것이 불완전한 〈스트레스 접종〉이라고 여긴다. 〈살아 있는 것, 심장이 펄떡거리는 것을 상대로 실습을 하는 것은 좋은 경험이지만, 그 대상은 인간이 아닙니다. 비명도 안 질러요.〉 실제 비명을 질러 대는 사람들을 경험할 수 있도록, 펜들턴 기지의 위생병 훈련생들은 폭력단이 판치는 이웃 도시인 로스앤젤레스의 응급실을 참관하고 보조하는 시간을 가질 수도 있다. 알리가 말했다. 「국내판 이라크나 아프가니스탄입니다. 총상을 입은 사람, 연발총에 난사당한 사람, 칼에 찔린 사람이 다 있으니까요.」

또 한 명의 컷슈트 훈련 담당자인 미첼은 생체 조직 실습과 응급실 경험을 둘 다 했다. 그녀는 둘 다 서로 다른 방식으로 도움이 되었다고 했다. 생체 조직 실습은 통제된 교육 환경을 제공한다. 훈련생들은 두 손가락으로 미끄러운 동맥을 쥐어서 출혈을 멈추게 하는 등 여러 가지를 시도해 볼 수 있다. 「응급실에서는 환자에게 그런 일을 할 수 없죠.」

스트러티직 오퍼레이션스는 피를 흘리고 헐떡거리고 욕설을 퍼붓는 역할 연기자들을 통해서 원스톱 쇼핑이 이루어지도록 시도한다. 심장이 뛰고 비명을 지르는 사람을 경험하도록 한다. 「불신을 의도적으로 유예시키는 환경을 조성합니다.」 스투는 튀긴 생선을 뜯으면서 말한다. 나는 그 말이 잘 이해가 안 됐지만, 이어서 한 말은 이해한다. 「훈련생들이 젖고 뒹굴고 토하고 기절하도록 만들지요.」

레이벌은 컷슈트 시연을 본 데니스 쿠시니치가 점심을 차마 못 먹었다는 이야기를 들려준다. 오하이오 주 의원인 그는 수도 워싱턴의 유명한 채식주의자이자 동물권 옹호론자인 아내 엘리자베스와 맨 앞줄에 앉아 있었다. 「연기자가 비명을 지르면서 피를 뿜기 시작하자, 쿠시니치는 하얗게 질리더군요. 그 자리에 있었다면 소화관의 꿈틀 운동이 역행하기 시작하는 것도 볼 수 있었을 거예요.」 나는 여기서도 뭔가를 볼 수 있을지 반쯤 기대하면서 주변 식탁들을 흘깃 둘러본다. 「그의 아내가 그를 부축해서 문으로 데려갔어요.」

전투 치료의 주된 스트레스 요인은 모든 훈련 시뮬레이션에 들어 있지 않다. 어느 누구도 당신에게 또는 당신 근처에 진짜 총알을 쏴대지 않는다. 「훈련에는 책임이 따르기 마련이니까요.」 사이들은 말한다. 좀 애처롭게 들렸다.

〈PTSD 진단을 받은 귀환자 수가 많다는 것은 우리의 준비가 미흡함을 시사한다.〉 리카도 러브 대령은 논문에서 그렇게 꾸짖고 있다. 러브는 〈군대에 심리적 탄력성을 구축하는〉 고대 스파르타의 방식을 찬미했다. 펠로피다스[7]여, 탄력성을 함양하는 이 새로운 전략들을 보라. 〈이따금 전쟁놀이는 치명적이 되어 몇몇 소년들이 죽기도 했다.〉 스파르타 연구자 폴 카트리지에 따르면, 아무 노예에게나 몰래 다가가서 죽이는 것, 〈식물과 출산의 여신인 오르테이아(아르테미스)의 제단에서 치즈를 가능한 많이 훔칠 수 있도록 채찍을 휘두르는 선배senior[8]들에게 용감하게 맞서는 것〉도 군사적 탄력성을 함양하는 방법이었다고 한다.

오래전, 살인 벌에 관한 이야기를 쓰면서, 나는 일종의 스트레스 접종을 경험한 바 있다. 나는 텍사스 남부의 한 농가에서 벌집을 제거하러 가는 사람들을 따라 나섰다. 〈살인자〉 꿀벌의 독은 보통 꿀벌의 독과 다를 게 없지만, 훨씬 더 공격적으로 벌집을 방어하고 침입자를 공격한다. 벌집이 클수록, 더 심하게 방어한다. 이 벌집은 200리터짜리 드럼통을 가득 채우고 있었다. 나는 벌을 막는 옷을 입었지만, 얼굴 부

---

7 Pelopidas. 고대 그리스 테베의 장군이자 정치가. 침략한 스파르타 군을 쫓아내고 지도자가 되었다 ─ 옮긴이주.
8 나는 카트리지가 말한 〈선배〉가 소년들보다 더 나이가 많은 사람들을 가리킨다고 본다. 하지만 스파르타의 선배 시민은 정중한 감독자이자 독려자인 오늘날의 전형적인 선배들과는 달랐다. 〈부족 장로들〉은 군사적 가치가 있는지에 따라 아기를 솎아 냈다. 부적합하다고 여겨진 아기는 〈매장지〉라는 깊은 구렁에 내던져졌다. 그 옛 사람들에게 다른 모든 것은 별 의미가 없다. 식물의 여신에게 누가 치즈를 바치겠는가?

분 그물망을 제대로 붙이지 않아서 벌이 그 사이로 들어와서 쏘기 시작했다. 그날 늦게 나는 얼얼하게 부어오른 얼굴로 보통 벌을 키우는 사람을 찾아갔다. 이야기를 나누는데 벌이 내 팔에 내려앉곤 했다. 평소라면 손을 마구 휘저으면서 꺄악꺄악 소리를 질러 댔을 것이다. 그러는 대신에 나는 팔 위를 기어 다니는 벌들을 차분히 지켜보았다. 벌에 대한 두려움이 사라진 것이다.

하지만 이 방식이 거꾸로도 작동했을까? 보통 꿀벌에 노출되었다면, 살인 벌떼에게 에워싸였을 때 느낄 두려움을 막아 줄 접종이 이루어졌을까? 세자르의 연기와 톰 행크스의 외침과 버럭 소리를 질러 대는 교관 등은 보통 꿀벌이다. 하지만 사이들은 말한다. 「그 간격을 좁히는 것은 무엇이든 다 좋죠.」

위생병을 훈련시키는 또 다른 방법은 자동적으로 하게 될 때까지 어떤 기술을 무수히 연습시키는 것이다. 전두엽이 무단 외출할 때, 이성이 결석할 때, 근육 기억이 남아서 일을 계속할 수 있기를 바라면서 말이다. 연습을 충분히 반복하면, 극도의 생존 스트레스 상황에서도 응급 치료를 할 수 있을 것이다. 자신이 피를 흘리는 상황에서도 말이다. 4장에서 말한 IED를 밟은 전투 공병을 떠올려 보라. 그가 적절히 표현했듯이, 〈무심코〉 그는 지혈대를 꺼내 한쪽 다리의 남은 부위에 완벽하게 묶었다.

폭발 현장의 아비규환에서 스트레스를 받지 않는다는 것이 정말로 가능할까? 떨어져 나간 머리를 정말로 정상적인 양 보게 될 수 있을까? 그럴 수 있다. 「얼마쯤 뒤부터는요.」 알리가 휴식 시간에 내게 말했다. 「그냥 머리로 보이게 돼요. 그리고 하던 일을 계속하죠.」미첼은 이라크에 배치되었을 때의 이야기를 들려주었다. 그녀는 IED에 날아갔던 해병대원의 다리 조각을 운반하고 있었다. 발은 아직 군화 속에 들어 있었는데, 이윽고 그의 동료가 군화에서 발을 끄집어냈다. 군화가 벗겨지는 순간, 발이 미첼의 얼굴에 부딪혔다. 그녀의 표정을 보고서 나는 발이 이미 썩기 시작했던 것이 아닐까 추측했다. 「썩지 않았어요. 폭발에 막 날아간 완전히 새 발이었지요.」그녀는 내 쪽으로 몸을 숙이며 말했다. 「글쎄, 양말을 안 신고 있었어요.」미첼에게 혐오감을 일으킨 것은 피도, 발이 몸에서 떨어져 나갔다는 사실도, 발이 끔찍하게 죽은 상태라는 것도 아니었다. 자신의 뺨에 묻은 발의 땀과 냄새였다.

그리고 그 발은 인간의 에크린샘에서 나오는 그 놀라우면서도 욕설이 나오게 만드는 분비물로 내 이야기가 슬그머니 이어지도록 하는 역할을 할 것이다. 아프가니스탄 같은 곳에서 땀은 위생병보다 더 많은 목숨을 구한다.

GRUNT

7장

땀 흘리는 총알
열기 속 전쟁

조지아 주 포트베닝은 열사병의 세 가지 핵심 요소를 다 갖추고 있다. 습기, 강렬한 태양 그리고 육군 레인저 학교다. 더 유명한 사촌격인 네이비실처럼, 레인저도 미국 특수전 부대에 속한다. 그들의 신조에 적힌 단어를 빌리자면, 레인저는 〈그 어떤 군인보다도 더 멀리, 더 빨리 움직이고 더 열심히 싸우는 엘리트 군인〉이다. 조시 퍼비스는 내가 만났을 때 육군 레인저 학교의 교관이었고, 올해의 최고 레인저 경기에도 출전했으므로, 최고의 엘리트였을 것이다. 경기는 다종목 운동 범주에 속하는데, 총검 돌격 코스와 들것(litter, 쓰레기를 뜻하는 것이 아니다) 운반 코스가 있는 유일한 경기임에 확실하다. 출전자들은 27킬로그램짜리 짐을 맨 채로 30여 킬로미터를 행군하고 달리며, 해마다 몇 명은 누운 자세로 들것에 실려 가는 경험도 할 것이다. 섭씨 38도의 열기 속에서 〈더 멀리, 더 빨리〉는 치명적인 상황을 불러올 수 있다.

오늘 퍼비스는 동료 교관 한 명과 함께 뜨거운 열기 속을 기계적으로 행군할 것이다. 열 내성 연구의 피실험자로서, 그들은 챔프CHAMP

의 섭씨 40도 〈찜통cook box〉 안에서 트레드밀을 2시간 동안 빨리 걷고 달릴 것이다. 챔프는 군의관 의과 대학 내 건강과 군 수행 능력 컨소시엄Consortium for Health and Military Performance의 약자다. 체질적으로 열사병을 비롯한 열병에 잘 걸리는 이들이 있으며, 육군은 타는 듯한 오후에 45킬로그램의 장비를 지고 자신들에게 목숨을 의지하는 사람들을 이끌고 다녀야 하는 중동으로 병사를 파견하기 전에 누가 열사병에 잘 걸릴지 알고 싶어 할 것이다.

퍼비스는 웃통을 벗은 채 탁자에 기대어 〈기분 상태〉가 어떤지 묻는 설문지에 답하고 있다. 그는 〈기운이 넘침full of pep〉 옆 〈보통임〉이라는 곳에 표시를 한다. 사실 펩pep이라는 영어 단어는 조시 퍼비스에게 어울리지 않는다. 펩은 경쾌하게 눈을 반짝거리며 휘파람을 불 것 같은 분위기를 말한다. 나는 조시 퍼비스가 휘파람을 분다고는 믿지 않는다. 멋지긴 하지만 그의 외모는 완고한, 고집이 똘똘 뭉쳐 있다는 인상을 풍긴다.

환한 안색과 잘 어울리는 금발을 지닌 연구자가 조시에게 주먹을 쥐어 보라고 말한다. 그녀와 동료 연구자들은 간단한 혈액 검사를 통해 전투원이 열병에 걸리기 쉬운 성향을 지니는지를 파악할 수 있는 생물학적 유전적 표지를 찾고 있다. 상관들이 그런 병사들을 더 주의 깊게 살펴볼 수 있도록 말이다. 하지만 그녀의 요청은 피 뽑기와 무관하다. 「조시, 근육을 보여줘.」 연구자는 조시의 어머니인 다이애나 퍼비스다.

조시는 그래도 양팔을 들어 올리지 않는다. 「엄마.」

엄마 퍼비스는 예비 검사용 식품 꾸러미에서 사과를 꺼낸다. 「조시, 시작하기 전에 간식 좀 먹자.」

「엄마, 제발.」

나는 조시가 불편함, 초조함, 터지기 직전임 중 어디에 표시를 했는지 볼 수가 없다. 하지만 나라면 세 군데 모두에 〈조금〉이라고 표시할 듯하다. 그의 어머니는 아들의 불만을 〈탐침〉 탓으로 돌려 왔다. 그는 직장에 꽂은 탐침을 통해서 내성 — 열과 다른 것들에 대한 — 을 검사받을 것이다. 이 탐침은 가늘고 유연한 삽입형 온도계다. 직장 탐침에는 1.8미터의 전선이 붙어 있고, 전선은 피지템프 서머스Physitemp Thermes라고 라벨이 붙어 있는 휴대용 장치에 연결된다. 장치는 크기가 양장본 책만 하며, 벽돌처럼 무겁다. 조리대에 내려놓은 뒤, 연결된 걸 까먹고 그냥 나가다가는 그것에 걸려 사실상 걸음을 멈추게 될 만큼 무겁다.

연구진은 직장 온도계 덕분에 실험 대상자의 심부 온도 변화를 지켜볼 수 있다. 복잡한 전자생화학 체계가 다 그렇듯이, 사람의 몸도 핵심 구성 요소들이 기본 설정된 온도 범위 내에서 돌아갈 때 가장 잘 움직인다. 사람은 약 36~37.5도다. 뜨거운 곳에 있거나 열심히 일하거나, 혹은 양쪽 다일 때, 심부 온도는 높아지기 시작한다. 그러면 몸은 체온을 행복한 범위 내로 되돌릴 조치를 취한다. 첫 번째이자 가장 중요한 수단은 땀이다.

이 여행을 하기 전까지, 나는 땀을 스스로 조성한 호수에 몸을 담그는 것과 비슷하게 생각했다. 하지만 땀은 시원하지 않다. 피만큼 따뜻하다. 본질적으로 땀은 피다. 땀은 혈장에서 나온다. 혈장은 피에서 주로 물로 이루어진 무색의 성분을 가리킨다(호수에 몸을 담그면 전도 현상을 통해 몸이 식는다. 전도는 더 차가운 무언가와 접촉할 때 일어난다. 대단히 효과적이지만, 언제나 실용적인 것은 아니다). 땀은 증발을 통해 열을 식힌다. 열을 공기로 내보내는 것이다. 이런 식이다. 몸이 과열되기 시작할 때, 피부의 혈관은 확장되어서 피가 피부로 더 많이 향하게 된다. 피부의 모세 혈관으로부터 뜨거운 혈장이 땀샘 — 약 240만 개의 — 을 통해 몸의 표면으로 스며 나와서 증발된다. 증발을 통해 몸에서 수증기 형태로 열이 빠져나간다.

효율적인 체계다. 극심한 열기 속에서 사람은 시간당 2킬로그램에 달하는 땀을 몇 시간 동안 흘릴 수 있다. 〈대강 말하자면, 찜통 같은 공장에서 일하는 노동자와 열대에서 움직이는 군인이 (하루에 걸쳐) 땀을 10킬로그램 흘리는 일은 드물지 않다.〉 고인이 된 나고야 대학교 의대의 심리학 교수 야스 쿠노가 『인간의 땀Human Perspiration』 1956년 판에서 한 말이다. 〈극도로 작은 땀샘에서 그렇게 엄청난 양의 땀이 나온다고 생각하면…… 놀라움에 사로잡힐 것이다.〉 비록 인간은 무게로 따지면 땀샘보다 침샘이 2배 이상 많지만, 침보다 땀을 6배 더 많이 생산할 수 있다.

『인간의 땀』은 그 자체가 엄청난 결과물이다. 두께만도 417쪽에 달한다. 이야기할 것이 많았다.[1] 쿠노가 땀 연구를 30년에 걸쳐서 했기

1 쿠노 연구진은 열적 땀과 감정적 땀의 차이를 탐구하는 일에 꽤 많은 시간을 보냈다. 후자는 손바닥과 발바닥을 적시는 반면, 전자는 그 외의 모든 부위에서 나온다. 한 연구자는 다리의 피부를 한 점 벗겨 내서 자신의 손바닥에 이식했다. 그 부위는 다른 정상적인 다리 부위들과 달리, 초조할 때 땀을 흘릴까? (그렇다.) 손바닥에 갑자기 털이 나지 않냐고 동료들이 킥킥거릴 때처럼, 감정적으로 괴로운 상황에서 메마른 채로 있을까? (아니다.) 감정적 땀 연구는 실험실 기반의 가학증 성향을 발휘하도록 부추겼다. 연구진은 끔찍한 소식을 지어내어 실험 대상자들에게 전했다. 그들은 말로 수학 문제를 내어 풀도록 했다. 고통스러운 충격을 가할 것이라고 위협함으로써 〈고통을 예상하면서 느끼는 불편함〉을 야기했다. 쿠노는 땀 세계의 스탠리 밀그램이었다.

때문이기도 하고, 동료 연구자가 많았기 때문이기도 하다. 〈총 약 65명이다.〉 이 책에는 찜질방에서 땀을 흘리는 일본인들의 흑백 사진이 가득하다. 그들의 몸에 땀과 접촉하면 검게 변하는 특수한 녹말가루를 묻혔기 때문에, 몸통, 이마, 윗입술은 아주 전염성이 강한 곰팡이처럼 보이는 것에 얼룩져 있다. 인간 두피의 땀 분포 양상이 놀라울 만치 다양함을 보여 주는 사진들도 있다.[2] 자신의 머리를 미는 대신, 연구진은 〈머리를 미는 풍습을 지닌 일본 스님 18명〉을 초청했다. 그 뒤로 스님들은 나고야 대학교의 모든 초청을 무시했다.

체온 조절 연구실 바깥에서는 땀이 별 존중을 못 받는다. 쿠노는 그 점이 속상했다. 그는 이렇게 썼다. 〈땀의 가치가 오로지 열에 몹시 시달리는 환자들(땀을 흘릴 수 없는)을 통해서만 인정되고, 대개 땀이 너무 많이 난다고 불평하는 보통 사람들을 통해서는 인정받지 못한다는 점이 정말 이상하다.〉 헉. 쿠노는 문명의 발전을 이끈 것이 다른 무엇보다도 불굴의 인간 체온 조절 체계라고 보았다. 〈인류는 지구 전역에 산다. ……반면에 대다수 동물의 거주 지대는 다소 더 한정되어 있다. 인류의 이 특권은 어느 정도는 지능을 통해 획득한 것이지만, 뜨거운 지대로 퍼져 나가는 일은 오로지 땀샘이 아주 잘 발달한 덕분에 성공

---

2 사람의 머리는 어머니가 보살피듯이 땀을 낸다. 뇌의 요람답게 머리에는 많은 혈관이 퍼져 있는데, 이 혈관들은 몸의 다른 말단 부위에 있는 혈관들과 달리, 수축하지 않는다. 그래서 머리에 상처가 나면 쉽게 피가 나고, 얼굴은 쉽게 붉어지고 땀이 난다. 하지만 체열의 90퍼센트가 머리를 통해 빠져나간다는, 종종 듣는 말은 잘못된 것이다. 군 심리학자 샘 셰브론트는 말한다. 「장인어른은 내가 겨울에 모자를 안 쓰고 나갈 때면 늘 그렇게 말씀하세요. 나는 말씀드리죠. 〈그 말이 맞다면, 털모자만 쓰고 벌거벗은 채 나가면 체열의 90퍼센트를 보존할 수 있어야 하지 않겠습니까?〉」실제로 그렇게 한다면, 그는 노출된 신체 부위를 통해 체열을 잃을 것이다. 내 호감은 얻겠지만 말이다.

한 것이다.〉 인간의 땀을 내는 능력이 없었다면, 베트남 전쟁도 없었을 것이고, 이라크 해방 작전도, 조지아 주에 있는 육군 레인저 학교도 없었을 것이다.

땀이 그렇게 효과가 있다면, 2007~2011년에 활동한 미군 중 열병에 걸린 사례가 14,577건이나 되는 이유는 무엇일까? 그들이 너무나 열심히 일하기 때문이다. 땀을 흘리면서 계속 일하면, 그들이 쓰는 근육은 몸이 땀을 흘리는 데 쓰는 혈액을 자기에게 달라고 요구하기 시작한다. 혈액을 차지하려는 이 경쟁의 가장 약한 결과는 열 탈진과 열 실신이다. 피가 몸을 식히기 위해 피부로 흐르는 한편으로 일을 계속할 수 있도록 산소를 전달하기 위해 근육으로도 흐르다 보면, 피를 뇌로 보내는 데 필요한 혈압을 유지하기가 더 어려워진다. 산소를 운반하는 피가 뇌로 충분히 공급되지 않으면, 기절한다(직관에 반하는 점은 과열 상태에서 일을 하는 도중에 쓰러지는 것이 아니라, 일을 멈추고 가만히 서 있을 때 쓰러진다는 것이다. 다리 근육은 계속 수축을 할 때는 피가 다리에 고이지 않게 막아 주기도 하기 때문이다).

열 탈진은 당혹스럽긴 하지만 크게 위험하지는 않다. 실신은 증상이자 치료이기도 하다. 일단 땅에 쓰러져서 몸이 수평이 되면, 피가 다시 머리로 돌면서 정신을 차리게 된다. 누군가 물을 갖다 주고 그늘로 데리고 가면, 다시 괜찮아진다.

하지만 열사병은 사망에 이르게 할 수 있다. 열사병은 피를 차지하려는 경쟁과 함께 시작된다. 뜨거운 날, 몸이 심부 온도를 안전한 범위 내로 낮추기 위해 땀을 흘리려 애쓰는데 당신이 혈액량을 보충할 물을 충분히 마시지 않고 있을 때, 설상가상으로 당신이 열심히 운동을 해서 근육이 산소를 더 달라고 아우성치고 있을 때 ── 그리고 운동 자체도 열을 발생시킨다 ── 몸은 무언가를 포기해야 한다. 「몸은 필요로 하는 곳으로 피를 보내기 위해 창자로 흐르는 혈액을 막아요.」 네이틱 연구소 복합체의 일부인 미 육군 환경 의학 연구소USARIEM의 심리학자 샘 셰브론트가 설명한다. 내장은 필요로 하는 것들을 차단당한다. 산소와 포도당이 들어오지 못하고, 유독한 노폐물도 배출되지 않는다. 이를 전문 용어로는 허혈ischemia이라고 한다. 살인자의 이름이다. 소화 기관은 망가지기 시작한다. 창자가 헐떡거릴 때 세균이 혈액 속으로 새어 들어가기 시작할 수도 있다. 체계적인 염증 반응이 촉발되면서, 여러 장기가 한꺼번에 손상되기 시작한다. 정신 착란에 이어서 혼수상태, 심하면 죽음이 뒤따를 수도 있다.

한편 열이 중추 신경계를 손상시킨다는 점을 강조하는 과학자들도 있다. 뇌의 단백질들이 풀어헤쳐지고 ── 전문 용어로는 〈변성 denaturing〉이라고 한다 ── 오작동을 한다(달걀이나 고기를 요리할 때 성질이 변하는 것도 변성 때문이다). 셰브론트는 〈뜨거운 뇌〉 이론을 받아들이지 않는다. 그는 단백질 변성이 뇌가 열사병에 걸리는 온도인 섭씨 40도보다 훨씬 높은 온도에서 일어난다고 말했다. 일본에는 40도를 넘는 온천도 많다. 셰브론트는 열사병이 어떻게 사망으로 이어지는지, 사실상 일치된 견해가 없다고 했다. 한 가지만 빼고 말이다. 「안 좋은 일들이 많이 일어난다는 거지요.」

창자 허혈은 미군 구명정의 비상식량이 언뜻 볼 때 잔인한 농담 같다는 생각이 드는 이유를 설명하는 데 도움이 될 수도 있다. 참스Charms[3]라는 상표의 옛날 불량 식품 분위기가 팍팍 풍기는 알록달록한 시큼한 사탕 외에는 먹을 것이 전혀 없어 보인다. 당신이 열대 바다에서 이 글거리는 태양 아래 바짝 구워지고 있고 소화 기관이 오랜 기간 개점 휴업 상태였다면, 아예 뭘 먹고 싶은 생각조차도 안 들게 된다. 시큼한 사탕은 바로 그럴 때 필요하다. 산성을 띤 시큼한 물질은 침이 나오도록 자극한다. 입이 바짝 말라붙은 탈수 상태의 조난자에게는 그런 침이 필요하다.

찜통의 습도는 견디기 수월한 40퍼센트로 설정되어 있다. 거기에서부터 내가 아직도 서 있는 이유를 설명하려면 한참 걸린다. 우리 주변의 공기가 수분으로 포화되어 있을 때에는 땀 — 어쨌든 땀의 대부분 — 은 증발할 곳이 없다. 피부에 물방울처럼 고였다가 얼굴과 등을 따라 흘러내린다. 더 중요한 점은 땀이 몸을 식히지 못한다는 것이다. 1950년대에 미군은 열의 위험성과 지독함을 파악하기 위해 습구온도 (wet-bulb globe temperature, WBGT) 지수라는 것을 개발했다. 기상학적으로 비참한 조건과 바람의 냉각 요인을 결합한 것이다. WBGT는 기온, 바람, 햇빛의 세기, 습도의 변화에 따른 영향을 고려한다. 여기서 습도가 70퍼센트를 차지한다.

따라서 이 지수는 습도를 가리키는 동시에 열을 알려 준다. 기온이 섭씨 33.3도 미만일 때, 몸은 더 차가운 공기로 열을 발산함으로써 저절로 식을 수 있다. 이 온도를 넘어서면 열은 발산되지 못한다. 발산의

---

3 참스는 예전에는 가루 식품에도 들어갔다. 그런데 불운을 가져온다는 믿음이 계속 판친 탓도 있어서 빠졌다. 참스가 불운을 가져온다는 미신이 어디에서 나왔는지는 네이틱 연구소 전투 식량 지원국 직원들도 전혀 모른다. 내가 보기에는 총기 애호가 웹사이트인 AR15.com 에 실려 있는 이 추측이 가장 그럴 듯하다. 〈비닐 포장된 막대 사탕이라서…… 포장을 뜯는 데 정신이 팔려 있다가 머리에 총알이 박히는 꼴을 당할 수 있다.〉

짝은 대류다. 우리의 몸이 주변에 형성하는 가열된 축축한 공기의 구름은 피부로부터 위로 올라가고, 그 빈자리를 더 차가운 공기가 와서 메운다. 그리고 더 건조할수록, 더 많은 땀이 증발할 수 있다. 마찬가지로 산들바람은 몸이 주변에 만들어 내는 습한 공기 막을 날려 버림으로써 몸을 식힌다. 밀려드는 공기가 더 차갑고 더 건조할수록, 몸은 더 빨리 식는다.

찜통에서 14분을 보내고 있자니, 가볍게 땀이 나고 있다. 조시 퍼비스는 나보다 늦게 트레드밀에 올라왔음에도, 나보다 훨씬 더 빨리 땀을 흘리기 시작했다. 팔뚝의 털이 피부에 달라붙어 있다. 가슴에 새긴 용 문신이 눈물을 흘리는 것처럼 보인다. 나는 이 모든 증상들을 그의 열 내성 능력이 떨어짐을 말해 주는 지표라고 짐작했다. 하지만 사실은 정반대다. 다이애나 퍼비스는 열에 순응한 사람이 대개 〈더 일찍 더 많이 땀을 흘려요〉라고 말한다. 체온 조절계가 더 빨리 작동한다. 내 체온 조절계는 무슨 일이 일어나고 있는지를 이해하기까지 10분이 걸렸다. 이봐, 여기 너무 덥지? 뭔가 해야 하지 않을까? 나는 지금 당장 아이스크림을 먹고 싶다.

조시는 열과 습도에 순응이 더 잘 되어 있을 뿐 아니라, 나보다 훨씬 더 건강하다. 지금까지는 유산소 운동 능력과 체지방 비율이 열 내성 측면에서 사람들을 믿을 만하게 분류할 수 있는 유일한 척도다. 강한 심장은 한 번 뛸 때 더 많은 피를 뿜어냄으로써, 산소를 더 효율적으로 근육에 전달한다. 또 몸의 다른 부위들에도 피를 더 많이 보냄으로써, 땀을 더 잘 흘리게 해준다. 그렇다고 해서 건강한 사람이 열사병에 걸리지 않는다는 의미는 아니다. 군대에서는 종종 가장 건강한 사람이 운동성 열사병에 쓰러지곤 한다. 그런 이들만이 그런 수준까지 자신을 밀어붙일 수 있기 때문이다.

「짐 맬 준비 되었나요?」 다이애나는 아프가니스탄에서 병사가 이틀짜리 행군을 할 때 어느 정도의 무게를 지고 가는지 감을 잡을 수 있도록 내게 13.5킬로그램의 모래주머니를 담은 배낭을 매어 준다. 일반적인 전투원은 이보다 두 배가 넘는 43킬로그램을 지고 다녔다. 방탄복 15킬로그램, 배터리 7킬로그램, 무기와 탄약 7킬로그램을 포함해서다. 제2차 세계 대전 무렵에 에드워드 아돌프는 사막 생존 실험을 통해서 그 무게의 절반만 지고 다녀도 시간당 2.3킬로미터의 땀을 추가로 흘린다는 것을 밝혀냈다.

내 배낭에는 모래만 들어 있다. 나는 방탄복도 안 입고 무기도 안 들고 있다. 서머스 직장 탐침만 끼고 있을 뿐이다. 이런 내게 맡길 만한 임무가 뭐가 있을지 모르겠지만, 뭐든 간에 내 몰골이나 기분을 생각할 때 전혀 맡을 수 없을 것 같다. 짐을 지자마자, 내 심장 박동수가 분당 25번 더 늘어난다. 「작업 부하가 늘어났으니까, 일하는 근육으로 피를 더 많이 보낼 필요가 있는 거예요.」 시끄러운 송풍기 소리에 묻힐까 봐 다이애나가 소리친다. 「심부 온도도 올라가고 있어요. 지금 37.9도예요.」 나는 쓰러지기 직전이다.

수분 보충을 덜하는 나의 성향도 상황을 더 악화시킨다. USARIEM 열 연구진이 흔히 쓰는 용어로 말하자면, 나는 〈잘 안 마시는 사람 reluctant drinker〉이다. 물을 양껏 마실 수 있게 했을 때, 찜질방에서 잘 안 마시는 사람은 체중 2퍼센트 이상이 금방 빠질 것이다. 그리고 자신의 갈증이 어느 정도인지 감을 잡지 못해서 물을 얼마나 마셔야 할지 알지 못한다. 야스 쿠노는 물 한 방울 마시지 않고 38시간 동안 걸은 사람들을 연구한 사례를 인용한다. 걸은 뒤에 양껏 물을 마시게 했을 때, 그들은 갈증이 해소되었다고 느끼자마자 그만 마시는 경향을 보였다. 평균적으로 땀으로 흘린 양의 약 5분의 1을 마셨을 때였다.

찜통 바깥에는 누구든 체온이 39.5도를 넘어가면 쓰도록 커다란 파란 플라스틱 욕조에 찬물이 가득 채워져 있다. 열병을 치료하는 가장 빠른 방법은 찬물에 몸을 담그는 것이다. 뜨거운 고체나 액체가 더 차가운 물체에 접촉하면, 뜨거운 쪽은 더 차가워지고 차가운 쪽은 더 따뜻해질 것이다. 그것이 바로 전도다. 열대에서 난파선 생존자들이 〈온수 체온 저하warm water hypothermia〉로 죽을 수 있는 이유도 바로 전도 때문이다. 바닷물이 체온보다 더 차가운 한, 체온은 바닷물로 빠져나간다.

물론 전도는 몸을 더 뜨겁게 만들 수도 있다. 사막에서 길을 잃었다고 해서, 바닥에 드러눕거나 차에 기대지 말도록. 모래는 섭씨 55도까지 올라가며, 금속은 훨씬 더 뜨거워진다. 뜨거운 태양 아래에서 헐거운 옷을 입으면 더 시원한 이유도 전도로 설명할 수 있다. 헐렁한 셔츠는 뜨거워지지만, 옷이 피부에 닿아 있지 않기 때문에 꽉 끼는 티셔츠와 달리 몸으로 열을 전도하지 않는다(또 헐거운 옷은 땀이 더 쉽게 증발하게 해준다).

헐렁한 셔츠가 흰색이면 더 좋다. 밝은색의 천은 태양의 복사선 중 일부를 반사시키므로, 복사선을 덜 받는다. 셔츠 없이 태양 아래로 나가면 더 시원해지기는커녕 더 뜨거워진다. 에드워드 아돌프는 〈태양 아래의 《벌거벗은》 사람들〉도 연구했는데, 신발, 양말, 속옷만 입고 상자 위에 앉은 사람들은 기온이 10도 더 높은 곳에 있는 것과 같았다. 게다가 대조군 — 옷을 다 입은 사람들 — 이 바로 옆에 앉아 있었던 터라, 더욱 불편했다. 열기 때문이 아니라 창피해서였다.

열병 전문가들이 일광욕하는 사람을 어떻게 생각할지 짐작이 간다. 거의 벌거벗은 채 뜨거운 모래 위에서 직사광선을 받으며 기꺼이 누워 있겠다고 하는 사람들 말이다. 좀 묘하게도 일광욕은 바다라는 거대한 파란 욕조 가까이에서 이루어진다. 타월에서 일어나 웨이트트레이닝을 하지는 말자. 어떤 근육을 지나치게 많이 쓰면, 가로무늬근 융해(횡문근 융해, rhabdomyolysis)라는 치명적일 수 있는 증상이 생길 수 있다. 근육이 극도로 많은 연료를 요구하고 있는데 몸이 미처 따라가지 못한다면, 결국 근육은 허혈 증상을 보이게 된다. 열은 상황을 악화시킨다. 땀을 흘리려면 혈장이 필요하므로, 혈장을 가져가려는 경쟁이 벌어지기 때문이다. 산소가 고갈된 근육 조직의 세포들은 파괴되기 시작하고, 그 내용물이 혈액으로 흘러든다. 파괴되어 나온 성분 중에는 칼륨도 있다. 혈중 칼륨 농도가 높아지면, 심장마비가 일어날 수 있다. 또 한 성분인 미오글로빈은 콩팥에 손상을 입힌다. 때로는 콩팥이 아예 기능을 상실하기도 한다. 그러면 황달기로 얼룩덜룩한 시신을 보게 된다.

예나 지금이나 보디빌딩은 아프가니스탄의 기지에서 가장 인기 있는 여가 활동이다. 베네치아 해변에서보다 더욱 열띤 분위기가 펼쳐진다. 병사들이 근육을 더 빨리 불리기 위해 먹는 보디빌딩 보충제는 위험을 더 높인다. 위험할 수도 있는 화합물이 들어 있곤 하기 때문이다. 근육 수축을 자극하는 물질, 대사율을 높이는 열대사 촉진제, 탈수를 촉진하는 크레아틴 같은 약물들이다. 이런 약물들은 모두 몸의 한정된 혈액을 차지하려는 경쟁을 더 심화시킨다. 챔프는 온라인 자료를 제공한다. 다양한 보충제들의 위험성을 조사하는 보충제 안전성 작전단Operation Supplement Safety을 통해서다. 하지만 인터넷에서 판매되는 보충제가 9만 가지가 넘으므로 — 그리고 아마존닷컴을 통해 주요 공군 기지로 배송된다 — 그 조사는 시시포스의 과제나 다름없다. 신화를 잘 모르는 사람들을 위해 설명하자면, 시시포스는 고대 그리스 신들로부터 거대한 바위를 산 위로 밀어 올리는 일을 영원히 계속하라는 처벌을 받은 거인이다. 즉 가로무늬근 융해가 일어날 때까지 말이다. 2011년에, 미군에서 운동성 가로무늬근 융해로 치료를 받은 사례는 435건이었다.

단순한 단백질 보충제도 위험을 증대시킨다. 단백질은 조해성[4]을 띤다. 즉 단백질 분해 산물이 씻겨 나가도록 신체 조직에서 물을 빨아들여서 혈액으로 집어넣는다. 이 분해 산물은 배설계에 부담을 준다. 사막에서 갈증으로 죽어 갈 때, 자신의 소변을 마시는 일은 도움이 되지 않을 것이다. 그 시점에는 소변에 단백질과 염분이 극도로 농축된 상태다. 그런 소변을 마신다면, 몸은 희석하기 위해서 신체 조직에서 다시 체액을 끌어와야 한다. 즉 소변을 배출하기 전의 상태로 돌아가는 꼴이다. 점점 더 상황을 악화시키면서 말이다. 탁하고 냄새 나는 자신의 오줌을 마셨다는 기억까지 짊어져야 하니까.

가로무늬근 융해는 보디빌딩 스펙트럼의 반대쪽 극단에서도 나타

---

4 潮解性. 고체가 수분을 흡수하여 녹는 성질 — 옮긴이주.

난다. 누운 채 꼼짝 못하는 병적인 수준의 비만 환자 — 이를테면, 길게 늘어진 위 때문에 우회로 조성술을 받을 필요가 있는 환자 — 는 등쪽의 근육들이 몸에 짓눌러서 혈액 순환이 막힐 위험이 있다. 4~6시간이 지나면, 근육 조직의 죽어 가는 세포들이 터져서 새어 나온다. 그러다 환자가 몸을 움직이거나 움직여지게 되면, 피가 세포 속으로 왈칵 물밀 듯이 밀려들면서 분해된 산물들이 순식간에 대량으로 혈액으로 유입된다. 지진 때 잔해에 깔리거나 자동차 사고로 꼼짝도 못하게 되었을 때에도 비슷한 위험에 처한다. 떡이 되도록 술을 마시고서 6시간 동안 꼼짝도 안 하면서 누워 있을 때에도 마찬가지다. 포틀랜드 VA 의료 센터의 외과 부주임이자 가로무늬근 융해 연구자인 대런 말리노스키가 설명한 내용이다. 그는 사람들이 잠잘 때 몸을 뒤척이는 이유도 가로무늬근 융해 때문이라고 덧붙였다. 「근육이 점점 허혈 상태가 되면, 뒤척거리게 하죠.」

「봐요. 허벅지까지 빨개지기 시작했어요.」 다이애나가 말한다. 과열된 피가 모조리 피부로 몰리고 있다. 「짐을 진 채로 꼬박 30분 동안 뛸 생각 있어요?」

손톱만큼도 없다. 「할 만큼 한 것 같아요.」

다이애나는 군인들에게 기분이 어떠냐고 묻는다. 조시의 동료 교관인 댄 레서드는 지겹다고 답한다. 조시는 질문을 못 들었다. 이어폰을 끼고 있었으니까. 그는 한쪽을 뺀다. 그가 한쪽을 빼내자 시끄러운 음악 소리가 작게 새어 나온다. 파이브 핑거 데스 펀치Five Finger Death Punch의 노래다. 내가 말해 줄 수 있는 것은 드러머 대신에 기관총 소리를 합성해서 쓰는 메탈 밴드라는 것이다.

조시는 자신과 댄이 오늘 좀 더 뒤에 〈진짜 운동〉을 할 계획이라고 말한다.

「메리는 짐을 지고서 7분 동안 뛰고 끝냈어.」 묻지도 않았는데 다이애나가 말한다. 이런!

조시가 나를 옹호한다. 「배낭을 메고 태어나는 사람이 어디 있겠어요. 처음 멨을 때 나는 살기가 싫어졌어요.」 그는 많은 것을 내려놓은 착한 사람 같아 보인다. 그의 경솔함, 경쾌함, 우리 모두가 지니고 태어나는 순수함은 무엇이든 간에 이라크에서 더 거친 것이 되었다. 전쟁은 사람을 변질시킨다.

11시 30분, 우리는 찜통에서 풀려난다. 「그리고 이제 친구를 꺼내 줄 수 있어요.」 연구원인 케이틀린이 말한다. 탐침 이야기다. 앞서 땀 배출 양상의 체질 특이성에 관해 이야기를 나눌 때, 케이틀린은 윔블던에서 막 우승한 사람처럼 양손을 번쩍 들어올렸다. 「나는 오른팔 겨드랑이가 땀이 더 잘 나요.」 눈으로 보니 그랬다. 다이애나 연구의 요지는 바로 거기에 있다. 체온 조절의 유전적 차이 — 효율적/비효율적, 왼쪽/오른쪽 등 뭐라고 부르든 간에 — 는 놀라울 만치 크며, 주목할 가치가 있다. 중동에서 극단주의자들과 주구장창 싸울 것 같기에 그렇다.

다이애나는 인근의 월터 리드 카페테리아로 가서 대화를 계속하자고 말한다. 조시가 찬성한다. 「먹어야죠. 갑시다.」

워리어 카페의 피자는 건강에 좋아 보이지 않는다. 먹으면 건강에 좋지 않다는 — 그럴 가능성도 있긴 하지만 — 뜻이 아니라, 음식 자체가 건강해 보이지 않는다는 말이다. 특이한 빵 껍질. 땀을 흘리는 치즈. 딱지처럼 앉은 페퍼로니. 나는 조시와 댄을 따라 샐러드 바로 간다. 미군의 많은 이들이 그렇듯이, 그들도 크로스핏의 추종자들이다. 어느 한 근육의 발달보다는 현실 세계에 쓸모 있는, 즉 〈실용적인〉 힘을 강조하는 운동이다. 그리고 파릇파릇한 채소도 많이 먹는다.

「모두 덩치 크고 강해 보이기를 원합니다.」 식탁 앞에 앉은 뒤에 조시가 한입 가득 욱여넣고 씹는 사이사이에 말한다. 그는 의도적으로 격렬하게 먹는다. 말하거나 트레드밀 위에서 걸을 때도 그렇듯이. 여기서 〈모두〉는 오늘의 보병을 뜻한다. 「방법은 여러 가지가 있습니다. 운동을 열심히 할 수도 있어요. 즉 보디빌딩 같은 걸요. 몸이 좋아 보이도록 하는 것 말고는 그 어떤 것도 신경 쓰지 않으니까요. 그런데 아무도 운동을 하고 싶어 하지 않아요. 이런저런 스테로이드 약물을 쓰죠. 더 우람해지고 더 빨라지기를 원해요.」 말하면서도 시선은 샐러드를 떠나지 않는다. 「하지만 그건 실용적인 힘이 아닙니다. 그리고 그 덩치, 그 근육을 끌고 다녀야 하고, 식히기도 해야 하고…….」

「그리고 보충제 자체는 열병에 걸릴 위험을 증가시키죠.」 내 입에서 저도 모르게 나온 말이다.

조시가 걱정하는 것은 그 문제가 아니다. 그가 우려하는 것은 건강하지 못한 병사가 다른 부대원들을 위험에 빠뜨린다는 점이다. 그는 나를 위해 상황을 제시한다. 반군의 폭발물을 제거하여 안전을 확보하는 임무가 있다고 상상해 보자고 한다. 「이렇게 생각해 보자고요. 총격전이 벌어지고, 자신도 이미 지쳐 있는데 동료 한 명이 총에 맞았어요. 당신은 자신이 안전을 확보한 방을 사상자 집결지로 정했어요. 그런데 동료를 거기로 데려가려면 방탄복을 잡고서 질질 끌고 가야 해요. 당신은 이미 지쳤어요. 그런데 죽은 동료를 끌고 가고 있어요. 완전히 녹초가 되는 겁니다.」그는 포크로 샐러드를 콱 찌른다. 점심 식사는 굶주림과 분노의 당김음 연주다. 찌르고, 뜨고, 씹고, 말하고, 찌른다. 「체육관에서 근육을 불리느라 여념이 없던 녀석을 옮기느라 완전히 박살이 났는데, 목숨이 간당간당한 그 녀석에게 응급처치를 할 여력이나 있겠어요?」

식탁에 침묵이 깔린다. 나는 이 이야기가 가상의 사례가 아닌 모양이라고 생각하는 중이다. 나는 〈사상자 집결지〉라는 개념에, 〈집결〉시킬 만큼 사상자 수가 많을 수 있다는 끔찍한 사실에 적응하려 애쓴다.

「그만하고, 열 이야기로 돌아가죠.」 잠시 뒤에 다이애나가 말한다.

「죄송합니다.」 찌르고, 찌르고, 뜨고, 씹는다. 「난 열에 관해서는 할 이야기가 거의 없어요. 사람들은 내게 묻곤 합니다. 〈이라크 생활은 어때?〉」 병아리콩 한 알이 포크 살에 찍혀 죽는다. 「오븐을 열고 그 안으로 들어가는 것과 같아.」

다이애나의 고집도 알아줘야 한다. 「조시, 물을 들고 다닐 필요가 없도록 미리 물을 많이 먹는 군인들 얘기도 해줘야지. 탄약을 더 많이 들고 갈 수 있도록 말이야.」

아돌프 박사는 그 문제도 살펴본 바 있다. 「물을 미리 마시면 몸속이 보조 물통으로 변한다. 따라서 걷는 사람은 1리터 남짓한 물을 추가로 운반할 수 있다.」 아돌프는 물 1리터를 마시도록 하여 체내 물통을 채운 사람들을 사막으로 보내어 〈탈수 걷기〉를 시켰다. 그는 소변의 묽은 정도를 조사하여, 〈미리 마신〉 물 가운데 15~25퍼센트만 소변으로 배출된다는 결론을 내릴 수 있었다. 나머지는 몸을 식힐 땀으로 이용되었다.

하지만 사막 생존 시나리오를 제외할 때, 미군은 미리 마시라고 장려하지 않는다. 배가 출렁거릴 정도로 억지로 마시면 움직이기가 불편하고 작전 수행에 지장을 준다. 또 〈물통〉을 채우려고 억지로 마시다가는 물 중독에 걸릴 위험도 있다. 몸의 염분 농도가 지나치게 묽어져서 조절 체계가 치명적으로 망가질 수 있다.

또 남자답지 않을 수도 있다. 조시가 어머니의 질문에 답한다. 「탄약을 더 들고 가겠다고 물을 내려놓지는 않죠. 그냥 다 가져가요. 남자라면 다 들고 가야죠.」 조시는 샐러드에서 블루베리를 발견한다. 그는 기운차게 한가운데를 잘 겨냥해 쿡쿡 찔러 댄다. 총검 돌격 코스에서 우승할 계획이다.

무더운 날씨에 군인이 겪는 딜레마를 이야기해 보자. 방탄복이 그렇다. 현행 방탄복은 총 무게가 15킬로그램에 달한다. 역기를 들고 계단을 뛰어오르는 것과 같다. 조시의 한 동료는 방탄복 없이 지붕에 올라갔다가 죽었다. 「그의 부대는 그 때문에 조롱거리가 되었지요. 하지만 현실적으로, 나라도 방탄복을 안 입었을 겁니다.」

「너무 더워서 벗는다는 거예요?」 내 자신이 그의 머리 위에서 윙윙거리는 파리처럼 느껴진다. 그의 발치에서 연신 하품을 해대는 작은 강아지거나.

「타당한 이유가 있어서 벗는 겁니다.」

댄이 분위기를 누그러뜨리기 위해서 끼어든다. 「메리 씨, 우리는 등에 45킬로그램을 짊어지고 산을 오르내리면서 싸워요. 샌들과 드레스 차림의 반군들과요. 온갖 상황에 대처할 수 있도록 하겠다고 육군이

택한 방법은 장비와 물품을 더 많이 주는 거예요. 그런 것들에는 대개 배터리도 딸려 있죠. 그만큼 짐이 늘어나는 겁니다.」

육군의 또 다른 해결책은 착용할 수 있는 유압식 외골격(겉뼈대)을 써서 무거운 짐을 옮기는 데 도움을 준다는 것이다. 육군은 이 해결책을 10년 넘게 만지작거리고 있다. 군수업체 록히드마틴은 시제품인 헐크(HULC, Human Universal Load Carrier)의 동영상을 유튜브에 올려놓았다. 마치 1950년대에 소아마비에 걸린 사람들을 징집한 양, 다리 바깥쪽에 복잡한 금속 부착기를 긴 채로 병사들이 골짜기를 건너고 커다란 바위 뒤에 몸을 숨기는 모습이 보인다. 2010년에 네이틱은 헐크를 시험했다. 헐크는 40킬로그램의 짐을 지고 〈장거리 행군〉을 했다. 유튜브 동영상에 올라온 감상평 중에 그 시험에 참여한 사람이 쓴 것이 있다. 〈모두가 정강이 부목 덕분에 45분 동안 꽤 많은 일을 했다.〉 한편 전투원이 포화 속에서 빨리 움직일 수 있을지, 심지어 쓰러졌을 때 스스로 일어날 수 있을지, 의문을 제기한 이들도 있었다. 웹사이트 디펜스원Defense One의 기술 담당 편집자 패트릭 터커는 배터리 수명을 물고 늘어졌다. 평지를 천천히(시속 4킬로미터) 걸을 때, 배터리 수명은 5시간이다. 그는 헐크가 동력을 지속적으로 공급 받지 못하는 곳에서 과연 유용할지 의문을 제기했다. 〈알다시피 병사가 싸워야 할 곳들은 어디나 다 그렇다.〉

「내 친구가 왜 죽었는지 알고 싶습니까?」 조시가 말한다. 「아마 누군가 그가 건물로 들어가는 소리를 들었을 겁니다. 그는 조용히 움직일 수가 없었으니까요. 애초에 너무나 많은 걸 주렁주렁 달고 다녔으니까요. 위험 회피 수단이라면서 온갖 구속을 한다니까요. 의도는 좋을지 모르지만, 악영향을 끼치는 겁니다.」

다이애나가 내 녹음기를 가리킨다. 「끄는 편이 좋지 않겠어요?」 아무래도 열은 주제가 아니라, 분위기가 될 성싶었다.

점심을 먹고 돌아오는 길에, 차 뒷좌석에 앉은 조시와 댄은 운동 계획을 짠다. 댄의 말이 들린다. 「역기 100번 들어올리기.」 닥터 수스의 어린이책 제목처럼 들린다. 앞좌석에 앉은 다이애나와 나는 과학 이야기를 한다. 나는 최근에 네이틱 연구소를 방문한 일을 들려준다. 글쎄, 땀을 흘리는 마네킹이 있다니까요! 「물 수요량을 예측하는 방정식도 있어요!」 날씨 자료와 전투원의 짐 무게와 활동 수준을 입력하면, 전쟁터에서 활약하는 데 물이 얼마나 필요한지가 나온다. 정말 대단하지 않아요? 나는 그렇게 말하고 싶지만, 조시가 듣고 있음을 안다.

그가 비웃는 것도 이해가 간다. 나는 방정식에는 빠진 요소가 반드시 있게 마련임을 안다. 현장에 가보지 않은 사람, 아수라장 속에 있어보지 않은 사람은 알지 못하는 것들이다. 나는 모든 임무에는 나름의 요구 조건과 위험이 있음을 안다. 에어컨이 빵빵 나오는 사무실에 앉아서 정오에 아프가니스탄의 탁 트인 마당을 등이 구부정하도록 화기를 지고서 가로지르는 병사들에게 적용되는 규칙을 만드는 이들을 경멸하는 용어들이 있는 이유를 안다. 비록 지금 당장은 어떤 용어였는지 기억이 나지 않지만 말이다.

「책상물림 레인저?」 댄이 제시한다. 「포그?」[5]

---

5 Pogue. 비전투 군인을 지칭하는 미군 내 속어 ─ 옮긴이주.

「과학자야.」 조시가 내뱉는다. 다이애나는 한쪽 엄지손가락을 운전대를 톡톡 두드린다. 그녀는 뒷거울로 흘깃 쳐다본다. 「아들아, 사랑한다.」

조시는 창밖을 응시하고 있다. 「나도 사랑해요, 엄마. 엄마한테 한 말은 아녜요.」

군 과학자들을 옹호하는 말을 몇 마디 해두자. 임무가 주어질 때 대원들이 어떤 물품을 얼마나 갖고 가야 할지를 가장 잘 아는 사람이 분대 지휘관이라는 점에는 나도 동의한다. 하지만 과학자는 분대 지휘관을 지식으로 무장시키고 싶어 한다. 그리고 모든 지식이 경험에서 나오는 것은 아니다. 보디빌딩 보충제의 치명적일 수 있는 위험을 구체적으로 조사하는 군의관 의과 대학의 포그로부터 지식이 나올 때도 있다. 또는 플로리다 공군 기지의 선착장에서 병사들을 구명정을 타고 표류하도록 한 다음, 군복을 차가운 물에 적시면 시간당 손실되는 체액을 74퍼센트 더 보존할 수 있다는 것을 발견한 군 생리학자로부터 나오기도 한다. 여행자가 설사를 할 때 회복 시간을 줄일 방법을 찾아내는 해군 연구자로부터도. 기온이 46도이고 부대가 탈수로 쓰러지지 않도록 고군분투하는 상황에서는 이런 지식들이 중요하다. 이런 연구를 통해 얻는 영예 따위는 없다. 메달을 받는 이들도 없다. 당연히 누군가는 받아야 하는데 말이다.

GRUNT
8장

질질 싸는 네이비실
국가 안보 위협 요소로서의 설사

언젠가 지부티라는 잘 알려지지 않은 사막 국가로 여행 갈 일이 있다면, 비행기가 착륙할 때 창밖으로 공항 옆에 넓은 건설 현장 같은 곳이 보일 것이다. 사실은 레모니어라는 미군 기지다. 개조한 선적용 컨테이너에서 3,500명이 일하고 생활한다. 컨테이너는 겹쳐 쌓은 것도 있고, 나란히 늘어놓은 것도 있다. 밋밋한 직사각형 상자들로 만든 테트리스라고나 할까. 에어컨 외풍기에서 물방울이 떨어지는 곳에 자라는 덤불 외에 식생이라고는 찾아볼 수 없다. 실내 장식은 비상 안내문 현수막(〈하던 일을 멈추고 확성기 소리에 귀를 기울일 것……〉)과 지휘 계통도 사진 액자뿐이다. 기지에서 사흘을 지내는 동안, 나는 사치품이라고 여길 만한 것을 딱 하나 보았다. 오로지 보병이나 해병, 항공병의 생활에 자그마한 위안이 된다는 이유만으로 배편으로 실어 온 부드럽고 편안하면서 값비싼 물품이다. 마크 리들 대령은 해군 제3 의학 연구단NAMRU-3에 속한 컨테이너에 쓰기 위해, 차밍 울트라 소프트 Charmin Ultra Soft 휴지를 징발한다. 컨테이너 문에 달린 현판을 보면

이유를 알 수 있다. 〈설사 임상 시험.〉

그 단어 자체는 사람들을 웃고 싶게 만든다. 설사 말이다. 리들은 굳이 반박하려 하지 않는다. 오히려 정반대다. 그는 화장실 칸막이 문 안쪽에 붙인 〈설사했나요?〉라는 표지판을 통해 연구 대상자들을 모집한다. 현재 연구에 참여하는 사람들을 위해 자신이 창안한 대변 등급 시각 보조 도표에 실린 사진 중 하나는 캠벨Campbell의 청키 수프 광고에서 딴 것이다. (그는 이렇게 털어놓을 것이다. 「자세히 보면 숟가락이 삐죽 나와 있어요.」) 그렇긴 해도 뒤에서 납득하게 될 이유들 때문에, 리들은 설사를 아주 진지하게 대한다. 그는 웃기려는 의도가 전혀 없이 말한다. 「설사와 함께 산다고 해도 과언이 아니죠.」 나는 그가 냉동한 대변 시료 수집품을 묘사할 때 신성하다는 단어를 쓰는 것을 들었다. 리들은 군 장교들도 설사를 진지하게 고려하도록 하고 싶다.

지난 수세기에 걸친 사례들을 보면, 이런 주장은 결코 설득력이 없지 않다. 이른바 〈현대 의학의 아버지〉인 윌리엄 오슬러는 1892년에 이질이 〈병사들에게 화약과 총알보다 더 치명적이었다〉라고 썼다. (〈이질〉은 병원체가 창자의 내층에 침입하여 세포와 모세 혈관의 내용물이 새어 나오게 하고, 이질 특유의 증후군을 일으키는 감염병을 포괄하는 용어다. 이 증후군에는 영국식 비속어처럼 들리는 이름이 붙어 있다. 피 섞인 설사bloody diarrhea다.) 1848년 멕시코 전쟁 때 미국인 1명이 전투로 사망할 때마다 7명이 병으로 죽었으며, 대부분은 설사 때문에 죽었다. 미국 남북 전쟁 때 설사나 이질로 죽은 병사는 95,000명이었다. 베트남 전쟁 때는 말라리아에 걸려서 입원한 군인보다 설사병으로 입원한 군인이 거의 4배 더 많았다.

일단 세균 이론이 받아들여지고 감염의 역학이 밝혀지자, 미생물 ─ 그리고 그들이 들어가서 번식하는 오물, 그들을 옮기는 곤충 ─ 은 군대 내 박멸 운동의 표적이 되었다. 갑자기 파리 방역단, 위생 담당관, 군 곤충학자가 생겨났다. 설사병을 예방하고, 치료하고, 이해하는 분야에서 이루어진 주요 발전들에는 대부분 미군이 관여했다. 지부티에 있는 마크 리들의 초라한 컨테이너 연구실의 상급 부대인 카이로의 NAMRU-3는 설사 방지 연구 분야에서 최고에 속한다. 그 연구 시설의 초대 지휘관이었던 해군 대령 로버트 필립스는 재수화액에 포도당을 첨가하면 장의 염분과 물 흡수력이 높아진다는 것을 알아냈다. 이는 병원에 가서 정맥주사로 수액을 맞는 대신 재수화액을 마시는 방법으로도 수분을 보충할 수 있다는 의미였다. 지금까지 이 방법으로, 의료 시설이 부족한 오지에서 싸우는 사람들만이 아니라, 그곳에 사는 사람들을 포함해 많은 목숨을 구할 수 있었다. 1978년 의학 학술지 『랜싯Lancet』은 사설에서 필립스의 발견이 〈금세기의 가장 중요한 의학적 발전일 것〉이라고 했다.

리들의 연구의 정식 명칭은 〈여행자 설사 응급 치료 평가 시험TrEAT TD〉이다.[1] 〈여행자 설사〉는 또 다른 포괄적인 용어다. 설사의 대부분 ─ 적어도 80퍼센트 ─ 은 세균성이며, 5~10퍼센트는 바이러스성(대개 설사에 구토까지 수반된다)이고, 아메바와 람불 편모충 같은 원생동물들이 나머지 비율을 차지한다. 이 모든 설사는 오염된 식품이나

---

[1] Trial Evaluating Ambulatory Treatment of Travelers' Diarrhea. 공정한 약어 규칙에 따르면, 이 명칭은 TEAT TD가 되어야 한다. 하지만 걱정 마시라. 연구자도 젖꼭지teat 없이는 받아 마땅한 존경을 받기 힘들 테니까.

물이 원인이다. 〈군 설사military diarrhea〉라는 별도의 범주도 쓰이곤 하지만(여기서 군은 배설의 폭발적인 속성이 아니라 환자를 가리킨다), 원인인 병원체를 보면 거의 똑같다. 군 설사는 여행자 설사다. 군인들이 여행자이기 때문이다. 마시고 싶지 않은 물이 있는 곳으로 가서 복무하는 이들이다. 미 해군 의료 연구 센터의 리들과 데이비드 트리블[2] 등이 설문 조사한 바에 따르면, 2003~2004년에 이라크에서 전투를 벌인 군인 중 30~35퍼센트가 안전한 식품과 물을 구하기 힘든 상황에 직면한 적이 있다고 한다. 특히 교전 초기에, 전투원들은 지저분한 곳에서 배설을 하고 동네 사람들이 길거리에서 파는 파리가 잔뜩 앉은 음식을 먹곤 하는 오지 배낭 여행자와 같다. 그 조사 자료에 따르면, 이라크에서는 전투원 중 77퍼센트, 그리고 아프가니스탄에서는 54퍼센트가 설사병에 걸렸다고 한다. 그중 40퍼센트는 스스로 의료진을 찾아올 만큼 증상이 심했다.

아침에 진료를 받겠다고 줄을 서는 병사 한 명당, 그냥 참고 견디는 병사가 네 명은 있다. 리들은 그 이유를 알고 싶어 한다. 여행자 설사는 평균 3~5일을 간다. 리들의 자료에 따르면 새 항생제 중에는 4~12시간이면 정상 생활로 돌아오게 해줄 수 있는 것들도 있는데, 왜 그냥 참고 견디는 것일까? 그는 돌아다니면서 묻곤 한다. 주로 식사 시간에 말이다. 격납고만 한 도리[3]에는 탁자들이 교회 지하실처럼 길

---

2 설사 연구에 관한 나만의 통계가 여기 있다. 리들과 트리블이라는 두 설사 연구자와 이야기를 하다 보면, 혀가 꼬여서 둘 중 한 명 또는 양쪽 모두를 드리블이라고 부르게 될 확률이 94퍼센트다.

3 정식 명칭은 도리 밀러 식당Dorie Miller Galley이다. 군이 소속 인물의 이름을 따서 어떤 시설의 명칭을 지을 때, 별명을 쓰는 일은 드물다. 하지만 그 사람의 온전한 이름이 도리스

게 줄을 지어 놓여 있어서, 다정한 이방인은 군인의 바로 앞이나 옆에 언제든 앉을 수 있다. 먹고 있는 동안 무기력한 장 운동에 관해 수다를 떨 새로운 군인을 얼마든지 찾을 수 있다.

리들은 오늘 아침에는 왼쪽에 앉은 군인에게 단도직입적으로 말을 건다. 군복을 보니 해병대 부사관이고, 이름이 로빈슨이다. 리들이 말한다. 「난 해군 소속입니다. 여행자 설사를 해결할 단순한 치료법을 찾고 있어요. 항생제 한 알과 지사제 한 알이면 해결할……」

로빈슨은 달걀을 먹고 있다가 고개를 들었다. 「지사제요?」

「이모듐Imodium 같은 거요. 멎게 해주는 약 말이에요.」 내가 설명한다.

「으, 말도 꺼내지 마요. 그런 지저분한 이야기로 정신 사납게 만들지 마요.」 로빈슨은 배우 빙 라메스처럼 위압적인 분위기를 풍기는 굵은 목에 쩌렁쩌렁 울리는 목소리를 갖고 있다. 리들이 아침을 먹은 뒤 곧장 연구실로 돌아가서 자료를 쓰레기통에 던지는 모습이 언뜻 떠오를지도 모르겠다. 뭔 생각으로 이 짓을 하는 거야, 하면서.

「안 좋은 걸 먹을 때가 있잖아요? 오염된 물이나 상한 음식 같은 거요. 그러면 설사병에 걸리죠.」 마치 확성기로 설사에 관해 토론을 하는 것 같다. 「계속하면 가만 안 있을 겁니다.」

(Doris, 여성을 떠올리는 이름이기 때문이다 ─ 옮긴이)라면, 예외 사례 만드는 일에 적극적으로 나서게 된다. 도리스 〈도리〉 밀러는 일본이 진주만을 공격할 당시에 용감한 행동을 보인 요리사였다. 그래서 그의 이름은 정부와 민간의 시설을 합쳐서 총 23곳에 붙여져 있다. 8곳은 〈도리〉를 택했고, 15곳 ─ 미국 우정국을 포함한 ─ 은 도리스라는 온전한 이름을 택했다. 미 해군은 한 프리깃함에 도리스 밀러라는 이름을 붙였다. 프리깃함을 부를 때에는 대개 이름의 앞부분을 빼므로, 도리스라는 명칭 문제를 치마로 덮어 가리기는, 아니 팬티 속에 쑤셔 넣어서 회피하기는 어렵지 않았다.

이런 말을 많이 들어 보았을 것이다. 사람들은 설사가 침입자를 제거하거나 침입자가 만든 독소를 배출하려는 몸의 노력이라고 생각한다. 그래서 이모듐 같은 지사제를 먹지 않으려 한다. 배출을 방해한다고 보기 때문이다. 하지만 설사는 병원체를 상대하기 위한 대응이 아니다. 병원체가 우리를 상대로 벌이는 활동이다. 온갖 비열한 방법으로 말이다. 세균성 이질을 일으키는 주된 병원체인 시겔라Shigella와 캄필로박터campylobacter는 독소를 전달하는 〈분비 기구〉를 휘두른다. 피하 주사기 겸 총검으로 장 내층의 세포에 독소를 주입함으로써, 세포들을 죽이고 그 내용물이 흘러나오게 만든다. 이 유출은 설사를 일으키는 데 한몫을 하지만, 거기에서 그치지 않는다! 퇴역하는 세포들이 아주 많아지면, 장 전체가 물을 흡수하는 본래의 임무를 더 이상 수행할 수 없다. 그 결과 음식 찌꺼기는 소화관을 따라 가면서 점점 물기가 빠지는 것이 아니라, 계속 묽은 상태로 남아 있다. 장관 응집성 대장균ETEC이라는 세균은 다른 방식으로 같은 효과를 일으킨다. 이 세균은 장을 뒤덮어서 흡수를 막는 세균 밀집 대형, 살아 있는 비닐 랩이 된다. 콜레라균과 장관 응집성 대장균은 화학 무기 공격도 가한다. 둘 다 세포의 항상성을 유지하는 펌프를 약탈하여 독소를 만드는 데 쓴다. 징발된 펌프는 환자가 물을 마셔서 보충하는 속도보다 더 빠르게 세포로부터 물을 빨아내기 시작한다.[4]

4 독이 될지 여부는 용량에 따라 달라진다. 콜레라/ETEC 독소를 모방한 물질은 소량일 때 변비에 효과적인 치료제가 된다(특히 과민성 대장 증후군이 있는 사람의 3분의 1이 지닌 변비가 그렇다). 2012년에 아이언우드 제약사는 그 독소를 합성한 약품을 내놓았다. 한 제약 시장 연구자는 그 즉시 그 약물이 〈대박blockbuster을 터뜨릴〉 것이라고 예측했다. 이보다 변비약에 딱 맞는 표현이 어디 있겠는가?

이 생명체들이 우리에게 왜 이러는 걸까? 진화적 동기가 있을까? 리들은 그렇다고 말한다. 언제나 그렇다. 사람이 물똥을 싸도록, 즉 줄줄 흐르고 튀면서 더 넓은 면적을 뒤덮는 대변을 싸도록 함으로써, 병원체는 더 빨리 퍼질 수 있다. 세계를 뒤덮자! 콜레라를 일으키는 세균은 특히 잘 불어난다. 콜레라 환자는 하루에 약 20리터까지도 액체를 쏟아 낸다. 너무나 좍좍 쏟아 내는 광경에 착안하여, 필립스 박사의 해군 동료들은 콜레라 침대를 발명했다. 엉덩이 밑쪽에 구멍을 뚫은 군대식 침대다(양동이는 따로 팔았다). 이 침대는 지금도 제작되고 있으며, 제작사 홈페이지(specialneedscots.com)에는 환자가 〈침대에서 일어나지 않은 채 화장실에 갈 수 있도록〉 해준다고 적혀 있다. 양자 물리학 개념을 떠올리게 하는 완곡어법이다.

게다가 장내 세균은 쉽게 배출되지 않는다. 그들은 그 대홍수에 휩쓸리지 않을 방법을 갖추었다. ETEC — 여행자 설사 중 거의 절반은 이 세균이 일으킨다 — 는 긴털longus이라는 머리카락 같은 갈고리를 써서, 세포벽에 바짝 몸을 붙인다. 세포로부터 전기 화학적 신호를 받으면, 이 세균은 가는털fimbria이라는 탄력 있는 털을 뻗는다. 가는털은 끝에 빨판이 달려 있다. 우리 면역계는 위에 묘사한 대로 그냥 당하는 대신에 더 정교한 방어 체계를 갖추고 있다. 면역계는 특수하게 설계된 항체를 쏟아 내는 것으로 방어를 시작한다. 빨판을 표적으로 삼아서 부착을 막는 항체도 있다. 긴털에 달라붙거나 독소를 무력화하는 항체도 있다.

로빈슨 부사관은 설사에 관해서는 더 할 말이 없지만, 전투 식량 혹은 간이 식량MREs에 포함된 티슈를 관리하는 사람들에게 리들이 한

마디 해주었으면 하고 바란다.[5] 「딱 이만큼만 쓰라는 거죠.」 그는 냅킨 한 장을 음료 교환권만 하게 찢는다. 「이걸로 엉덩이를 닦으라는 겁니다!」 리들은 해군 병사들이 물티슈를 챙긴다고 말한다. 괜히 말했다고 후회할지도 모르겠다. 로빈슨이 해병대원은 그냥 티셔츠를 찢어 쓴다고 반박했기 때문이다. 아마 그 말에 해병대와 해군의 관계가 요약되어 있을지도 모르겠다.

리들은 로빈슨 부사관에게 고맙다고 말하고 자리를 뜬다. 8시 정각이 되기 전에 자기 숙소로 돌아가고 싶어서다. 그 시각에 레모니어 기지 확성기에서 국가 ── 지부티 국가가 먼저, 미국 국가가 그다음 ── 가 울려 퍼지기 시작한다. 실외에 있는 사람은 모두 하던 일을 멈추고 국가가 끝날 때까지 경건한 자세로 서 있다.[6] 지부티 국가는 옛날 서부 영화의 주제가처럼 대범한 선율이 이어지는 곡이다. 곡은 중간에 끊기는데, 왠지 〈식후의 시급한 일〉을 해결해야 하는 이들을 위해 편의를

5 나도 알아보았지만, 전투 식량에 휴지를 얼마나 또는 어떻게 넣을지를 누가 결정했는지 말해 줄 수는 없다. 하지만 휴지에 관한 다른 많은 사항들은 말해 줄 수 있다. 연방 정부 명세서인 ASTM D-3905에 나와 있기 때문이다. 젖었을 때와 말랐을 때의 인장 강도가 얼마나 되어야 하는지 알려 줄 수 있다. 허용되는 색깔은 무엇이고(흰색, 흐린 베이지색, 노란색, 녹색), 최소한의 무게와 기본 무게, 재생 섬유의 비율, 물 흡수 속도도 알려 줄 수 있다. 그리고 아마 우리의 해답은 바로 거기에 있을지 모른다. ASTM D-3905에 적힌 〈작전 식량의 일부로 포함되는 휴지〉를 담당하는 사람이 누구든 간에, 당신의 항문이 그 책임자의 항문처럼 꽉 조인다면, 아마도 휴지가 많이 필요하지는 않을 것이기 때문이다.

6 다른 기지들은 오후 4시 30분이나 5시 정각에 국기 하강식 때 이렇게 한다. 국가가 연주되기 시작하면, 하던 일을 멈추고 국기를 향한다. 나는 네이틱 연구소를 방문했을 때 이 하강식을 접했다. 나를 안내하던 사람들이 아무런 설명도 없이 갑자기 말을 끊더니, 국기를 향해 경건하게 섰다. 그런데 국기 앞쪽에 새 컨테이너형 화장실 관측 모델이 떡하니 놓여 있었다. 설령 우리가 의도하지는 않았더라도, 개방형 화장실에서 볼일을 보는 것이 얼마나 끔찍한지 들어 보았기에, 그 새 화장실 시스템(Expeditionary Tricon Latrine System)을 향해 얼마간 경의를 표하는 것도 전적으로 타당해 보였다.

봐주는 것처럼 비칠 수도 있다. 식사를 할 때면, 특히 뭐든지 다 담아서 먹을 수 있는 뷔페 식당에서 배 터지도록 먹을 때면, 위-대장 반사라는 것이 촉발되면서 대장의 내용물이 한꺼번에 밑으로 죽 밀려난다. 아침식사가 들어갈 공간을 마련하기 위해 저녁에 먹은 것을 비우는 셈이다. 게다가 과민성 대장 증후군이 있다면, 지닌 애국심을 다 끌어모은다고 해도 국가가 다 연주될 때까지 계속 서 있기가 불가능할지 모른다.

다년간 카이로의 NAMRU-3 본부에서 지낼 때, 리들은 설사 감염 환자들을 정기적으로 접했다. 동네 음식점에서 〈대변 합판[7]에 접촉한〉 결과였다. 과민성 대장 증후군은 잘 알려지지 않았지만 설사 감염의 후유증임이 잘 밝혀져 있다. 심하거나 반복될 때 더욱 그렇다. 최근에 과민성 대장 증후군이라는 진단을 받은 사람들과 이야기를 해보면, 약 3분의 1은 식중독에 심하게 시달린 뒤부터 그런 증상이 시작되었다고 말할 것이다. 국방부 데이터베이스를 보면, 중동에서 파견 근무 중에 급성 설사 감염에 시달린 남녀 군인들이 과민성 대장 증후군을 보일 확률이 5배 더 높다고 나온다. 보훈처도 과민성 대장 증후군 ── 그리고 〈반응성 관절염〉 ── 이 장내 감염의 〈감염 후유증〉 중 하나라고 본다. 환자가 파견 근무 중에 시겔라, 캄필로박터, 살모넬라에 감염된 뒤에 그 증후군이 나타났다는 것을 밝혀낼 수 있다면, 환자는 보훈 연금을 받을 자격을 얻게 된다. 리들은 국방부가 식중독의 이 장기 후유증에 외상 후 스트레스 장애에 들어가는 돈만큼의 예산을 쓰게 될 수도

─────────────

7 fecal veneer. 사람들이 손을 잘 안 썻고 다니기 때문에 실내든 어디든 사람이 손을 대는 모든 곳이 합판을 덧댄 양 얇은 대변 막으로 덮여 있다는 이론 ── 옮긴이주.

있다고 추정한다.

항생제를 더 폭넓게 처방하면 안 될까? 그러면 무엇보다도 항생제 내성 균주가 생긴다는 문제가 있다. 비록 하루에 감염균을 싹 없애는 더 새로운 치료제를 쓴다면 이 우려는 줄어들지만 말이다. 그럴 때면 내성 균주가 진화하여 번성할 시간이 부족할 것이다. 아마 더 우려되는 것은 해외에서, 특히 동남아시아에서 설사병으로 치료를 받은 여행자들의 결장에 두 〈나쁜〉 세균 종이 자리를 잡는 경향이 있음을 보여준 최근의 연구가 아닐까. 그들은 그 세균들을 지닌 채 집으로 돌아와서 동네에 퍼뜨릴 수 있다. 두 세균이 여행자의 소화기에 그저 잠시 머물다 사라지고 그사이에 당사자에게 아무런 문제도 일으키지 않을 수도 있지만, 면역계가 약한 환자라면 위험할 수 있다. 여기서도 1회 투여로 끝내는 더 새로운 치료제가 나온다면, 문제가 제기되지 않을지 모른다.

이런 문제들은 대개 선진국에서만 나타난다. 내가 지부티에서 돌아온 바로 그 주에, 세계 보건 기구는 연간 전 세계에서 설사로 사망하는 사람이 얼마나 되는지 통계 자료를 내놓았다. 220만 명이다. ETEC만 따져도 연간 사망자가 380,000~500,000명에 달한다. 아이들이 특히 취약하다. 탈수가 위험할 만치 빠르게 진행되기 때문이다. 미국 질병 통제 예방 센터는 설사로 사망하는 5세 미만의 아이가 하루에 2,195명이라고 추정한다. 말라리아, 에이즈, 홍역으로 사망한 아이 수를 더한 것보다 많다(게이츠 재단은 ETEC 백신을 개발하려는 해군의 노력을 후원하고 있다).

리들은 20대 때 여행을 많이 했는데, 한 가지 실상을 깨닫고 충격을 받았던 일을 떠올린다. 어디에서 태어났느냐에 따라 삶의 많은 부분 ─ 기회, 건강과 수명 ─ 이 결정된다는 사실이다. 「따라서 아주 무작위적이죠.」 그가 말한다. 우리는 그의 사무실 위에 있다. 같은 컨테이너에 있는 그의 연구실에서 계단 아래가 바로 사무실이다. 「그래서는 안 돼요. 부모가 어디에 사느냐가 중요한 것이 되어서는 안 됩니다.」 제트기가 이륙하면서 내는 굉음 때문에 그는 잠시 말을 멈춘다. 하루 중 어느 시간대에는 몇 분마다 항공기가 뜬다. 국제공항의 활주로 밑에 책상이 놓인 것과 비슷하다. 굉음이 수그러들자 리들이 다시 말한다. 「나는 가장 많은 사람을 도울 방법을 찾고자 의학을 공부했어요.」 이어서 그는 말한다. 「설사에 꽂혔지요.」 그 말을 하는 순간에 그는 가장 열정적으로 보였다.

레모니어 기지에는 목적지로 가는 더 빠른 지름길이 있을 때가 종종 있지만, 그러다가는 총에 맞을 수 있다. 3.7미터 높이의 사이클론Cyclone 울타리를 올라서 그 위에 죽 둘러진 슬링키Slinky 철조망을 넘고, 〈정지, 발포 허가 지역임!〉이라는 표지판도 무시하고, 보안 구역을 건너야 한다. 레모니어 기지는 북아프리카와 예멘에서 극단주의자에 맞선 활동의 중심지다. 보안 구역에는 드론 편대가 있으며, 일련의 기밀 작전 수행을 위해 유령처럼 드나드는 네이비실을 비롯한 특수 작전 부대원들도 있다.

나는 바로 그들과 이야기를 하고 싶다. 나는 국가 안보를 위협하는 요인으로서 설사에 관심이 있다. 오사마 빈 라덴 생포 작전 와중에 네이비실 대원 중 한 명이 극도로 긴급한 적과 싸워야 했다면 어떻게 되었을까? 식중독이 〈임무 실패〉의 원인이 된 사례가 얼마나 많을까?

어제 나는 유머 넘치는 귀여운 얼굴의 레모니어 기지 홍보 담당관인 시머스 넬슨 중위를 설득하여 기지의 모든 사람에게 보내는 일일 전자 우편에 내 편지도 넣어 달라고 했다. (〈…… 메리 작가는 설사가 자신의 작전 수행에 어떤 영향을 미쳤는지, 기꺼이 경험담을 들려줄 사람을 찾고 있습니다. ……〉) 실제로 나타난다고 해도, 그런 대화를 어떻게 시작할 것인가? 특수 작전 부대원들은 알아보기 쉽다. 턱수염을 기르고 건장한 체격에 무심하게 무엇이든 해낼 것 같은 분위기를 풍기니까. 하지만 이야기를 나누기란 쉽지 않다. 그들은 늘 홀로 지내기 때문이다. 그들은 술집이나 전투 카페라고 붙은 곳에 없다. 특수 작전 부대원 중 어느 누구도 성 소수자 바비큐 모임에 나타나거나 독립 기념일 종이 배 경주 행사에 참가하지 않는다. 체육관에서도 찾지 못할 것이다. 그들은 보안 구역 내에 자체 운동 기구와 트레이너가 있다.

「그들은 먹을 때만 나와요.」 리들이 말한다. 우리는 이제 기지에서 모르는 사람이 없을 정도가 된 설사 전자 우편에 답한 네 명 중 한 명과 이야기를 나누기 위해, 시머스의 사무실에 앉아 있는 중이다.

시머스가 고개를 끄덕인다. 「그리고 우리 여성들을 낚아채러 오죠.」

면담이 잇달아 이루어지도록 시간을 잡았다. 한 사람이 나가면 다음 사람이 들어오는 식이다. 홍보실 컨테이너는 가톨릭 고해 성사가 이루어지는 방처럼 조용하고 살금살금 걸어야 할 것 같은 분위기가 풍긴다. 우리는 방금 지부티 시의 항구에서 이지스 구축함 콜 호USS Cole가 받았던 것과 같은 유형의 테러 공격으로부터 해군 함정을 보호하는 연안 주정단 지휘관의 이야기를 들었다. 그는 〈고가치 자산〉으로 지정한 시머스의 스테이플러를 지그재그로 움직이는 테이프 디스펜서와 알레르기 약병을 이용해 안전하게 보호하는 기동 작전을 시연해 보였다. 안 좋은 시점에 화장실에 갈 때마다, 스테이플러는 공격에 취약해지곤 한다. 대원들이 자기 위치를 지킨다고 해도, 경계에 빈틈이 생긴다. 〈질병에 집착〉하다 보면, 설사의 군사적 책임을 간과하게 된다.

우리는 한 폭격수로부터도 비슷한 이야기를 들었다. 디에고가르시아 섬에서 장거리 출격을 나갔는데, 항공기의 방어 장비를 조작할 줄 아는 유일한 대원이 갑자기 화학식 화장실을 쓰기 위해 자리를 비웠다. 탈레반이 장악한 아프가니스탄 지역 상공을 날고 있는데 말이다. 귀환하는 길에, 제대로 밀봉을 안 한 상태에서 화장실의 상하 변기통들 사이에 압력 차이가 생기는 바람에, 그만 내용물이 기내로 새어 나왔다. 그는 무표정하게 말했다. 「이 청갈색 침전물이 조종사의 임무 집중 능력에 영향을 미쳤다는 것은 분명합니다.」

3시 30분. 특수 작전 부대에서 퇴역하고, 지금은 도급업자로 일하는 사람이 들어온다. 한쪽 팔뚝 안쪽에 문신이 보인다. 한 쌍의 금속 물체가 교차하는 모습 같은데, 정확히 뭔지는 알 수 없다. 어떤 격투 무기가 아닐까 추측해 본다. 직업이 무엇인지 묻자, 그는 알 듯 모를 듯한 답을 한다. 「이것저것 고쳐요.」 나는 어떤 말할 수 없는 일을 가리키는 완곡어법이라고 받아들인다. 목격자를 제거하는 일인지 시신을 처리하는 일인지 누가 알랴. 이어진 대화를 통해 그가 사실은 기술자임이 드러난다. 그는 물건들을 고친다. 문신은 피스톤임이 드러난다.

기술자는 자기 부대가 파견될 때마다 설사에 걸렸다. 그래서 그는

〈장거리 정찰〉 임무를 맡은 적이 없다. 반군 지역 깊숙이 들어가서 대테러 임무를 수행하는 것을 말한다. 그는 이 임무에는 구멍을 파고 숨어서[8] 특정한 지점, 교차로 같은 곳을 지켜보는 일이 수반된다고 말한다. 하루의 어느 시각에 누가 오가는지, 트럭이 얼마나 지나가는지 등등을 지켜보는 일이다.

나는 고개를 끄덕이지만, 이해가 잘 안 간다. 「뭘…… 찾으려고요?」

「폭탄을 설치하려고요.」

「아.」 멍청하기는.

나는 특수 작전 부대 기술자에게 누군가가 심한 식중독에 걸리는 바람에 중요한 작전에 지장을 준 사례를 아는지 묻는다. 그는 그 생각 자체가 잘못되었다고 말한다. 「식중독에 걸릴 대원을 뽑는다고요? 그들에게 식중독 따위의 문제는 없어요. 그들은 나름의 이유가 있어서 뽑힌 겁니다.」

그가 나가자, 시머스가 우리를 쳐다본다. 「와, 특수 작전 부대원을 뽑는 기준에 식중독도 있다고 생각해요? 상한 음식을 주고서 어떻게 되는지 보는 건가요?」 그가 농담을 한다. 하지만 사실 인구의 20퍼센트는 리들이 〈안 걸리는 사람nongetter〉이라고 말하는 부류에 속한다. 노점에서 세비체[9]를 사먹고 아무 물이나 마셔도 결코 앓지 않는 사람들이다. 그것은 분명히 자산일 것이다. 리들은 특수 작전 부대원들이

---

8 구멍 생활의 요령 몇 가지. 지퍼백에 땅콩버터 샌드위치를 담을 것. 지퍼백이 화장실 역할도 한다. 설사를 할 때를 대비하여 고양이 배변 모래도 싸갈 것. 니제르에서 막 돌아온 어느 항공 공습 통제관은 내게 자기 지휘관이 왜 특수 작전 사령부가 모래를 요구하는지 알고 싶어 했다고 말한 바 있다. 그러니 충분히 믿을 만하다.

9 ceviche. 어패류 살을 얇게 잘라서 레몬즙 등에 재워 먹는 중남미 요리 — 옮긴이주.

중요한 임무에 나서기 전에 그저 예방 차원에서 항생제나 이모듐을 먹을지 궁금해한다. 아니면 그냥 말없이 참고 견디는 것일까? 레모니어 기지 특수 작전 부대 의사 — 의사도 당연히 있다 — 는 대원들이 특수 부대원 자격을 잃을까 하는 우려 때문에 의료진 도움을 받기를 꺼려 한다고 말했다.

리들과 나는 질문할 것이 많다. 안타깝게도, 특수 작전 부대에서는 단 한 명도 설사 전자 우편에 답장을 하지 않았다.

아마 전자 우편을 한 번 더 보내야 할까 보다. 이번에는 보상을 하겠다는 제안도 넣어서 말이다. 리들은 그러지 말라고 충고한다. 돈을 받으려고 이야기를 꾸며낼 것이라고 말한다. 그도 설사 연구를 위해 보상을 하고 사람들을 모집한 바 있다. 그런데 커머드 시료 채집통을 주고서 화장실로 들여보냈더니, 완벽하게 모양을 유지한 대변 덩어리가 담겨 나왔다는 것이다.

「또요?」 시머스가 반문한다. 「난 이미 설사에 관한 공익 광고를 보냈다고요. 그만하렵니다.」 그는 동아프리카 연합 기동 사령부CJTF-HOA로부터 기지 전체에 보낸 전자 우편의 내용이 적절한지 묻는 항의를 좀 받았다.

그렇다면 식당에서 찾는 수밖에.

시머스 넬슨은 키가 188센티미터다. 그가 목을 완전히 쭉 뻗자, 머리가 잠망경처럼 보인다. 그 머리는 지금 레모니어 기지 식당에서 저녁을 먹는 파르라니 깎은 머리들의 바다를 훑고 있다. 그는 얼굴에 수염이 있는 사람을 찾고 있다. 이곳에서는 두 부류의 사람만이 수염을 기를 수 있다.[10] 특수 작전 부대원과 특수 작전 부대원처럼 보이고 싶어 하는 민간인 도급업자다.

「여러분이 찾는 친구가 저기 있네요.」 이제 목이 다시 움츠러든다. 「맨 구석 문 옆에요.」

리들과 나는 의자에서 일어선다. 어제 본 사람이다. 군용품 상점에서 나오고 있었다. 턱수염이 없어도, 그쪽 부대원임을 알 수 있다. 세상에는 옷차림이나 운전 습관이나 문신을 통해 강인함을 과시하려고 애쓰는 부류가 있다. 한편 이 남자처럼 전혀 노력하지도 의식적으로 드러내려고 하지 않아도, 강인함이 뻔히 드러나는 부류도 있다. 경험을 통해 자연스럽게 몸에 밴 이들이다.

게다가 나는 그가 보안 구역으로 들어가는 것을 보았다.

그래서 만나려니 좀 껄끄러운 기분이 든다. 이야기하려는 주제 때문만이 아니다. 이런 사람들에게서 받는 느낌 때문이기도 하다. 갑작스럽게 자신이 작아 보이고 스스로가 어떤 존재인지 신경 쓰게 만들기

10 말끔히 면도를 해야 한다는 규정은 제1차 세계 대전 때 가스 공격이 벌어지면서 생겨났다. 구레나룻이 있으면 가스 마스크가 착 달라붙지 못한다(특수 작전 부대원들이 예외인 이유는 아마 수염을 기르는 무슬림 주민들 사이에 스며들어야 하기 때문일 것이다. 또 말 그대로 그들이 특수하기 때문일 수도 있다). 위생 문제도 좀 있었다. 1967년 미 육군부는 〈미생물 연구실 내 수염 기른 사람들의 위해성〉이라는 명칭하에 조사를 했다. 수염을 기른 생물학전 연구원 직원들이 〈친밀한 접촉〉을 통해 식구들에게 병원균을 옮길 위험이 있는지 알아보기 위해, 연구진은 몇몇 사람에게 턱수염을 기르게 한 다음, 그 수염에 치명적인 병원균을 묻힌 뒤 마네킹의 얼굴에 붙였다. 이어서 마네킹 얼굴을 닭들과 접촉시켰다. 〈6주 된 닭 3마리씩을 마네킹에 붙인 턱수염에 갖다 대고 각각 수염의 3분의 1씩을 문질렀다(수염의 양쪽에 한 마리씩, 나머지 한 마리는 턱 부분에 댔다).〉 수염에 바이러스를 가장 고농도로 묻혔을 때에도, 연구실 안전 절차에 따라 수염을 깨끗이 씻었을 때에는 노출된 닭 9마리 중 한 마리도 감염되지 않았다. 수염을 씻지 않았을 때에는 닭들에게 치명적인 병이 옮았다. 닭은 죽었고, 그 뒤로 턱수염을 보는 시선이 전혀 달라졌다.

때문이다. 설사에 관해 글을 쓴다고 소개할 때만큼 자신이 초라하다는 느낌을 불러일으키는 상황이 또 있을까? 그리고 그를 고른 이유를 어떻게 설명해야 할지 난감한 상황보다?

「시머스, 함께 가요. 내 소개 좀 해줘요.」

시머스는 오렌지 껍질을 벗기는 중이다. 식판에 껍질이 돌돌 말리면서 내려가고 있다. 「흠, 글쎄요. 홍보 교육을 받을 때 이런 건 배우지 않았는데요?」

나는 공책과 녹음기를 챙긴다.

「잠깐만요.」 시머스는 일부러 시간을 끄는 게 뻔히 보이도록, 손가락에 묻은 오렌지를 차례로 닦아낸다.

「악수를 할 텐데, 그냥 잡았다가는 날 죽이려 할 걸요.」 그가 목소리를 깔면서 말한다. 「넌, 내 손을 끈적거리게 만들었어.」

나는 일어선다. 시머스는 구슬프게 한숨을 내쉬더니 의자를 밀고 일어선다.

우리는 댄스파티에서 소심하게 기웃거리는 중학생 같은 태도로 식당을 가로지른다. 남자는 우리를 보지만 표정에 아무런 변화가 없다. 우리는 식탁 앞으로 60센티미터쯤 갔을 때 멈춰 선다. 그의 가시철조망을 친 듯한 태도 때문이다. 시머스가 앞으로 불쑥 나선다. 「잠시 합석해도 될까요?」

남자는 식판 양쪽을 쥔다. 「다 먹었습니다.」

「우리는⋯⋯.」

「일어나겠습니다.」

시머스는 계속 상냥하게 군다. 「질문 하나만요. 어떤 계통의 일을 하죠?」어떤 계통의 일을 하냐니! 시머스가 존경스러워진다.

남자의 시선이 시머스, 이어서 내게 향했다가 다시 시머스에게 돌아간다. 「뭐 하는 분들입니까?」그가 툭 던지듯 내뱉는다.

「전 홍보실에 있어요. 이분은 저술가고요. 책을 쓰기 위해 자료 조사 중입니다. 특히 설사가 임무에 어떤 영향을 미치는지……」

내가 나설 차례다. 나는 그가 특수 작전 부대원이라고 짐작하고 있으며, 그는 우리가 그렇게 생각한다는 것을 안다. 「중요한 임무 중에…… 그런 상황을 겪은 적이 있는지……」나는 재빨리 말을 뭉갠다. 「설사라고 하니까, 좀 바보같이 들릴지 모르지만요.」

「그렇지 않아요.」

그가 부드럽게 말한다. 그리고 그가 이어서 한 말을 나는 잘 알아듣지 못한다. 배변 자세로 구멍에 웅크리고 있는 것에 대한 말이었는데. 그는 소말리아의 어느 이름 없는 〈주둔지〉에서 막 돌아온 참인데, 그곳에서는 모두가 설사병에 걸린다고 말한다. 아마 과장이 아닐 것이다. 리들이 이라크와 아프가니스탄에서 설사에 관해 설문 조사를 한바에 따르면, 응답자의 32퍼센트는 화장실에 당장 갈 수 없는 상황에 처해 있었다고 대답했다. 그리고 야전의 특수 작전 부대원들은 남들보다 2배는 더 많이 설사병에 걸린다.

그는 자기 이름이 캐리라고 하면서, 잠시 앉자고 말한다. 나는 잘 보이는 곳에 녹음기를 둔다. 다시 말하면, 식탁의 내 쪽에 앉은 사람에게는 아주 잘 보인다는 뜻이다. 그 말은 양념통 뒤를 가리키는 것이기도 하다.

캐리를 위해 상황을 제시할 필요가 있겠다. 「당신이…… 아니, 누군가가 저격수인데…… 숨어 있다면…… 몇 시간이나 그러고 있을까요?」

「임무에 따라 다릅니다. 일이 일어나기를 기다리면서 지켜보고 있는데, 아무 일도 일어나지 않을 수도 있거든요.」

「그렇군요. 그러면 어떤 마을에 작전을 나갔는데 위생 상태를 따지지 않고 뭐든 먹어야 할 상황이라면, 가장 많이 먹는 것이…….」

「염소죠.」나는 앞서 아프가니스탄 시골에서 염소를 잡아먹었다는 이야기를 들은 적이 있다. 그때 〈털을 뽑고〉와 〈그냥 날것으로〉라는 말도 나왔다. 캐리는 비위생적인 환경이 정상이라고 말한다. 「불행히도, 우리는 선진국에서 싸우는 게 아닙니다.」

마크 리들은 일부 대원이 임무에 나서기 전이나 염소를 먹은 뒤에 예방 차원에서 항생제나 이모듐을 먹는다는 말을 들었다고 했다. 캐리는 자신은 안 그런다고 말한다. 그도 예방 조치를 한 가지 취하기는 한다. 특수 작전 부대원들 사이에서는 엄격한 규칙이라고 한다. 「위험한 상황에 뛰어들기 전에 화장실에 가는 겁니다.」캐리는 말하는 내내 한결같이 아주 무게 있게 나직한 어조를 유지한다. 시머스는 개의치 않고 불쑥 내뱉는다. 「차를 타고 가족 여행을 떠나는데, 아빠가 〈도중에 화장실 가겠다고 하지 마라〉라고 말하는 것과 비슷하네요.」

가족 여행을 하는데, 반자동 소총을 들고 맨땅에 쭈그리고 앉아 있는 모습을 보일 사람은 아무도 없다. 군 의학의 역사를 연구하는 A. J. 볼렛은 〈자연의 긴급한 명령을 따르고 있는〉 사람을 쏘지 말라는 암묵적인 예절이 있었다고 설명한, 남북 전쟁 때의 한 병사가 쓴 편지를 인용한다.[11] 테러와의 전쟁에서는 그런 예절 같은 것이 없다.

나는 여전히 캐리로부터 아주 위험한 특수 작전 때의 이야기를 듣고자 시도한다. 「그럴 때를 겪은 적이…….」

「무력불능한inabilitated 상황이오?」 나는 이렇게 해석하련다. 무력함 inability과 불능disabled의 조합이라고. 「네. 식중독 때문에 무력불능한 일을 겪은 적이 있습니다.」 캐리는 몸을 뒤로 젖혀서 한쪽 팔을 옆 의자의 등받이에 걸친다. 「그런데 제게서 무슨 말을 듣고 싶은 건지 잘 모르겠네요.」

시머스가 거들려고 한다. 「이야기를 죽 풀어서 해줄 수 없나요? 이런 식으로요. 내가 어디에 있을 때였습니다. ……」

캐리는 내가 어디에 있을 때였습니다의 말꼬리를 이어가지 않는다. 「임무 때 바지에 쌌던 경험은 많아요. 이라크에서 그랬죠. 아프가니스탄에서도 바지에 실례를 했고요.」 일단 작전이 시작되면, 아무도 볼일을 보겠다고 뒤처지거나 자리를 벗어나지 않는다. 설사는 〈결정적인 방해자kill stopper〉가 될 수 없다.

「그럴 때 어떻게 하나요?」 시머스가 동화를 듣는 아이처럼 몸을 앞으로 기울인다. 「그냥 볼일을…… 보나요?」

「달리 방법이 없습니다. 목숨이 오락가락하는 상황이니까요.」 그는 한쪽 어깨를 으쓱한다. 「그냥 싼다. 걱정은 나중에 한다. 계속 나아가서 임무를 완수한다. 내가 구체적으로 해줄 수 있는 이야기는 그것뿐입니다.」

나는 그에게 마크 리들의 TrEAT TD 연구에 관해 말해 준다.

11 군의관 의과 대학의 군 의학사학자 데일 스미스는 그 주장을 미심쩍어 한다. 그는 볼렛이 단 한 사람의 이야기를 토대로 그런 결론을 이끌어냈다고 말한다. 분명히 군 역사가들 사이에서는 그런 예절 따위는 없었다는 견해가 우세하다. 기회가 생기기만 하면 서로를 쏘아 쓰러뜨리는 것이 당연하지 않은가.

「1,600밀리그램짜리 리팍시민rifaximin 한 알과 이모듐 한 병을 가져가야 한다는 거죠.」

캐리는 잠시 내 눈을 응시한다. 「이 대화의 목적이 뭐죠?」

나는 내 임무를 다시 설명한다. 나는 공책에서 마크 리들이 연구 목적상 설사를 뭐라고 규정하는지 적은 쪽을 펴서 그에게 보여 준다(〈따를 수 있거나 용기에 따라 모양을 취하는 것〉).

「흠, 엉뚱한 곳에 왔군요.」 캐리는 내게 소말리아로 가라고 말한다. 좋다, 상상해 보라. 밑창이 코르크로 된 편한 샌들을 신은 중년의 미국 여성이 바퀴 달린 가방을 질질 끌면서 알카에다 대원들이 숨어 있는 사막을 돌아다니는 모습을! 이봐요! 네이비실 안전 가옥이 어디 있나요?

「원한다면 갈 수 있어요. 위험하지 않아요.」 그는 두 손가락 끝으로 턱수염이 나고 있는 부위를 문지른다. 「음, 조금은 위험하겠네요.」

캐리는 앞서 차갑게 대한 것을 사과한다. 「NCIS에서 나온 줄 알았어요.」 해군 범죄 수사국Naval Criminal Investigative Service이다. 「괜히 쫄았잖아요.」

캐리의 말이 옳다. 레모니어 기지에서는 뭘 먹고서 설사에 걸리지 않는다. 〈싸구려 음식을 먹어서〉 걸린다. 특수 작전 부대원들은 오지 마을에서 설사에 걸리며, 그 외의 사람들은 기분 전환을 위해 타코 먹는 화요일에 지부티 시에 가서 스파게티와 타코를 먹고서 설사에 걸린다. 당신이 멕시코 기념일[12]에 그러듯이, 그들도 오염된 물이나 좌판에 늘

---

12 멕시코가 어떻게 여행자 설사의 대변자가 되었을까? 내 한 가지 가설은 설사 연구의 대부인 허버트 듀폰의 손가락이 그쪽을 가리키고 있었다는 것이다. 거의 30년 동안, 듀폰은 멕

어놓은 냉동 안 된 음식을 먹는다. 내가 오기 한 달 전에, 도심 자살 폭탄 테러로 기지에 출입 제한 조치가 취해지기 전에, 리들은 식중독에 걸린 사람을 매주 24명쯤 만나고 있었다. 그런데 모두가 기지에 머물러 있었던 그다음 달에는 그의 연구실 문을 들어선 사람이 한 명밖에 없었다. 배달 음식을 시켜먹은 사람이었다. 지금 리들은 밀린 서류 작성에 매달려 있다. 고독한 설사 연구자다.

레모니어 기지 식당은 음식에 세균이 닿지 않도록 길게 놓여 있다. 입구에는 무릎으로 눌러서 작동시키는 세면대와 장대에 묶어 놓은 손 소독제 통이 죽 늘어서 있다. 뭐, 괜찮긴 하지만, 정말로 중요한 점은 이것이다. 첫째, 요리사와 보조자는 대변을 본 뒤에 손을 씻는다. 따라서 그들 중 누군가가 설사를 한다고 해도, 음식에 세균이 퍼지지 않고, 음식을 상온에 두어도 설사병을 일으킬 수준까지 세균이 증식하지 않는다. 그리고 두 번째는 이것이다. 도리 밀러 식당에는 파리가 전혀 없다. 에어컨이 등장한 이래로, 군대의 식당은 밀폐되어 왔다. 어느 누구

시코 과달라하라에서 연구를 수행했다. 펍메드(PubMed, 미국 국립 의학 도서관의 생물학 및 의학 논문 검색 엔진 — 옮긴이) 데이터베이스에서 〈과달라하라〉와 〈설사〉로 검색하면, 45편의 논문이 나온다. 그 자료들은 휴가지를 스위스로 바꾸라는 설득력 있는 논거가 된다. (「과달라하라 대중식당의 멕시코 소스에 든 장내 병원균……」; 「과달라하라 대중식당에서 채취한 채소의 대장균 오염……」; 「과달라하라 대중식당에서 제공되는 후식의 대장균 오염……」)

멕시코의 오명을 벗기려는 선한 의도의 노력이 이루어진 사례가 적어도 한 건은 있다. 『캘리포니아 메디신California Medicine』에 실린 한 논문에는 멕시코인들이 캘리포니아를 방문할 때 종종 여행자 설사에 걸리곤 한다고 적혀 있다. 저자는 위생 불량보다는 여행 스트레스가 원인이 아닐까 생각했다. 그녀는 ULCA의 외국인 신입생 215명과 미국인 신입생 238명에게 〈배변의 빈도 및 대변의 유형 변화〉에 관해 물었다. 외국인 학생 중에 여행자 설사에 걸린 사람은 한 명도 없는 듯했다. 〈면담자의 용어를 이해하지 못했〉기 때문에 그랬는지 여부를 알기가 어렵긴 하지만 말이다. 외국인이 〈물똥〉이나 〈폭발적인 설사〉 같은 말에 당황하거나 더 나아가 소스라치게 놀라는 모습을 상상하기란 어렵지 않다.

도 창문을 열 필요가 없으며, 사실 열 수도 없다.

음식에 파리가 더 적을수록 위장 감염도 더 적다. 지저분한 파리가 질병의 매개체로 지목을 받은 것은 이 관계를 인식한 결과였다. 1898년, 스페인-미국 전쟁 때, 월터 리드 센터라는 명칭의 시조인 유명한 월터 리드를 포함한 육군 의사 세 명이 미군 5명당 1명꼴로 목숨을 앗아 가고 있던 장티푸스 발병을 조사하기 위해 쿠바로 향했다(리드는 의학적으로 추적한 끝에 나쁜 공기나 불결한 침구가 아니라 황열병을 전파하는 모기가 원인임을 입증했다). 곧이어 조사단은 벌레를 막기 위해 음식에 천을 덮어 둔 장교들은 감염률이 낮다는 사실에 주목했다. 또 〈배설물을 처리하는〉 방법이 야영지마다 다르다는 점도 눈여겨보았다. 똥통이 드러나 있는 야영지는 감염률이 더 높았다. 리드 조사단은 〈감염된 대변에 새까맣게 앉은 파리〉 때문일 가능성이 높다고 썼다.

리드는 용의자 둘 — 파리와 그들이 먹는 세균 가득한 대변 — 을 찾아냈지만 결정적인 증거가 없었다. 파리는 물어뜯지 않는다. 그런데 어떻게 병원균을 옮길까? 어느 화창한 날 리드의 눈에 병사들의 음식 위를 돌아다니고 있는 파리 한 마리가 보였다. 자세히 들여다보니, 파리의 작은 다리에 하얀 가루가 보였다. 하얀 가루를 방금 어디에서 보았더라? 화장실 구덩이다! 병사들은 기지 위생을 위해 석회를 똥통에 뿌리곤 했다. 파리의 발이 똥통에 있던 세균을 음식으로 옮기고 있었던 것이다. 즉 파리는 기계적 매개체mechanical vector였다. 살모넬라 엔테리카 혈청형 변이주 장티푸스균Salmonella enterica serovar Typhimurium 10개체를 분리하여 정오에 콩이 든 단지에 넣고 쿠바의 따뜻한 날씨에 방치하면 저녁 무렵이면 1백만 개체로 불어나 있을 것이다.

리드의 유산은 월터 리드 육군 연구소 곤충학 출장소에 살아 있다. 내 다음 목적지다. 군 곤충학은 우리가 그 단어를 듣고 떠올릴 법한 모든 것들을 연구한다. 질병을 옮기는 곤충을 죽이는 법, 그들이 병사에게 다가가지 못하게 하는 법, 둘 다 통하지 않을 때를 대비해 백신과 치료제를 만드는 법 등등. 파리의 사례에서는 이례적인 방향으로 일이 진행되었다. 대부분의 군 곤충학 전쟁 이야기에서와 달리, 여기서는 파리가 영웅으로 활약하니까.

GRUNT
9장

구더기 역설
전쟁터의 파리, 좋은 쪽과 나쁜 쪽

청소년기에 본 만화 중 기억에 남는 것이 하나 있다. 염소수염을 기른 쫙 빼입은 신사가 식당에서 파리와 마주 앉아 있다. 거대한 파리다. 사람처럼 식당의 의자 하나를 차지할 만큼 커다란 파리다. 신사는 종업원에게 말한다. 내 나름대로 고쳐 쓰자면 이렇다. 「나는 가스파초, 우리 파리 친구에게는 똥을 갖다 줘요.」 만화는 파리에 관한 것일 수도 있고, 영양 섭취를 사회적 관습으로 고양시키는 인간의 별난 습성을 간파한 것일 수도 있다. 아니면 그저 이렇게 말하고 있는 것이거나. 〈당신이 아무리 파리를 좋아한들, 파리와 함께하는 식사는 어색해질 수밖에 없다.〉

그리고 만화가는 그 어색함을 절반만 담았을 뿐이다. 파리는 이빨이 없기에, 무언가를 먹으려면(또는 가스파초를 주문할 생각이라면) 먼저 그것을 녹여서 액화시켜야 한다. 음식을 녹이기 위해 파리는 몸 바깥으로 소화 효소를 게워 낸다. 1940년대 영국 육군 위생 영화인 「집파리The Housefly」에는 이 과정이 잘 묘사되어 있다. 영화에 어울리지 않게 우아한 어투로 해설자는 말한다. 「파리 토사물에 닿은 당신의 음식은 일종의 죽처럼 변한다. 그러면 파리는 그것을 빨아먹는다.」 미군 해충 관리 위원회의 기술 안내서 30편(파리)을 보면, 〈파리는 먹는 동안 그 위에 배설을 함으로써 음식을 더욱 오염시킨다〉는 사실도 알게 될 것이다.

오늘 저녁 실버스프링 도심의 미란초 멕시코 식당에는 크든 작든 음식을 먹는 파리는 한 마리도 보이지 않는다. 하지만 파리를 연구하는 생물학자는 몇 명 있다. 그리고 그들은 파리 못지않게 식사 자리를 불편하게 만들 수 있다. 지금 우리는 체외 소화 효소에 관해 이야기하는 중이다. 내가 지난주에 이야기를 나눈 연구자는 그 효소가 위장이 아니라 침샘에서 나온다고 했다. 확실하게 알아보기 위해, 나는 함께 식사 중인 조지 펙에게 묻는다. 그는 식당에서 멀지 않은 곳에 있는, 월터 리드 육군 연구소WRAIR 곤충학 분과의 집파리 연구자다.

「나는 양쪽 다라고 봅니다.」 펙이 말한다. 「소낭과 침샘에서 나온 효소를 토해서…….」

「여기에다가 그런 짓을 한다고요?」

펙은 고개를 들어 여종업원에게 인사한다. 「음, 고마워요. ……그걸 음식에 떨어뜨리는 거죠.」

파리와 그 별난 생리에 관해 조지 펙과 이야기를 할 때에는 혐오감이 들지 않는다. 주로 경외심이 든다. 그는 파리 몸의 털이 얼마나 민감한지, 어떻게 손이 다가오는 파동을 검출하여 접촉이 이루어지기 직전에 날아서 피할 수 있는지를 경탄하면서 들려준다. 그는 파리가 〈제트기에 장착된 가장 빠른 컴퓨터 조종 장치보다도 더 빨리〉 방향을 바꾸거나 제자리에 떠 있을 수 있게 해주는 평형곤[1]이라는 작은 자이로스코프도 설명한다.

좀 덜 경이로운 이야기도 있다. 일본의 연구자들은 0157:H7이라는 대장균 균주 ── 미국에서 주기적으로 대발생하면서 언론의 표제를 장식하는 치명적인 대장균 ── 가 집파리의 입과 똥에서 번성한다는 것을 발견했다. 파리의 몸 안팎에 사는 세균들은 장티푸스, 콜레라, 이질, 덜 심각한 형태의 온갖 설사 감염을 전파한다는 것이 밝혀졌다(집파리와 금파리는 〈지저분한 파리〉에 속한다). 영국 연구자들은 지저분한 파리 집단과 캄필로박터 세균이 원인인 식중독 발병 사례 사이에 밀접한 관계가 있음을 밝혀냈다. 둘 다 여름에 가장 많이 불어난다(영어권에서는 〈여름 설사summer diarrhea〉라는 말을 흔히 쓴다 ── 묽은 똥과 복통이 더운 밤 및 반딧불이와 함께 그 계절의 특징이라는 뜻이다). 1991년의 연구에 따르면, 이스라엘의 한 야전 부대에서 집중적인 파리 박멸 사업을 실시했더니 그런 일을 하지 않은 비슷한 부대보다 식중독 발병률이 85퍼센트 감소했다고 한다.

미군 해충 관리 위원회의 파리 기술 안내서에는 숫자가 하나 나와 있다. 우유를 먹인 파리 한 마리가 24시간 동안 음식에 몇 번이나 토하고 배설을 하는지를 나타낸 숫자다. 16~31회라고 적혀 있는데, 밤새도록 지켜보고서 얻은 값이 아니라, 〈배설 반점〉과 〈구토 반점〉의 수를 세어서 얻은 값이다(후자는 전자보다 더 옅은 색깔이다). 식당 시설이 밀봉되기 전에는 군 배식대의 음식에 〈반점〉이 몇 개나 있었을지 추

---

1 haltare. 끝이 주머니 모양으로 바뀐 뒷날개로서 평형 유지 장치 역할을 한다 ── 옮긴이주.

측해 보라. 그 안내서에는 베트남 전쟁 때 식당에 파리가 얼마나 우글거렸는지, 〈음식을 먹다 보면 한두 마리를 으레 함께 먹곤 했다〉고 적혀 있다.

파리는 지금도 우글거릴 때가 있다. 주로 전쟁이 시작된 뒤 처음 며칠이나 몇 주 동안 미처 준비가 덜 되어 있을 때 그렇다. 개전 초기에는 물자 수송의 측면에서 볼 때, 화장실과 냉장고보다 무기와 탄약이 우선순위가 높다. 걸프전이 발발했을 때, 해병대원들은 사우디아라비아의 주바일항을 경유하여 작전 지역으로 갔는데, 주바일의 사우디 측은 대원들을 한 창고에 투숙시켰다. 「해병대원이 1만 명이었는데, 재래식 화장실 두 칸밖에 없었다.」퇴역한 해군 곤충학자 조 콘론은 그렇게 회고한다. 화장실은 곧 꽉 찼고, 거리로 오물이 흘러넘쳤다. 한편 냉장고도 없었기에, 만들어진 음식들은 38도에 달하는 날씨에 배식대 위에 쌓이기 시작했다. 수많은 파리들이 몰려들었다. 콘론은 해병대원의 약 60퍼센트가 배앓이를 했다고 추정한다.

역사적으로 보면, 전쟁터는 더욱 열악했다. 전쟁터는 파리에게는 풍요의 낙원이다. 먹고, 알을 낳고, 자식을 먹일 썩어 가는 유기물이 차고 넘치는 곳이다. 미군 해충 관리 위원회 안내서에는 제2차 세계 대전 때 태평양 제도에서 〈지금이라면 도저히 이해할 수 없는 수준으로 전쟁터의 시신과 화장실의 배설물에 파리가 들끓었다〉고 적혀 있다. 이집트 알알라메인 전투 직후에도 비슷한 일이 벌어지자, 영8군의 장교들은 병사들에게 의무적으로 할당량을 정해서 파리를 잡게 했다. 각자 하루에 적어도 50마리의 파리를 죽이도록 했다. 베트남 전쟁 때에는 시신에 구더기가 너무 들끓어서 시신낭 안에 살충제를 뿌려야 했다.[2]

쿠웨이트 국경 지대에 있던 콘론의 기지에서는 쓰레기가 쌓이면서 문제가 더욱 악화되었다. 보통은 쓰레기를 태우지만, 그곳에서는 소각이 금지되었다. 기지의 위치가 노출될 위험 때문이었다(결국 쓰레기 문제도 군사 전략에 포함시킬 수밖에 없었다. 어둠을 틈타 멀리 운반하여 그곳에서 소각했다. 이라크 군을 속이기 위해서였다).

파리가 빚어낸 가장 끔찍한 장면 — 아니, 아마도 그저 가장 기억에 남는 기록 — 은 미국 남북 전쟁에서 찾을 수 있을 것이다. 스튜어트 마셜 브룩스는 『남북 전쟁의 의학Civil War Medicine』에서 이렇게 썼다. 〈신병들은 거의 귀찮다는 이유로 길쭉하게 땅을 파 만든 변소에까지 굳이 가려 하지 않았다. ……쓰레기는 소 도축 잔해물과 식당 음식 쓰레기와 함께…… 사방에 널려 있었다.〉 곤충학자 게리 밀러와 피터 애들러는 곤충과 남북 전쟁을 다룬 논문에서, 현장을 묘사한 인디애나 보병의 편지를 인용한다. 〈비가 억수같이 쏟아져서…… 땅 전체가 물에 잠기면서 증기와 악취를 풍기는 시체들의 바다처럼 변했다. ……녹색을 띤 수많은 파리들이…… 끊임없이 알을 낳았고…… 찌는 태양 아래 곧 수백만 마리의 구더기가 알에서 기어 나왔다. 구더기들이 어찌나 많이 꿈틀거리면서 기어 다니는지 바닥에 쌓인 낙엽과 풀까지도 꿈

2 베트남 전쟁 이후의 사자 의례는 살충제를 금지한다. 부검의 일부로 이루어지는 화학 및 유전적 분석을 살충제가 방해할 수 있기 때문이다. 시신 안치소에 금지되는 것이 또 있다. 전기 곤충 퇴치기다. 파리가 터져 나가면서, 자신의 DNA와 자신이 기어 다녔던 시신의 DNA를 사방으로 흩뿌리기 때문이다. 군 시신 안치소는 〈공기 커튼〉을 이용하여 파리를 막는다. 공기 커튼은 〈파리 커튼〉의 첨단 기술 형태다. 파리 커튼은 중동 가정에서 문간에 매다는, 구슬을 실에 꿰어 줄줄이 늘어뜨린 커튼이다. 그 사이로 산들바람은 들어오지만 파리는 들어오지 못한다. 1970년대에 자신의 침실에 이런 커튼을 드리운 수많은 젊은이들 중에 이 구슬 커튼이 원래 파리 방제용이라는 사실을 추측이라도 해본 사람이 과연 있을까? 나는 짐작도 못했다.

틀거리고 있었다.〉

전쟁터에서 장시간 누워 있는 병사의 벌어진 상처에 어떤 일이 일어날지 독자는 온갖 상상을 할 수 있다. 그런데 그 상상은 대부분 틀렸을 가능성이 높다.

병사들. 그들 중 두 명은 이름도 없고, 그들이 총에 맞은 전쟁터가 어디인지도 알려져 있지 않다. 우리는 그 일이 제1차 세계 대전 때, 1917년의 어느 시점에 일어났음을 안다. 겨울이 아니었다는 것도 안다. 7일 동안 〈덤불 속에〉 누워 있다가 군 병원에 실려 왔기 때문이다. 그리고 파리가 들끓는 계절이었기 때문이다.

상처 부위의 옷을 제거하는 순간, 상처에 수많은 구더기들이 우글거리는 광경에 나는 경악했다. ······너무나 혐오스러웠다. 나는 서둘러서 이 끔찍해 보이는 생물들을 씻어 냈다. 그리고 상처를 식염수로 씻자, 가장 놀라운 광경이 드러났다. ······상상할 수 있는 가장 아름다운 분홍빛 육아 조직[3]이 상처를 채우고 있었다.

미국 원정군US Expeditionary Forces의 외과의 윌리엄 베어는 일부러 상처에 구더기를 들끓게 해서 치료를 돕는다는 어처구니없어 보이는 생각을 어떻게 떠올렸는지를 그렇게 설명한다. 지저분한 파리 유충 — 금파리 구더기가 가장 유명하다 — 은 죽은 고기나 썩어 가는 고

---

3 빠르게 불어나면서 상처를 치료하는 어린 조직 — 옮긴이주.

기를 좋아한다. 그 고기가 열린상처(開放創)의 일부라면, 먹는 행위는 일종의 자연적인 죽은 조직 제거 기능을 수행한다. 죽었거나 죽어 가는 조직을 제거하면 감염이 억제되고 치유가 촉진된다. 죽은 조직에는 혈액 공급이 안 되어서 면역 방어 기능을 할 수 없기 때문에, 세균이 들 끓기 쉽다. 그 결과 건강한 조직에도 감염이 일어나고 염증이 생기게 된다. 그러면 치유에 더 오랜 시간이 걸린다.

베어는 그 병사들에게 열도 괴저 징후도 없다는 데 깊은 인상을 받았다. 그런 유형의 부상 — 복합 골절에 커다란 열린상처 — 을 입은 병사들의 사망률은 〈육군과 해군이 제공할 수 있는 최고의 약물적 외과적 치료〉에도 불구하고 약 75퍼센트에 달했다. 전쟁이 끝난 지 10년 뒤인 1928년, 베어는 용기를 내어서 민간인들을 대상으로 실험을 했다. 첫 환자는 아이들이었다. 그중 네 명은 혈액성 결핵으로 뼈에 감염이 되풀이되고 있었다. 소독제와 수술로도 완치시키기 어려울 때가 많은 증상이었다. 베어의 전기를 쓴 레이먼드 렌하드는 그 위대한 외과의가 그 이야기를 할 때의 모습을 떠올렸다. 렌하드는 볼티모어의 어린이 병원 학교에서 베어의 학생이었는데, 마지못해 그와 식사를 함께 하곤 했다(〈그는 점심을 먹을 때 종종 우리의 입맛을 떨어뜨리곤 했다.〉) 베어는 병원 근처에서 잡은 금파리의 구더기들을 상처에 〈올려 놓은〉 뒤 결과를 지켜보았다. 6주 뒤, 상처는 치유되었다. 다른 세 아이도 마찬가지였다.

대체 어떤 인간이 아이의 몸에 구더기를 들끓게 하는 실험을 할까? 확신에 찬 인간일 것이 분명하다. 또 독불장군일 것이다. 달갑지 않은 생물학적 사실들을 편하게 받아들이는 사람이다. 렌하드는 이렇게 썼다. 〈학과장은 비만에다가 씩씩거리며 숨을 쉬었고, 틱 장애가 있는 것처럼 콧바람을 거칠게 내쉬곤 했다.〉 베어는 수술실에서 입던 옷차림 그대로 강의실로 가서 피가 묻은 헐렁한 수술복 바지 차림으로 강의를 하곤 했다. 차우차우 개 몇 마리를 길렀는데, 그래서 집에서는 씩씩거리며 숨 쉬는 소리가 더욱 많이 들렸다.

초라한 겉모습과 달리, 베어는 엄격하고 헌신적인 의사였다. 그는 자신의 〈구더기 치료〉가 다른 대안, 즉 절단 수술보다 훨씬 덜 혐오스럽다고 여겼다. 렌하드는 베어가 팔다리 절단을 〈궁극적인 파괴 행위〉로 여겼다고 썼다. 80년 뒤였다면, 비디오 게임 마케팅에 재능을 발휘할 수 있었을 텐데.

구더기 〈친구들〉의 활약에 너무나 깊은 인상을 받은 나머지, 베어는 나무와 유리로 온도 조절이 되는 파리 배양기를 만들어 병원에 설치했다. 89건의 사례 중 구더기 치료가 실패하여 환자가 감염에 굴복한 사례는 3건에 불과했다. 구더기가 안 좋은 세균을 옮길 수도 있으므로, 베어는 멸균 표본을 기르는 방법도 고안했다. 현재 캘리포니아 어바인의 모나크 연구소는 그의 기법을 물려받아 쓰고 있다. 이곳의 의료용 구더기는 미 식품의약청FDA이 요구하는 조건을 충족시킨 멸균된 표본이다. 식품의약청은 2007년에 살아 있는 구리금파리 구더기를 의료 기구로 정식 승인했다.

현재의 〈구더기 치료사〉는 대부분 당뇨병의 합병증인 난치성 발 궤양을 치료하는 데 쓰이지만, WRAIR의 조지 펙은 군에서 유래된 의료용 구더기를 군으로 다시 가져올 방안을 모색하고 있다. 2010년에 그는 구리금파리 유충이 만성 감염 증상을 보이는 IED 상처를 치료하는

데 효과가 있을지를 연구하기 위해 연구비를 지원받은 바 있다. 더 최근에는 구리금파리 구더기의 유전자를 변형시켜서 항생제 등을 생산하도록 하는 연구에 연구비를 지원받았다. 구더기는 이미 감염 예방에 쓰이지만, 이 〈슈퍼구더기〉는 특정한 세균 감염에 적합하게 만들 수 있다.

펙은 나를 위해 일군의 구더기 〈알〉을 부화시키겠다고 제안했다. 내가 저녁 식사를 하러 펙 부부의 집에 도착할 때쯤 그 애벌레들은 상처에 올려놓을 만큼 자란 의료용 구더기가 될 것이라고 했다(길이 약 2밀리미터). 나는 상처가 없는데요? 그냥 물어보았을 뿐이다.

조지 펙과 부인인 바네사는 WRAIR의 지하실에 있는 곤충 번식실에서 함께 일했다. 곤충 번식실은 말 그대로 곤충을 기르는 곳이다. 최근에 군대를 휩쓴 곤충이 무엇이든 간에, 그것을 대상으로 만든 백신과 기피제를 시험하는 데 쓰일 곤충을 기르는 곳이다. 바네사는 모래파리 군체를 돌보았고,[4] 조지는 조금 떨어진 방에서 파리를 길렀다. 남녀의 열정 따위는 수그러들 법한 환경이지만, 펙은 여전히 아내에게 푹 빠져 있다. 그가 아내에 관해 이야기를 할 때면 그런 분위기가 여실히 느껴진다. 펙은 감정을 쉽게 드러내는 사람이다. 며칠 전 저녁 미란초

4 현재 그 일을 맡고 있는 토빈 롤랜드Tobin Rowland는 WRAIR의 곤충을 위한 요리법 중에서 모래파리 애벌레 항목을 보여 주었다. 토끼 똥, 알팔파, 물을 섞은 뒤, 커다란 원형 프라이팬 9개에 붓는다. 2주 동안 불리면, 표면 전체가 곰팡이로 뒤덮인다. WRAIR 곤충학과장 댄 점라스는 〈레몬 머랭 똥〉이라고 부른다. 잘 말린 뒤 잘게 빻는다. 토끼 똥을 쓰는 이유는 소똥보다 값이 싸서가 아니라, 냄새가 덜 나서다. 토끼 똥은 토끼보다 더 비싸다. WRAIR에 납품하는 업자가 약 4리터에 35달러를 부르기 때문이다. 토끼 똥을 원하는 곳은 여기뿐이고 경쟁할 업자도 없는 독점 사업이라서 그런 모양이다.

에서 식사를 마치고 떠나려 할 때, 화제가 파리에서 다른 것으로 잠시 넘어갔다. 의자에서 일어나던 나는 펙이 혼자 중얼거리는 소리를 들었다. 「나는 그냥 벌이 좋아요.」 진짜 애정이 느껴지는 말이었다.

펙은 본래 태양 물리학을 전공했지만 포기했다. 자연 세계에서 너무 멀어진다고 느꼈기 때문이다. 그와 바네사는 다른 대다수의 사람들보다 더 자신의 집을 자연 세계와 공유한다. 그들은 타란툴라 한 마리(헨리에타)와 마다가스카르휘파람바퀴 한 무리를 애완동물로 키운다. 윌리엄 베어처럼, 펙도 남들이 별나다고 여길 법한 사람이지만, 그를 조금이라도 아는 사람이라면 그가 관대하면서 열린 마음을 지니고 있음을 충분히 알아볼 수 있다.

내가 남은 포도주를 비우는 사이에 바네사는 설거지를 한다. 아이들은 거실에서 숙제를 하고 있다. 조지가 내 앞에 후식용 유리그릇을 내온다. 내 뇌는 초콜릿 푸딩인가 보다 하고 낙천적으로 판단한다. 하지만 아니다. 생간이다.

「하루쯤 된 거예요.」 펙이 구더기 무리를 가리킨다. 20~30마리쯤 되는 구더기들이 한쪽에 모여서 나란히 먹고 있다. 자칫하면 못보고 지나치기 쉽다. 꼬리 끝만 드러나 있기 때문이다. 곤충은 숨구멍이라는 겉뼈대에 난 구멍을 통해 산소를 빨아들인다. 애벌레는 항문 숨구멍을 이용한다. 다른 매력들에 덧붙여서, 구더기는 엉덩이로 숨을 쉬기까지 한다. 펙의 표현을 빌리자면, 〈미끈거리는 죽은 살에 온종일 머리를 파묻고 지내는 데〉 편리한 진화적 적응 형질이다. 허파와 가로막 체계에 비하면, 비효율적이다. 그것이 바로 곤충강 전체가 포유류만큼 몸집이 커지지 못한 한 가지 이유다. 몇 분 전 조지 펙의 집에서 현미경으로 파리를 들여다보았기에, 나는 그것이 얼마나 다행인지 장담할 수 있다.

윌리엄 베어는 구더기 떼를 강아지들에게 비유한다. 「무척 게걸스럽게 먹어치워요. 먹이 그릇이 너무 작을 때 그릇 주위에 몰려드는 강아지들처럼, 꼬리와 고개를 바짝 치켜든 채 먹이를 차지하려고 기를 써요.」 베어의 머릿속은 강아지들뿐이다. 내게는 구더기들이 폴카의 거장인 어떤 유령이 연주하는 작은 아코디언의 단추들처럼 보인다. 중요한 점, 특히 구더기 치료를 받는 이에게 중요한 점은 그들이 구더기처럼 보이지 않는다는 것이다. 따라서 환자가 모나크 연구소의 러플랩 LeFlap이라는 상표로 판매되는 이중 층 구더기 붕대 밑을 들여다보더라도, 할로윈 공포 영화의 한 장면처럼 비명을 질러 대면서 닫지는 않을 것이다.

펙은 가장자리에 있는 세 마리를 내 둘째손가락 끝으로 옮긴다. 구더기들은 세서미스트리트의 행복한 인형들처럼, 꽁무니를 대고 일어서서 머리를 꿈틀거린다. 펙은 구더기들이 먹이를 찾는 중이라고 말한다. 이제 두 마리가 다른 한 마리를 자신들 위로 들어올린다. 보고 있자니, 운동 경기에서 이긴 뒤 흥분에 휩싸인 팀 동료들이 떠오른다.

펙은 이 장면에서 기쁨이 아닌 다른 것을 본다. 「동족을 잡아먹고 있는 겁니다.」 그가 부드럽게 말한다.

더 자세히 살펴보니, 그렇다. 그들은 한 배에서 나온 형제자매를 공격하고 있다. 먹어치우고 있다! 간에서 떼어 낸 지 2분도 채 안 지났는데 말이다! 구더기는 살기 위해 먹는다. 그렇게 나흘쯤 오로지 먹기만 한다. 그런 다음 스스로 파리 성체로 탈바꿈하는 과학 소설의 한 장면 같은 에너지 집약적인 과정이 시작된다.

펙이 부엌 식탁에 설치한 현미경에 구더기 한 마리를 놓는다. 나는 구더기의 입 부분을 더 자세히 살펴볼 수 있다. 구더기 해부 구조를 보여 주는 표본인 셈이다. 입 부위는 삐걱거리면서 움직이는 휘어진 커다란 낫처럼 보인다. 구더기의 몸에서 유일하게 키틴질로 된 부위다. 축축하고 하얗고 유연하게 움직이는 다른 부위들과 선명한 대조를 이루는 갈색의 단단한 부위다. 다행히도 죽은 조직 제거 구더기 요법을 받는 환자의 상처 깊숙한 곳에 있는 조직 — 죽은 조직이든 살아 있는 조직이든 — 에는 감각 신경이 없다. 감각 신경은 피부의 맨 위쪽 층에 깔려 있다. 의료용 구더기의 권고 〈용량〉 — 상처 표면 1제곱센티미터당 5~8마리 — 을 넘지만 않으면, 그들이 먹어치우면서 돌아다닐 죽은 조직은 충분하며, 게걸스러운 지렁이가 살아 있는 피부까지 넘보는 일은 없을 것이다.

내가 접안렌즈를 통해 들여다보고 있을 때, 펙이 말한다. 「저 작은 턱은 그 어떤 외과의도, 수술칼도 하지 못할 일을 할 수 있어요. 로봇으로 움직이는 레이저도 IED 폭발로 생긴 숨겨진 틈새까지 휘어져 들어가서 지질 수 없어요. 구더기는 그런 일까지 해내는 수술의 대가입니다.」 마지막으로 남은 세균과 죽은 조직의 잔해까지 다 제거하고 싶다면, 구더기를 외과의로 택하라. 구더기는 몸집이 작기에, 시간이 좀 걸리긴 하지만 말이다. 죽은 조직 제거 구더기 요법 한 과정을 마치려면 구더기를 최대 6번까지 교체하기도 하며, 몇 주가 걸릴 수도 있다. 반면에 수술로 죽은 조직을 제거하는 일은 몇 시간이면 끝낼 수 있다. 그리고 젊은 군인이 대개 그렇듯이, 환자의 면역계가 건강하다면, 마지막으로 남은 세균과 죽은 살까지 하나하나 찾아서 제거할 필요는 없다.

하지만 펙은 폭발로 입은 상처의 죽은 조직을 초기에 제거하는 데 구더기를 쓰자는 주장을 결코 한 적이 없다. 구더기는 치료가 한참 진행된 군인에게 쓰일 것이다. 즉 아마도 흙 같은 곳에 숨어 있던 어떤 유별나고 강력한 항생제 내성 균주가 폭발로 상처에 아주 깊이 다량으로 침투해서, 난치성 감염이 일어날 때 말이다. 이런 합병증은 자주 나타난다. 설치류를 대상으로, IED에 의한 토양 감염 상처에서 구더기 요법의 효과를 알아보기 위한 펙의 연구에 군이 연구비를 지원한 것도 이 때문이다. 실험을 진행하려면 해결해야 할 것들이 있었다. 펙의 연구진은 폭탄 폭발로 생기는 전형적인 상처와 비슷한 상처를 수술로 쥐의 몸에 내야 했다. 동물 실험 심의 위원회의 요구 조건(그리고 펙 자신의 연구 윤리)을 충족시키려면, 이 과정에서 쥐에게 결코 고통을 주어서는 안 되었다. 해당 부위에 감각을 전달하는 신경을 찾아내 잘라야 했다.

연구비 지원은 계속되지 않았는데, 이유를 짐작하기란 그리 어렵지 않다. 현대의 병원 문화는 기술 중심적이고 미래 지향적이다. 실험 연구와 성공률이 어떤 의미인지 잘 모르는 이들에게 구더기 요법은 원시적이고 시대착오적으로 들린다. 펙은 한방 가득 모인 동료들에게 유망한 예비 실험 결과를 발표하던 때의 일을 떠올린다. 듣고 있던 한 대령이 자신은 WRAIR에서 30년 동안 어떤 발전이 이루어져 왔는지를 지켜보았다면서, 고개를 저었다. 「그런데 지금 구더기를 쓰겠다니요.」

2012년 미 육군 의사들을 대상으로 한 설문 조사 결과를 보면, 대령의 견해가 다수 의견이 아님을 시사한다. 응답한 의사 중 죽은 조직 제거 구더기 요법을 처방한 경험자는 10퍼센트에 불과했지만, 85퍼센트는 의사들이 이용할 수 있게 된다면 좋은 자원이 될 것이라고 여겼다. 그들이 유보적인 입장을 취한 부분은 주로 실용적인 측면에서였다. 구더기를 어디에서 구할지, 어떻게 사용할지, 진료비를 어떤 항목으로 청구할지 등을 몰랐기 때문이다.[5] 더 소규모 설문 조사에서, 의사들은 자신이 속한 의료 기관이 구더기를 허용하지 않을 것이고, 환자가 꺼릴 가능성이 높다고 우려했다.

환자에 관한 그들의 생각은 틀렸다. 남부 애리조나 팔다리 구조 협력단SALSA[6]을 운영하는 외과의 데이비드 암스트롱은 1천 명이 넘는 환자들에게 구더기를 처방해 왔다. 「거부한 환자는 한 손으로 꼽을 수 있을 정도예요.」 그가 내게 한 말이다. FDA 승인 요약문에는 의료용 구더기의 〈불만 호소와 부작용〉 비율이 1퍼센트이며, 이 사례 중 상당수는 페덱스 운송 과정에서 〈지연되거나 분실됨으로써〉(또는 아마도 운전자가 쓰레기통에 던져버림으로써) 일어났다. 이런 상처의 역겨움 ── 그리고 기존 치료법에 대한 거부감 ── 이 기어 다니는 파리 애벌레의 역겨움을 훨씬 초월한다. 또 의료용 구더기는 우리가 상상하는 것보다 덜 혐오스럽다. 병에서 바로 꺼낸 구더기는 크기가 컵케이크에 뿌린 설탕 가루만 하다. 서로를 산 채로 먹어치울 때를 빼면, 그것들은 귀엽게 보이기도 한다. 구더기는 자벌레처럼, 어린이책의 책장을 넘길 때마다 몸을 굽혔다가 펴면서 기어가는 벌레처럼 보인다.

5 미국 구더기 의료 보험금 청구 기호: CPT 99070.
6 Southern Arizona Limb Salvage Alliance. 나는 밥그릇 모양의 축축한 붉은 상처를 전문적으로 치료하는 일을 하는 기관에 〈살사〉라는 약어를 붙이는 사람에게 매력을 느끼는 체질인 것 같다.

「사람들은 이 작고 귀여운 녀석들에게 흥미를 보입니다.」암스트롱은 그렇게 말한 뒤, 재빨리 덧붙인다. 「……그리고 숙녀들에게요.」나는 심은 묘목이 자라는 모습이나 거피guppy를 키우면서 자라는 모습을 지켜보는 것을 의미하는지 물었다. 「바로 그겁니다. 그리고 그건 치료 과정이 진행된다는 의미이기도 하죠. 묘사하기는 어렵지만, 구더기는 사람들이 상처를 감정적으로 대하게 만들어요.」의료용 구더기 환자들, 아무튼 그중 일부는 〈구더기가 타고 있어요Maggots on Board!〉라고 적힌 모나크 연구소 티셔츠를 입고 돌아다닐 만큼 자신의 구더기를 적극적으로 앞장서서 자랑한다.

의료진의 호감도는 덜하다. 「혐오스러워하는 의사와 간호사가 많아요.」암스트롱은 내게 말했다. WRAIR의 복합 상처 및 팔다리 구조 센터의 전직 소장이자 지금은 그 기관의 연구 프로그램들을 총괄하고 있는 피트 웨이나 대령도 동의한다. 2009년경에 웨이나도 윌리엄 베어와 같은 깨달음을 얻은 순간이 있었다. 「뒷골목에서 쓰러진 환자가 있었는데 파리들이 상처에 몰려와서 알을 낳은 거예요. 간호사들이 모두 소리쳤어요. 〈맙소사, 끔찍해요. 저기서 구더기들이 기어 나오고 있어요!〉」전에 읽었던 파리 애벌레의 죽은 조직 제거 능력을 다룬 논문을 떠올리면서, 웨이나는 즉석에서 구더기들이 딴 데로 가지 못하고 상처에 그대로 있도록 통을 설치하고 붕대로 감았다. 상처는 잘 아물었지만, 웨이나는 더 이상은 그 치료법을 쓰지 않는다. 「병원 전체가 내가 하는 치료에 몹시 질색했거든요.」

조지 펙은 자신이 〈총체적 인자gross factor〉라고 부르는 것을 경시하지 않지만, 비용이 주된 장애물이라고 본다. 구더기가 외과의보다 비용이 더 많이 든다면 어쩌겠는가? 구더기 자체가 그렇다는 것은 아니다. 모나크 연구소의 구더기는 한 병에 150달러다. 의료진의 시간을 잡아먹는 데 드는 비용 때문이다. 담당 의료진은 구더기를 지켜보고 붕대를 갈아 주는 교육을 받아야 한다. 펙은 간과 구더기가 담긴 또 다른 그릇을 보여 준다. 이틀 전에 부화한 구더기들이다. 「아주 토실토실하고 눈에 잘 띄지 않나요?」 그는 구더기 100마리면 붕대의 통기성 망이 막혀서 금방 공기가 안 통하게 된다고 설명한다. 구더기들은 질식한다. 간호사들은 구역질을 한다.

구더기 붕대를 가는 일은 다른 종류의 붕대를 가는 것보다 더 까다롭다. 그리고 더 근질근질하면서 더 시선을 사로잡는다. 구더기도 함께 갈기 때문이다. 다음 구더기를 붙이기 전에, 이전의 구더기들은 완전히 제거해야 한다. 말 그대로 거즈 조각으로 훑어서 말이다. 제거하지 않은 구더기는 계속 자라서 곧 번데기가 되려는 충동에 사로잡힐 것이다. 며칠 동안 게걸스럽게 먹은 뒤, 구더기는 유년기에 살던 혼란스러운 축축한 곳을 버리고 더 건조하고 조용한 곳을 찾아 나선다. 그리고 나비 고치 같은 〈위용각puparium〉을 만든 뒤, 이윽고 파리 성체가 된다.

의료용 구더기 포장지에는 이런 문구가 적혀 있다. 〈구더기가 달아나서 의료진을 당황하게 만든다는 것이 알려져 있다. ……〉 첫째, 그들은 구더기다. 둘째, 그들은 곧 파리가 된다. 의료 센터에 파리가 돌아다닌다. 수술실에도 들어간다. 열린상처에 내려앉는다. 토하고 배설한다. 다른 상처들로 옮겨다니면서, 발에 묻은 항생제 내성 병원균을 퍼뜨린다. 모나크 연구소를 설립한 의사 론 셔먼은 롱비치의 VA 병원에 있는 한 벽장에서 구더기를 기르기 시작했다. 〈내가 무슨 일을 하는지 모두가 알게 되자, 그 벽장은 텅텅 비었다.〉 파리 한 마리가 달아나자, 병원 관리자들이 득달같이 그에게 뛰어왔다. 그 뒤로 셔먼은 자신의 〈살아 있는 의학〉 작업을 어바인 공항 인근의 창고로 옮겼다. 그곳에서 그는 구더기, 거머리, 분변성 세균(이식용)을 길렀다. 나는 그 회사의 회계에서 공제 가능한 지출 항목이 국세청 공무원의 방문을 자극하는 동시에 꺼리게 만들지 않았을까 상상해 본다.

지저분한 파리는 썩는 냄새에 끌린다. 몸 전체가, 때로는 일부만이. 축축하고 악취 나고 감염된 구멍 — 상처든 본래 있던 구멍이든 간에 — 은 알을 밴 암컷에게 〈빈방 있음〉이라는 팻말이다. 의학 학술지에 구더기가 들끓는 내용이 실릴 때는 대개 〈구더기증myiasis〉이라는 학술 용어와 구더기가 우글거리는 감염된 부위를 확대한 혐오스러운 사진이 따라붙기 마련이다. 잇몸, 콧구멍, 생식기 등등.

여기서 다시 미군 해충 관리 위원회의 말을 들어 보자. 〈음부 구더기증은 점점 더 중요한 관심사가 되고 있다. 파견 부대에서 근무하는 여성의 수가 점점 늘어나고 있기 때문이다. ……질병이 있는 생식기의 분비물이 알을 낳도록 자극할 수도 있다.〉 위원회는 더운 기후라서 아무것도 안 걸치고 바깥에서 자고 싶은 마음이 들 수도 있다고 지적한다. 나는 속옷을 안 입고 바깥에서 자는 유형의 병사가 이미 생식기 질병에 걸려 있는 병사가 아닐까 추측해 본다. 이런저런 이유로 〈불명예스럽게 내쫓겨서〉 밖에서 잘 수밖에 없는 병사 말이다.

그리고 마지막으로 〈우연한 구더기증accidental myiasis〉이 있다. 대개 장에 생긴다. 대강 이런 식으로 이야기가 전개된다. 환자가 매일 볼일을 보는 곳이나 그 주변에서 구더기를 발견한다. 환자는 자기 뱃속에서 나온 것이 아닐까 추측한다. 더 나아가 그는 ― 그리고 의사도 ― 자신이 우연히 파리 알이 든 음식을 먹은 것이 아닐까 추측한다. 1947년 『영국 의학 회지』에 한 의사는 흥분한 어조로, 〈알이 키틴질 껍질로 싸여〉 있어서 위장의 산과 효소를 견뎌 내고, 그 안에 든 애벌레가 무사히 장이라는 덜 험한 환경으로 들어와서 알에서 깨어나 자리를 잡는 것이라고 주장했다.

그러자 임피리얼 곤충학 연구소의 F. I. 판엠덴이라는 사람이 편집자에게 보내는 편지라는 형식을 통해 반박하고 나섰다. 구더기가 환자의 몸속이 아니라 〈배설물을…… 받는 데 쓴 통〉 속에서 ― 판엠덴의 말마따나 화장실과 환자용 변기 자체는 종교적 축복을 받을 것들이니 제외하고 ― 부화했다고 보는 편이 더 타당하지 않을까? 더 나아가 판엠덴은 곤충의 알이 키틴질로 이루어져 있지 않다고 지적한다. 그 〈껍데기〉는 섬세하고 얇고 투과성을 띤 막이다. 자신의 요지를 증명하기 위해 판엠덴은 위장을 모사한 실험 장치를 식탁에 설치했다. 거기에 따뜻한 위액과 씹은 빵 덩어리를 넣어서 섞은 뒤, 문제가 된 파리 종의 알과 구더기를 집어넣었다. 구더기는 알 속에 든 것까지 모조리 죽고 말았다.

더 안도할 만한 증거를 원하는 분들을 위해, 1945년경 벨기에령 콩고의 카탕가 시에서 국립 의료원의 마이클 케니가 한 일을 소개하자. 아마 국립 의료원은 가난한 사람들에게 보건 의료를 제공하는 기관이었을 것이다. 케니는 『실험 생물학 의학 협회보』에 이렇게 썼다. 〈자원자 60명에게〉 집파리의 〈살아 있는 구더기〉를 커다란 젤라틴 캡슐에 넣어서 〈삼키도록 했다〉. 구더기 — 한 사람에 20마리씩! — 를 한 마리씩 캡슐에 넣었는지, 아니면 전부를 다 한 캡슐에 넣었는지는 불분명하지만, 어느 쪽이든 간에 삼키기 위해 물 두 컵을 마셔야 했다. 자원자 중 3분의 1은 캡슐을 삼킨 직후에 토했는데, 캡슐 안의 구더기는 대부분 살아 있었다. 나머지 3분의 2는 설사를 하면서 죽은 구더기를 배설했다. 그 모험 여행에서 〈우연히〉 살아남은 구더기가 한 마리 있었는데, 그렇다고 해서 그 자원자의 몸속에서 구더기가 자리를 잡았다는 의미는 아니다. 소화관을 단시간에 지나가는 것은 거기에 자리를 잡고 유년기를 보내는 것과 다르다. 모든 자원자들의 증상은 48시간 뒤에 깨끗이 사라졌고, 구더기도 더 이상 나오지 않았다. 이 결과는 첫째, 〈사람에게 진정한 장 구더기증은 생기지 않는다〉는 것을 시사했다. 그리고 둘째, 공짜 보건 의료 같은 것은 없음을 말해 준다.

펙의 집에서 있다 보니 어느덧 오후 8시가 가까워져 있다. 펙은 핀으로 고정시킨 곤충 표본들이 든 상자를 하나 가져온다. 그 순간 내 시선이 살아 있는 표본 한 마리에 꽂힌다.

「조지?」

「네?」

「어깨에 커다란, 좀 겁나는 곤충이 한 마리 붙어 있어요.」

펙은 굳이 확인하려고 하지 않는다. 그는 표본 상자에서 시선을 떼지 않은 채, 말한다. 「썩덩나무노린재일 겁니다.」 이맘때에는 어디에서나 나타난다고 말한다. 그는 노린재stink bug라는 이름이 짓이겼을 때 나는 고약한 냄새에서 비롯된 것이라고 설명한다. 이 노린재는 짓이겨지지 않고, 조심스럽게 모기장 밖 어둠이 점점 깔리는 바깥으로 내보내진다. 펙은 식탁 의자로 다시 돌아와 앉는다. 「쟤들도 현미경으로 보면 아주 아름다워요.」

. . . .

조지 펙을 제외한 — 나는 그가 등장하는 무대를 가능한 한 오래 이어가고자 했다 — 군 파리 연구자들은 대부분 플로리다에 있다. 해군 곤충학 협력 센터NECE는 미 농무부 모기 파리 연구단이 있는 곳에서 자동차로 한 시간쯤 떨어진 잭슨빌에 있다. NECE는 군의 해충 방제 부대 역할을 한다. 영원히 끝나지 않을 일이다. 몇 주 정도면 새로운 세대가 등장하여 기존 세대를 대체하므로, 파리는 어떤 새로운 살충제와 대면하든 간에 금방 내성을 갖춘다. 생존을 돕는 돌연변이를 지닌 개체들이 늘 있기 마련이며, 그런 생존자들은 빠르게 번식하면서 그 지역을 다시 파리로 들끓게 만든다. 트럭에 분무기를 싣고 다니면서 살충제를 뿌려 대는 인간을 비웃으면서 말이다.

걸프전 때에 파리는 미칠 지경으로 계속 다시 출현하곤 했다. 사막에 음식이 얼마나 있느냐에 따라 불었다 줄어들었다 하면서 말이다. 사막의 방패 작전Operation Desert Shield 때, 해군 곤충학자 조 콘론은 쿠웨이트 국경 근처 사우디아라비아의 경보병 대대와 함께 야영을 했다. 파리는 불쾌하지만 효과적인 자명종 역할을 했다. 「자다 보면 입을 벌리게 되죠. 새벽이 되자마자 파리는 먹이와 수분을 찾아서 날아오릅니다. 그리고 입속으로 곧장 날아들죠. 이어서 해병대원들이 기침을 하면서 욕설을 퍼붓는 소리에 잠을 깨게 됩니다.」 USDA의 파리 연구자 제리 혹세트는 사막의 폭풍 작전 때 한 곤충학자 집단이 겪은 일을 들려준 바 있다. 그들은 기지가 보이지 않는 곳까지 텅 빈 사막을 차를 몰고 달린 다음, 정어리 통조림 깡통을 열었다. 몇 초가 지나기 전에, 파리들이 몰려들었다.

사람에게 끈덕지게 들러붙고, 지저분하다는 점 때문에 군은 계속 파리를 박멸하기 위해 애쓴다. 파리를 쫓아내기 위해 계속 손을 휘젓는 병사는 자기 임무에 집중하기가 어렵다. 그 임무에 총을 쏘고 총에 맞지 않는 일이 포함될 때, 그렇게 신경이 분산되면 위험하다. 그런 신경 분산은 가축에게도 치명적일 수 있다. 혹세트는 소가 파리를 내쫓는 데 너무나 몰두하다가 먹는 일을 잊고 굶어죽을 수도 있다고 말한다. 농업계는 거기에 〈파리 걱정fly worry〉이라는 이름을 붙였다.

걸프전 때에도 그와 관련된 증상이 나타났다. 살충제 분무기 걱정이다. 미군이 쿠웨이트에 도착한 직후, 군 정보기관은 사담 후세인이 살충제 분무기를 40대나 구입했다는 것을 알아냈다. 후세인에게 〈대량 살상 무기〉가 있다는 이야기로 온통 떠들썩했기에, 군인들의 편집증도 고조되고 있는 상황이었다. 조 콘론에게는 그 장치가 화학 무기나 생물학 무기를 살포하는 데 쓰일 가능성 — 그리고 위험성 — 을 평가하라는 지시가 떨어졌다. 그는 그럴 가능성이 없다고 보았다. 「분무액이 어디로 향할지 통제할 수가 없습니다. 아군이 중독될 가능성도 얼마든지 있습니다.」 콘론은 사담 후세인이 파리를 잡고 싶어 하는 것이라고 전문가 의견을 전달했다.

군 기지에서는 부피가 큰 파리 덫을 주로 쓴다. 유지 관리 비용이 적기 때문이다. 여기서는 미끼를 얼마나 잘 설치하느냐가 핵심이다.

NECE는 다양한 파장의 자외선, 다양한 배경색, 온갖 화학 유인제를 시험해 왔다. 제2차 세계 대전 때 파리 유인제가 전선에서 더 전략적인 역할을 한 적이 잠깐 있었다. 나치는 에르빈 로멜의 아프리카 군단과 싸우는 연합군의 보급로를 끊기 위해 모로코의 어느 스페인령에 밀려들었다. 전략 사무국(OSS. CIA의 전신)의 연구 개발국장 스탠리 러벌의 회고록에 따르면, 미 국방부는 그에게 은밀히, 〈스페인령 모로코를 꺼낼〉 방안을 마련하라고 지시했다.

〈나는 염소똥과 흡사한 모조품을 개발했다.〉 러벌의 그 말은 뜬금없게 여겨진다. 그는 스페인령 모로코가 〈사람보다 염소가 더 많은〉 땅이므로, 모조 똥이 의심을 불러일으키지 않을 것이라고 추론했다. 그 모조 똥에 강력한 파리 유인제와 치명적인 미생물들을 섞어 넣은 뒤, 밤에 비행기로 떨어뜨린다는 계획이었다. 그러면 파리들이 몰려들 것이고, 모조 똥에 내려앉은 파리들에게 병원균이 묻을 것이다. 파리들은 그 치명적인 균을 나치의 음식에 살포할 것이다.

국가 기록원에 보관된 OSS 기록물에는 직원들이 고안한 장치와 무기에 관한 문서가 수십 편 있지만,[7] 나는 변덕스러운 작전Operation Capricious이라는 그 계획에서 〈염소〉와 〈똥〉도, 러벌의 이름도 전혀 찾을 수 없었다. 러벌은 자신과 동료들이 〈순조롭게〉 계획을 진행하고 있었는데, 독일이 스페인령 모로코에서 철수했다는 소식이 들렸다고

---

7 그중에 내 마음에 든 것들을 알파벳 순서로 적으면 이렇다. 무회(無灰) 종이ashless paper, 부스터booster와 버스터(burster, 임마), 접는 오토바이collapsible motorcycle, 헤디 라마 Hedy Lamarr, 발광 테이프luminous tape, 소리 안 나는 종이nonrattle paper, 종이 파이프paper pipe, 소형 소이탄pocket incendiary, 펑크 타입 라이터punk type cigarette lighter, 전투용 칼smatchet, 감응 퓨즈sympathetic fuse, 나무 타기용 신발tree climber.

썼다. 그랬을지도 모른다. 나는 그 살인 똥이 스케치 단계에서 더 진척되지 않았을 것이라고 추측했다. 그보다는 살인 냅킨이 더 가능성이 높지 않았을까.

그러다가 〈누구, 나?Who, Me?〉라고 적힌 OSS 서류철을 발견했다. 내가 스탠리 러벌을 과소평가했다는 사실이 명확해진 순간이었다.

GRUNT

10장

죽이지 않는 것은
악취를 풍기게 할 것이다
냄새 폭탄의 역사

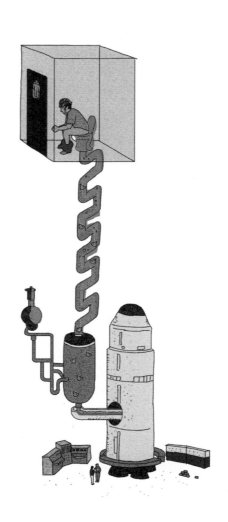

그것이 내 첫 기밀 문서였다. 그리고 그 문서는 나를 실망시키지 않았다. 문서 한 장 한 장의 맨 위와 아래쪽에 커다란 글자로 〈기밀〉이라는 고무 도장이 찍혀 있었다. 게다가 〈미합중국의 국가 안보에 영향을 끼칠 정보〉가 담겨 있으며, 내용 유출이 방첩법 위반이라고 경고하는 더 작은 글자로 된 고무 도장도 찍혀 있었다. 일부 문서에는 〈안전한 손을 통해〉 전달되었다는 표시도 찍혀 있었다. 어떤 세관원도 열어 볼 수 없는 고급 가죽 가방을 든 당당한 정부 밀사의 손을 통해서라는 뜻이었다.

서류철에 든 첫 번째 문서는 날짜가 1943년 8월 4일이라고 적혀 있었고, OSS의 스탠리 러벌에게 배달된 것이었다. OSS는 제2차 세계 대전 때의 미국 정보기관이다. 그의 영국인 정보원 중 한 명이 보낸 것이었는데, 영국 정보기관인 SOE(Special Operations, Executive, 특수작전처)의 한 기술자가 적은 쪽지가 딸려 있었다. 쪽지는 〈7월 6일 자 귀하의 편지에 답함〉이라고 시작되었다. 마치 어떤 모호한 정부 절차 규정을 따라가는 듯한 느낌이 들었다. 그러다가 갑자기 내용이 바뀌었다.

〈지금까지 우리의 악취 물질 작업은 주로 개인의 의복을 오염시키는 쪽에 초점을 맞추고 있었습니다.〉 쪽지에는 〈개인이 불결하다는 인상을 심어 주는 아주 오래가는 냄새〉를 풍기는 기름 혼합물인 〈S액〉(S는 악취stench)의 비밀 공식이 담겨 있었다. 또 S액을 묻힐 두 가지 계획도 적혀 있었다. 핀으로 젤라틴 캡슐을 찌르면 액체가 뿜어지고, 〈작전을 완수하면 즉시 버린다〉는 계획과 향수 분무기와 살충제 분무기의 중간쯤에 해당하는 작은 청동 분무기를 〈손이나 주머니에 몰래 지니고 다니다가〉 뿌린다는 계획이었다. 나는 영국 공작원의 아내가 남편의 블레이저코트 주머니에서 우연히 그 분무기를 발견하고서, 남편이 앞으로 구체적으로 어떤 일을 하려는지 전혀 알지 못한 채 향수이겠거니 짐작하고서 분무기를 얼굴 앞에 대고 둥근 부위를 꾹 눌렀을 때 어떤 일이 벌어질지 상상했다.

목적은? 〈조롱이나 비난.〉 점령지의 독일군과 일본군 장교들을 지저분한 자로 인식시켜서 기피하게 만드는 것이다. 연합국 정보기관들은 해방이라는 대의에 동참하게끔 민간인들을 독려하기 위해, 저항 집단의 손에 쥐어 줄 저렴하면서 쉽게 쓸 수 있는 장치를 개발하려고 애썼다.

OSS는 국방 연구 위원회NDRC 무기 개발자들의 지원을 받아서 악취 물질을 직접 개발하러 나섰다. 전후 20년에 출판된 회고록에서, 러벌은 SAC-23 계획 — 〈오염자, 악취〉 — 이 〈새롭고 특수한 살상 무기〉를 개발하는 〈섬뜩하고 피비린내 나고 더러운〉 업무의 해독제, 즉 일종의 〈기분 전환제comic relief〉라고 치부했다. 하지만 그 두꺼운 서류철과 그 안에 냉정한 공문서 양식으로 상세히 적혀 있는 내용은 그렇지 않음을 시사한다. SAC-23 계획은 꼬박 2년을 끌면서 인내심을 무너뜨리고, 소령 7명,[1] 중위 8명, 대위 4명, 공군 중령 1명의 서류함을 가득 채웠다.

회고록에 나온 바에 따르면, 러벌이 원래 받은 명령은 〈심한 설사를 일으키는 역겨운 냄새〉 물질을 개발하는 것이었다. 〈누구, 나?〉는 러벌이 SAC-23 계획에 붙인 위장 명칭이었다. 그는 일본군 장교들을 치욕스럽게 만들 물질을 중국인 저항 단체들에 퍼뜨리고자 했다. 나름의 근거를 토대로, 러벌은 일본인이 이런 유형의 괴롭힘에 유달리 취약하다고 믿었다. 〈일본인은 공개 장소에서 소변을 누는 행위를 아무렇지도 않게 생각하지만, 대변을 누는 행위를 몹시 내밀하고 창피한 일이라고 여겼다.〉(인종 차별주의 같다.) NDRC는 추가 요구 조건을 정했다. 〈역분사가 일어나지 않으면서〉 퍼지는 〈범위〉가 적어도 3미터는 되어야 한다는 것이었다. 〈실행할 때 아무 소리도 나지 않아야 한다.〉 또 시선을 끌지 않아야 한다. 빗물, 비누, 용매에 씻기지 않아야 한다. 적어도 몇 시간 동안 수치심을 불러일으켜야 한다.

위원회는 미국 매사추세츠 주 케임브리지의 한 화학 공학 회사에 공식을 개발하라고 요청을 했다. 아서 D. 리틀이라는 그 회사는 냄새와 향기 분야의 최고 전문가 — 회사의 〈백만 달러짜리 코〉 — 를 그 일에 투입했다. 어니스트 크로커는 여름 한낮에 쓰레기 매립장에서 풍기

1 〈M*A*S*H〉(한국 전쟁을 배경으로 군 의료진의 활약상을 다룬 소설, 영화, 드라마, 연극 등 — 옮긴이)의 옛 팬들은 주목하시라. 프랭크 번즈 소령도 있다. 홀리헨 소령도 나오지 않을까 잠시 기대하면서 훑었지만, 그런 이름은 없었다.

는 악취에 대처하는 식으로 난제를 풀어 나갔다. 〈냄새들 사이의 악취는 식물들 사이의 잡초, 꽃밭에 있는 감자처럼 엉뚱한 곳에 놓인 식물…… 에 비유할 수 있을 것이다.〉 그는 기본 제안서에 그렇게 썼다. 다시 말해, 맥락이 핵심이라는 것이다.[2] 이탈리아 음식점 판매대에서는 풍겨오는 뷰티르산 냄새를 파르메산 치즈 냄새라고 여긴다. 다른 곳에서는 토사물 냄새라고 판단한다. 마찬가지로 트리메틸아민 냄새는 생선 냄새나 음부 냄새로 여길 수도 있다. 크로커가 조심스럽게 묘사하듯이, 〈상황에 따라 유쾌하거나 불쾌한〉 냄새가 된다. 맥락에 상관없이 불쾌하다고 분류될 수 있는 냄새는 거의 없다. 그런데 OSS가 요구하는 것이 바로 그런 냄새였다. 〈악취 생성 물질〉이었다.

영국이 개발한 〈S액〉의 주된 활성 성분은 스카톨skatole이었다. 장내 세균이 고기를 분해할 때 생기는, 코를 찌르는 대변 냄새를 풍기는 화합물이다.[3] 그래서 크로커는 〈대변에 관한 사실들〉이라는 가벼운 제목의 두 번째 제안서에서 이렇게 썼다. 탄수화물이 소화될 때 나오는 산은 숨을 내쉴 때의 시큼한 냄새를 풍기고, 미량의 황화 수소는 달걀

---

2 다양한 향수를 만드는 회사 데메테르Demeter에는 다년간 신생아 머리 냄새를 만들어 달라는 요청이 가장 많이 들어왔다. 그래서 회사는 그 냄새를 분리하여 합성했다. (기이하다고? 데메테르에는 그렇지 않다. 그들의 제품 목록에는 빨래방[Laundromat], 곰팡이[Mildew], 페인트[Paint], 찰흙[Play-Doh], 먼지[Dirt], 전정가위[Pruning Shears]도 있다.) 아기 머리Baby's Head는 시험해 보니 반응이 썩 좋지 않았다. 아기라는 맥락에서 벗어나면, 신생아 머리 냄새는 그다지 좋게 느껴지지 않는다. 그래서 회사는 베이비파우더와 감귤 향을 첨가하고, 제품명을 신생아New Baby로 바꾸었다. 어떤 사람은 아기 머리 향수에 불쾌해할 수도 있다. 바로 옆집에 사는 사람은 전정가위 향수 냄새에 그럴 수 있다(실제 국내에서 판매되는 제품들은 영어 상품명을 그대로 쓰고 있지만, 이해의 편의상 우리말로 번역했다 — 옮긴이).
3 고도로 희석한 스카톨은 향수와 인공 딸기 향과 바닐라 향에 꽃향기를 첨가하는 용도로 쓰인다. 인간 대사체 데이터베이스HMDB에서 알아낸 사실이다. 나는 보통 사람들이 IMDb를 참조하듯이 그 데이터베이스를 종종 검색한다.

썩는 냄새를 풍긴다는 등등. 그런 냄새를 분리하여 사람에게 똥 냄새를 풍기게 한다는 것은 결코 쉬운 일이 아니다. 사람의 대변 냄새는 자연에 있는 것들이 대개 그렇듯이, 수백 가지까지는 아니라 해도 수십 가지의 화합물로 이루어진 엄청나게 복잡한 것이다(〈방귀 스프레이〉라는 기발한 제품이 혐오스러운 냄새를 풍기긴 하지만 딱히 방귀 냄새는 아닌 이유가 바로 그 때문이다). 매우 흡사한 모조품을 만들려면 일이 엄청나게 복잡해질 뿐 아니라 비용도 많이 들 것이다.

그리고 크로커는 그런 냄새가 최고의 효과를 발휘하지 못할 것이라고 느꼈다. 그는 이렇게 썼다. 〈대체로 혼합물은 당황하게 만드는 데 가장 적합하다.〉 미각처럼 후각도 감각 경비원, 즉 해로울 수 있는 화학 물질의 조기 검출 시스템이다. 냄새를 알아차리지 못하면, 그것이 안전한지도 알 수 없다. 오랜 세월에 걸쳐, 낯선 냄새를 피해 물러나서 안전을 꾀한 사람들은 살아남아서 자신의 유전자를 후손에게 물려줄 확률이 더 높았다. 따라서 식별 불가능한 악취는 뻔한 악취보다 더 강력한 무기가 된다.

군사적으로 〈악취제malodorant〉 ── 비살상 악취 무기를 가리키는 현대 용어 ── 는 그보다는 〈지역 거부terrain denial〉를 일으키는 데 더 널리 쓰인다. 사람들이 표적지인 땅에서 기어 나오도록(또는 그 땅을 피하도록) 하는 용도다. 베트콩 땅굴, 테러리스트의 은신처, 무기 저장소 등에서 말이다. 악취제는 거의 다 여러 냄새 물질을 섞어서 만들어 왔다. SOE는 〈사악한 냄새 물질〉 쪽지에서 나치 회의 장소로 알려진 곳들의 양탄자에 악취 물질이 든 작은 병을 떨어뜨리고 오라고 저항 단체들에 나누어주었다고 적었다. 장교들은 반들거리는 사자 조련사용 부츠로 자신도 모르게 병을 으깰 것이고, 어디에서 나는지 모를 황과 암모니아를 섞은 악취가 방에 가득찰 것이다. 그리고 회의장은 텅 비게 될 것이다.

우리의 크로커는 실무 작업에 들어갔다. 그는 수십 가지의 불쾌한 혼합 물질의 효과를 알아보기 위해 사내에서 〈관능 시험〉을 실시했다. 관능(官能, Organoleptic)은 〈감각 기관을 이용한다〉는 의미다. 즉 1943년의 몇 달 동안 사람들은 아서 D. 리틀에 취직하고 싶어 하지 않았을 것이라는 뜻이다. 크로커는 마침내 스카톨, 뷰티르산, 발레르산, 카프로산, 메르캅탄의 혼합물을 찾아냈다. 대변, 토사물, 발 고린내, 염소 냄새, 썩은 달걀 냄새의 혼합물이었다. 크로커는 두 가지 형태로 시료를 준비하여 NDRC로 보냈다. 더 강한 〈바르는 형태의 악취〉와 분사할 수 있는 60밀리리터 용량의 납 튜브에 넣은 액체형 악취였다. 그는 액체형이 표적을 〈섭씨 21도에서 족히 2시간은 몹시 기피하도록〉 만들어 줄 것이라고 고객들에게 장담했다. 그는 〈완벽한 추방〉이 이루어질 것이라고 내다보면서, 〈이런 종류의 제품이 할 수 있는 만큼 오래 불쾌하게 만들〉 것이라는 마케팅 역사에서 유달리 특이하게 여겨질 문장으로 보고서를 결론지었다.

팸 돌턴의 연구실에는 〈누구, 나?〉가 한 병 있다. 돌턴은 인근의 펜실베이니아 대학교와 협력하는 비영리 독립 기관인 모넬 화학 감각 센터에서 일한다. 센터는 오랫동안 국방부의 지원을 받아서 악취 연구를 해왔으며, 건물 앞에 1.2미터짜리 코 청동상이 서 있다. 내가 그녀를 처음 만난 것은 1997년이다. 어느 돼지 농장의 소송에서 그녀가 전문가

증인으로 출석했을 때였다. 그 무렵에 그녀는 맵시 있는 붉은 머리로 울타리를 따라 경쾌하게 걸으면서 휴대용 전자코로 냄새 물질 시료를 채취했다. 지금은 눈가에 주름이 몇 개 더 늘었지만, 그래도 여전히 머리는 붉고, 지금도 자신의 일을 사랑한다.

돌턴의 연구실에는 아무 냄새도 나지 않는다. 하지만 악취를 풍기는 물질이 많이 있다는 점은 분명하다. 머리 위의 선반에는 소방관의 겨드랑이 냄새가 담긴 상자가 있다. 각 소방관이 자신의 냄새를 지퍼락 봉지에 담아 밀봉해 보낸 것이다. 남들이 냉장고에서 케첩과 샐러드드레싱을 보관할 법한 곳에, 돌턴은 시베톤civetone 병을 넣어두고 있다. 시베톤은 사향고양이의 항문 냄새샘 분비물을 인공 합성한 것이다. 무기 등급의 냄새 물질은 후드 밑에서 작업을 한다. 건물의 환기 시스템으로 유입되면 대혼란을 불러일으킬 경향이 있는 〈누구, 나?〉는 병에 담고 테이프로 잘 막고 이중 비닐봉지에 담은 뒤, 열었다가 다시 밀폐할 수 있는 작은 깡통에 넣는다.

돌턴 연구실 관리자인 크리스토퍼 마우테는 나를 위해 포장을 뜯는다. 마우테는 광대뼈가 튀어나오고 매부리코에 윤기 나는 검은 머리를 갖고 있다. 모발 관리 제품의 도움이 없이는 불가능해 보이는 멋진 머리 선으로부터 뒤로 머리카락을 넘긴 모습이다. 하지만 겉모습을 제외하면, 그는 어느 모로 보나 과학자다. 그 자신의 묘사에 따르면, 그는 결혼식 피로연 때 장미 냄새를 맡으면서 〈음, 페닐에틸알콜이군〉이라고 말하는 남자다. 마우테는 뚜껑을 연 병을 내 얼굴 가까이 갖다 댄다. 다행히 쥐고 있는 손가락의 힘을 풀지는 않는다. 〈누구, 나?〉를 떨어뜨린다면? 모넬 센터 전체가 어니스트 크로커가 말하곤 했던 것처럼, 몹시 불쾌한 곳으로 변할 것이다.

시험 삼아 킁킁거렸더니 끔찍한 냄새임이 확실하지만, 내가 기대했던 것은 아니다. 러벌이 원래 설사를 일으키려 했던 목표로부터 한참 먼 곳에 떨어진 듯하다. 돌턴은 캘리포니아 밀피타스에서 막 돌아온 참인데, 이 냄새는 그녀를 곧바로 그곳으로 돌려보낸다. 황 냄새이긴 하지만, 방귀에 섞인 것 같은 썩은 달걀 냄새는 아니다. 더 불쾌하고 더 톡 쏘는 성질을 갖고 있다.

마우테는 〈누구, 나?〉의 뚜껑을 다시 닫은 뒤, 후드 밑의 다른 병을 집는다. 손으로 인쇄한 라벨에 악취 수프Stench Soup라고 적혀 있고, 좀 더 큰 글자로 〈열지 말 것〉이라고 써 있다. 1998년, 비살상 무기 합동 이사회는 모델에 건물을 싹 비우게 만들거나 폭력적인 군중을 온건하게 해산시킬 아주 강력한 악취제 개발을 의뢰했다. 돌턴 연구진이 내놓은 것이 바로 악취 수프다.

마우테는 뚜껑을 열고서 내 얼굴 앞에 들이댄다. 돌턴은 냄새가 올라오는 순간을 예감하면서 두 걸음 뒤로 물러선다. 지독하다, 속이 다 메슥거린다. 썩어 가는 양파로 만든 왕관을 쓴 악마다. 마우테는 재빨리 뚜껑을 닫고서 병을 돌려놓는다.

「후드 뚜껑을 내려.」 돌턴이 침착하지만 단호한 어조로 말한다. 이어서 덜 침착하게 말한다. 「빨리 후드 뚜껑 내려!」

밖에 나가서 점심을 먹기에 좋은 때인 듯하다. 나는 두 사람을 따라 근처 굴 요리집으로 가서, 악취 수프라고 하는 세계에서 가장 역겨운 냄새 혼합물이 어떻게 출현했는지 이야기를 듣는다.

이야기는 미 정부 표준 화장실 악취라는 혼합물에서 시작되었다(정부는 그 냄새의 천연 공급원이 아니라 개발자다). 그 냄새는 제2차 세계 대전 때 야외 변소 탈취용 화합물을 만들기 위한 노력의 일환으로 개발되었다. 나는 그런 변소를 찍은 오래된 사진을 본 적이 있다. 구덩이 위에 걸친 나무 판때기 위에 병사들이 죽 늘어서서 엉덩이를 까고 쭈그려 앉은 채 히죽 웃는 광경이다. 육군 화학자들은 조합해서 만든 다양한 탈취제들을 시험하기 위해, 연구실에서 악취도 만들어 내야 했다. 그 악취는 매우 독특했다. 「오랜 시간, 때로 찌는 듯한 더위 속에서 수많은 군인들이 이용한 개방된 야외 변소의 냄새는 전형적인 가정집 화장실의 냄새와 닮은 점이 그다지 없어요.」 향료와 향수를 만드는 기업 피르메니히의 마이클 캘런드라가 말한다. 피르메니히는 업계가 세척제와 탈취제를 시험할 때 쓰는 악취 〈목록〉 전체를 갖고 있다.

「그래서 우리는 화장실 악취를 입수했어요.」 돌턴이 트리메틸아민 향기를 풍기는 것을 포크로 찍으면서 말한다. 「그리고 그것을 좀 향기롭게 만들었죠.」 영감을 제공한 것은 하수관이 역류한 뒤에 다급한 어조로 돌턴에게 전화를 건 라스베이거스의 한 호텔 소유주였다. 평소에 쓰던 꽃향기가 나는 세척제를 썼더니 냄새가 더 지독해졌다는 것이다.

마우테는 악취 수프에 첫 향을 과일 향으로 쓴 데에는 다른 이유도 있다고 말한다. 「대부분의 사람들은 처음 냄새를 맡을 때에는 얕게 들이마셔요. 그 첫 향이 기분 좋은 것이라면, 기꺼이 한껏 들이마시려 하죠.」

돌턴이 끼어든다. 「따라서 달콤한 향이 느껴지면, 더 깊이 들이마시면…….」

그들은 소풍을 갔다가 신이 나서 집으로 돌아오는 자매처럼 보인다.

「……더 깊이 들이마시기를 기다리고 있던 황이 쑥 들어오는 겁니다.」

「그리고 일단 코로 들어온 황은 어떻게 되게요? 계속 남아 있어요. 점액에 갇힌 상태로요. 같은 수용체에 계속 재결합하면서요.」

인상적이다. 최고로 지독한 냄새를 풍기는 물질에 창의성이 배어 있다니. 영국의 S액에는 냄새의 발생을 지연시키는 화합물이 포함되어 있었다. 〈냄새가 나기 전에 공작원이 달아날 수 있는 기회를 더 늘리기〉 위해서다.

전쟁을 이런 식으로 이길 수 있다면 얼마나 좋을까. 죽이거나 피해를 입히지 않는 무기를 써서 말이다. 국가의 목표나 대의를 위해 목숨을 바치는 것이 도덕 방정식의 일부가 아니라면, 원자를 쪼개고 장갑을 뚫는 대신에 사기를 꺾는 방향으로 전력을 쏟아 부었을 것이라고 상상할 수 있지 않을까? 악취 수프와 같은 애교 있는 범주에 속한 것이 또 있다. 라이트패터슨 공군 기지의 물질 공학자 밥 크레인이 사막의 폭풍 작전이 진행되고 있는 동안 열린 비살상 무기 브레인스토밍 회의에 참석하여 내놓은 안이다.

크레인은 자신의 착상에 맞는 상황을 제시한다. 적은 공격을 받으면서 버티고 있다. 하루하루가 지나간다. 보급선이 끊긴다. 그들은 굶주리고 외롭고 화가 치민다. 이제 아군이 비밀 무기를 꺼낸다. 향수를 불러일으키는 갓 구운 빵 냄새다. 크레인은 미세 캡슐화 기술의 전문가다. 이 기술은 다양한 분야에 쓰이지만, 긁으면 향기가 나는 스티커를 만드는 데에도 쓰인다. 따라서 가루 형태의 미세한 알갱이에 냄새를 담은 뒤 전투원들이 잠자는 사이에 적 진영에 떨구는 것도 가능하다. 다음 날 그들이 미세 캡슐을 밟고 돌아다닐 때 캡슐이 깨지면서 냄새가 흘러나온다. 너무나 견디기 어렵다. 집이 그리워지고, 어머니가 그리워진다. 그들은 탈영하기로 마음먹는다.

크로커가 약속했듯이, SAC-23은 〈오래도록〉 냄새를 풍겼다. 메릴랜드 연구소의 품질 관리 검사관들이야말로 그 사실을 가장 잘 알았다. OSS는 그들에게 그 물질이 든 약 5센티미터 길이의 납 튜브 한 상자를 보냈다. 보고서에는 이렇게 적혀 있다. 〈담당자는 튜브의 내용물이 뿜어질 때마다 거의 예외 없이 오염되었다.〉

OSS의 존 제프리스 소령은 나름대로 몇 가지 검사를 했다. 그는 사무실에 배달된 튜브 중 12퍼센트가 새고 있었다고 1944년 7월에 언짢은 투로 편지를 썼다. 새지 않은 튜브 10개를 오븐에 넣고 따뜻한 날씨의 창고 온도에 가깝게 가열했더니, 모두 새어 나오기 시작했다. SAC-23가 실제 상황에서 쓸모가 있는지를 평가하기 위해, 제프리스는 인체 모형에게 군복을 입혔다. 튜브 3개 중 하나는 그의 손에 〈역분사되었다〉. 뚜껑을 돌려서 열 때조차도 〈손에 액체가 안 묻도록 하기가 불가능했다〉.

보관과 배송 문제는 악취제 세계에 계속 골칫거리를 안겨 주었다. 베트남 전쟁 때 개발된 것들에는 너무나 문제가 많아서, 개발자들은 이중 배송 시스템도 고려했다. 에폭시 수지의 성분들처럼 두 화합물을 따로 운송하고 보관하다가 필요할 때 섞어서 악취를 만들어 낸다는 것이다. 돌턴은 악취 수프를 시험할 때 잘못 분사되는 바람에 큰 난리가 벌어졌던 이야기를 들려주었다. 돌턴은 악취가 밖으로 새어 나오지 않도록, 실험 대상자들에게 밀폐된 플라스틱 덮개를 머리에 쓰도록 했다. 「생물안전 보호복과 비슷했어요. 그 안이 오염된 환경이라는 점만 빼고요.」 미리 연결한 구부러지는 관을 통해 밀봉된 덮개 안으로 악취제가 섞인 공기를 주입했다. 사흘째에 장치가 고장을 일으켰다. 세심하게 조정된 농도의 기체 형태로 악취 수프를 집어넣어야 하는데, 희석되지 않은 원액이 부글거리면서 주입되었다. 공교롭게도 실험 대상자가 돌턴에게 군 예산을 지원하는 일을 맡은 사람 중 한 명이었다. 실험이 끝나자 덮개를 벗고 뒤통수로 손을 뻗은 그는 머리가 온통 그 액체로 뒤범벅되어 있다는 것을 알았다. 돌턴은 말을 잃었다. 「붕어처럼 계속 입만 뻐끔거렸어요. 아무 말도 나오지 않았어요. 내 연구원이 말하더군요. 〈이런, 여기 올 때부터 이랬어요?〉 그의 탓으로 돌리려고 시도하는 거예요! 〈아마 머리 젤 때문이 아닐까요〉 하는 식이었죠.」 남자는 모넬을 떠나 곧바로 공항으로 갔다. 「그를 위층 동물 사육실로 데려가서 샤워를 시켜야 했는데 말이죠.」

한편, 그 당시에 OSS는 한 가지 더 큰 문제를 안고 있었다. 납 튜브에 결함이 있는데, 개량할 시간이 없었다는 것이다. 누군가 발 빠르게 〈누구, 나?〉를 OSS의 물품 목록에 등록해 버린 것이다. 긴급 통신망을 통해서 보내 달라는 요청이 빗발치고 있었다. 벌써 주문량이 1만 개에 달했다. 「〈누구, 나?〉에 관한 보고서: 작업자의 오염 예방」에는 그 기관이 문제를 해결하기 위해 얼마나 애썼는지 상세히 기록되어 있다. 종이로 손을 감싸면? 너무 얇았다. 천을 덧댄 종이는 더 잘 막아 주었지만, 〈수평 자세에서 한 차례 뿜을 때〉에만 손을 보호했다.

결국 OSS는 고무 보호막을 택했다. 미국 내의 고무 공급량이 부족해서 타이어 배급제를 실시하고 곧 타이어를 모은다는 광고지(〈미국에는 여러분의 고무 조각이 필요합니다〉)까지 뿌려야 하는 상황이었지만 어쩔 수 없었다. 방독면, 구명 뗏목, 지프차 타이어 등 전시의 국가 타이어 수요 목록에 작업자에게 묻지 않게끔 막아 줄 〈누구, 나?〉의 고무 보호막까지 들어가게 되었다.

1944년 가을, 고무 보호막이 딸린 〈누구, 나?〉 튜브 95개가 메릴랜드 연구소로 급송되었다. 튜브는 거친 취급 검사, 가속 노화 검사를 통과했다. 열대 기후 검사와 극지 보관 검사도 통과했다. 거친 취급 및 열대 기후 복합 검사도 통과했다. 검사자의 손이 오염된 사례는 단 한 번이었는데, 〈분사 방향과 정반대로 강풍이 불어서〉였다. 마침내! 1944년 11월 9일에 〈누구, 나?〉가 생산되어 전쟁터로 운송될 준비가 되었다는 최종 검사 보고서가 나왔다. 주문은 연방 연구소가 맡기로 했다. 개당 62.5센트에 9,000개를 주문받았다. 성능이 가장 좋은 후드를 구입하여 설치하는 데 드는 비용을 충분히 뽑을 수 있었다.

이야기는 거기에서 끝이 나야 했다. 하지만 그러지 못했다. 어니스트 크로커는 수지가 남을 정부 계약이 자신의 코 밑에서 몰래 진행되는 것을 알아차리자, 자신의 악취 폭탄을 빼버렸다. 〈《누구, 나?》의 냄새는 동양인을 염두에 둔 것이 아니다.〉 스탠리 러벌의 원래 목표가 중국을 점령한 일본군에게 치욕감을 안겨 주기 위한 것이었다는 점을 독자는 기억할 것이다. 크로커는 새로운 악취제를 개발하겠다고 제안했다. 생산은 다시 지연되었다. 더 많은 검사가 필요해졌다. 납세자가 내는 지폐에 찍힌 인물들은 못 믿겠다고 작은 녹색 머리를 흔들어 댔다.

아서 D. 리틀의 1945년 2월 19일 자, 〈누구, 나?〉 최종 보고서 부록에는 이렇게 적혀 있다. 〈동양인을 진료한 경험이 많은 한 해군 의사와 논의한 끝에, 확실하게 혐오감을 일으킨다고 할 수 있는 악취는 단 두 종류뿐이라는 결론에 도달했다. 스컹크 냄새와 시체 냄새다.《누구, 나?》를 토대로 삼지만, 대변 냄새를 스컹크 냄새로 대체함으로써 우리는《누구, 나?》II를 개발했다. 이 제품은 지독한 냄새를 지니며, 침투성과 지속성이 더 강하다. 일본인에게 요구되는 모든 조건을 충족시킬 것이 확실하다.〉마침내 〈누구, 나?〉 500개와 〈마크 II 오리엔탈 누구, 나?〉 100개가 제조되었다.

하지만 전선으로 보내진 것은 한 병도 없다. 이유는? 국방 연구 위원회가 일본인에게 쓸 지속성과 침투성이 훨씬 더 큰 무기를 개발하고 있었기 때문이다. 〈누구, 나?〉의 두 번째이자 최종 보고서가 나오기 17일 전, 미국은 히로시마에 원자 폭탄을 떨어뜨렸다.

비행기를 15시간 타고 있을 때면 불쾌한 화장실 냄새, 더 나아가 비행기가 얼마나 흔들렸느냐에 따라 누가 토한 냄새까지 대개 알아차리기 마련이다. 하지만 그런 냄새가 머리 위 짐칸에서 날고 있다는 것을 알아차리는 사례는 드물다. 그런데 남아프리카행 비행기를 6시간째 타고 있던 팸 돌턴에게 바로 그런 일이 일어나기 시작했다. 「화장실에 가려고 일어났죠. 그래서 내 코가 바로 그 높이에 있었지요. 그 순간 떠올랐어요. 맙소사, 내 냄새잖아!」

때는 1998년이었다. 돌턴은 미군을 위해, 〈보편적으로 욕먹는 냄새〉, 악취제의 성배를 찾기 위해 불철주야 애쓰고 있었다. 그녀는 그 일과 무관한 다른 연구 과제 때문에 아프리카로 가고 있었는데, 인근 코사족 주민들에게 다양한 악취제를 시험해 볼 요량으로 가져가기로 마음먹었다. 문화적 차이를 한 차례 더 파악할 기회였으니까. 그녀의 가방에는 구토, 하수, 불탄 머리카락, 미 정부 표준 화장실 악취라고 적힌 병들이 들어 있었다. 돌턴은 병을 밀봉하고 비닐봉지 두 겹으로 쌌지만, 객실 내 기압 변화를 생각하지 못했다. 기압이 낮아지자 액체가 팽창하면서 봉인한 파라핀 틈새로 새어 나오고 있었다. 다행히 그 짐칸에는 그녀와 동료의 가방만 들어 있었다. 「나는 그에게 말했죠. 〈짐칸에서 아무것도 꺼내지 마. 비행하는 동안 발치에 있는 것만으로 버텨야 해.〉」 짐칸이 닫혀 있는 한, 냄새는 거의 새어 나오지 않을 터였다. 착륙할 때까지는 말이다. 그런 다음에는? 「내 기지가 발휘되었죠. 나는 비행기 문이 열린 뒤에야 짐칸 문을 열었어요. 사람들이 바깥에서 악취가 들어온다고 욕할 것이라고 생각했죠.」

코사족 사람들에게 시험하기에 앞서, 돌턴은 이미 아시아인, 히스패닉, 아프리카계 미국인, 백인에게 동일한 냄새들을 시험해 보았다. 승자는? 미 정부 표준 화장실 악취였다. 〈사람들은 그 냄새를 싫어했어요. 정말, 정말 혐오했고, 위험하다고 생각했어요.〉 어니스트 크로커는 일본인을 잘못 생각했다. 일본인, 한국인, 중국인, 대만인 등 돌턴이 시험한 아시아인 중 88퍼센트 ─ 모든 인종 집단 중에 가장 높은 비율 ─ 는 그 냄새가 〈역겹다〉고 했다. 그 냄새는 5대 인종 집단 모두에서 냄새 기피 등급Odor Repellency Ranking의 상위에 놓였다. 대체로 모두가 그 냄새를 싫어했다. 유달리 호방한 한 명만이 예외였는데, 그는 미 정부 표준 화장실 악취가 〈몸에 뿌릴 만한〉 향수라고 판단했다.

돌턴이 병에 담은 다른 고약한 냄새들은 보편성이라는 작업 기준에 한참 미달했다. 하수 냄새도 미흡했다. 히스패닉 중 14퍼센트는 그 냄새를 맡으면 기분이 좋아진다고 했다. 백인, 아시아인, 남아프리카 흑인 중 약 20퍼센트는 그 냄새를 음식 냄새로 여겼다. 구토 냄새도 마찬가지로 시원찮았다. 코사족 실험 대상자 중 27퍼센트는 그 냄새를 기분 좋은 냄새라고 했고, 백인 중 3퍼센트는 기꺼이 향수로 몸에 뿌리겠다고 답했다.[4]

내가 방문했을 당시 모넬의 연구소장이자 돌턴의 동료인 게리 뷰챔프는 예전에 불탄 머리카락 — 사람의 살을 태울 수 없으니 그 대용품인 — 에 큰 기대를 걸고 있었다. 그는 모든 문화에서 그 냄새를 싫어할 것이라고 확신했다. 어떤 학살 행위가 이루어진 현장에서 풍겨 오는 냄새를 맡고 지낸 적이 있었기에 그런 깨달음을 얻었던 것일까? 「그런 일은 없었어요.」 돌턴이 말했다. 「손가락 피부가 벗겨지곤 했는데, 그걸 동료 연구자들의 전구에 올려놓는 장난을 치곤 했대요.」 전구를 켜면, 벗겨낸 피부가 가열되면서 냄새를 풍기기 시작할 것이다. 「나는 말했죠. 오호, 네게 내가 모르던 측면이 있었군.」

구토 냄새나 미 정부 표준 화장실 악취 — 기성품으로 나와 있는 악취들 — 와 달리, 불탄 살/머리카락 냄새는 즉석에서 만들어 내야 했다. 돌턴은 잘 아는 미용사를 설득해서 미용실 바닥에 쌓인 머리카락들을 담아 달라고 했다. 그녀는 그 머리카락을 연구실로 가져와서 열분해 처리를 했다. 열분해란 전구에 누군가의 머리카락을 올려놓는 행

---

4 이것이 IFF(International Flavors and Fragrances) 회사가 구토 향수를 개발한 이유는 아니다. 그들은 그 제품을 다이어트 보조제로 팔겠다는 한 회사의 요청을 받아서 그 향수를 개발했다. 그 향수가 든 분무기를 쓰면, 냉장고를 열 때 구토 냄새가 나서 먹기를 포기할 것이다. 하지만 이 제품은 생산되지 못했다. 시험 단계에서 대상자 중 일부, 특히 배가 고픈 사람들이 그 냄새를 좋다고 느꼈기 때문이다. 그들은 마치 간식을 접하듯이, 그 냄새를 맡고 싶어 했다.

위의 연구실 버전이라고 보면 된다. 거기에 광물유를 섞어서 증기를 포집한다. 실험 대상자가 맡는 것은 바로 그 증기다. 돌턴의 백인 실험 대상자 중 42퍼센트는 불탄 머리카락 냄새가 음식 냄새라고 생각했다. 코사족 실험 대상자 중 6퍼센트는 그 냄새를 향수로 뿌리겠다고 답했다.

군 야전 변소의 냄새를 먹거나 뿌리거나 가까이 하고 싶을 사람은 아무도 없을 것 같다. 표준 화장실 악취를 악취 수프의 출발점으로 삼은 이유가 바로 그것이다. 그 냄새가 그 뒤로 어떻게 오랜 세월 국가에 봉사하게 된 것일까? 돌턴은 어깨를 으쓱한다. 「나는 그저 제조법을 주었을 뿐이죠. 그것으로 그들이 뭘 했는지는 전혀 아는 바 없어요.」

모넬 센터를 방문한다면, 〈냄새 기부자〉가 되라는 압박을 받을 가능성이 농후하다. 누군가가 와서 당신이 내뱉는 숨을 채집하거나, 당신의 귀지 냄새를 맡거나, 겨드랑이에서 배어나오는 기체를 모으고 싶어 할 것이다. 또 당신이 기증한 몸 향내가 미 국방부가 지원하는 연구에 쓰일 가능성도 꽤 있다. 최근에 군은 스트레스의 냄새에 관심을 보여 왔다. 스트레스를 받을 때 개인별 차이가 없는 고유의 냄새가 풍긴다면, 향수와 담배 연기와 어젯밤의 마늘 튀김 냄새가 뒤섞인 가운데에서 그 냄새를 포착할 감지기를 만들 수 있을 것이고, 그러면 일종의 몸 냄새 프로파일링이 가능해질 것이다. 감지기를 공항 검색대에 설치하여 테러 용의자를 찾아낼 수도 있을 것이다. 비록 폭파범과 초조해하는 비행기 승객을 구별하려면 신중을 기해야 하겠지만.

몸 냄새는 압박을 심하게 느끼면서 위험한 일을 하는 사람의 스트레스 수준을 지켜보는 데 사용될 수도 있다. 화학 감지기는 이른바 스마트 군복에 장착할 수도 있다. 숨에서도 스트레스 화합물을 신뢰할 만한 수준으로 검출할 수 있게 된다면, 헬멧의 입마개에도 감지기를 붙일 수 있을 것이다. 「공군을 위해 예비 조사를 하고 있어요.」 마우테가 말했다. 파일럿을 위한 파일럿 연구pilot pilot study다.

스트레스 냄새 연구의 목표는 제때 적절히 개입을 하는 것이다. 안전하게 임무를 완수할 능력을 방해할 만큼 스트레스 수준이 높아진다면, 무선을 통해 상관에게 경고가 뜰 수도 있다. 당신의 몸 냄새가 소리 없이 당신의 상태를 알려 준다. 아니면 일종의 자동 개입 — 이를테면, 장비의 작동 정지 — 이 촉발되도록 할 수도 있다.

나는 앞서 스트레스 냄새를 기부한 바 있다. 마우테는 내 겨드랑이에 거즈 패드를 끼운 뒤, 시간을 잴 테니 200부터 13까지 거꾸로 세라고 했다. 틀리면 처음부터 다시 세야 했다. 어느 시점에는 유튜브에 동영상을 올리겠다고 협박했다. 그런 뒤 족집게로 겨드랑이에서 거즈를 빼내어 마치 별난 망사 날개가 달린 곤충인 양 유리병에 넣었다. 마우테는 냄새를 킁킁 맡더니, 〈놀라우리 만치 신선한 몸 냄새〉라고 선언했다.[5] 살다 보면, 칭찬이 솔기 하나 없이 너무나 매끄럽게 모욕과 이어져 있어서, 어떻게 반응해야 할지 모를 상황을 종종 겪는다. 모넬에서는 몸 냄새를 전혀 창피하다고 여기지 않는 듯하다. 더 나아가 존경을 받는 일도 있을 듯하다. 마우테가 한 동료를 〈몸 냄새를 생산하는 능력

5 대도시에서 자란 내 의붓딸 피비는 어릴 때 〈퀴퀴한 오줌 같은 몸 냄새〉를 호보피(hobo pee, 노숙자 오줌)라고 불렀다. 모넬 화학 감각 센터의 몸 냄새 전문가 크리스 마우테는 〈노숙자 오줌〉이 세균 활동으로 왕성하게 분해되고 있는 땀과 피부 기름 냄새일 것이라고 추정한다. 〈몸 냄새의 김치판〉이다.

면에서 최고의 기증자〉라고 말했을 때, 일종의 존경을 드러낸 듯이 비쳤다. 나중에야 나는 그가 동료의 이름을 말하지 않았다는 사실을 깨달았다.

사람의 식은땀, 즉 감정 변화에 맞추어서 겨드랑이의 아포크린샘에서 나오는 분비물을 가리키는 모넬의 냄새 용어는 〈양파-마늘-샌드위치〉다. 아마 다른 동물들의 스트레스 냄새를 가리키는 용어도 있겠지만, 그 동물들에게, 또는 그 동물들을 사냥하거나 괴롭히는 동물들에게 물어야 할 듯하다. 예를 들어, 스트레스를 받는 참바리가 어떤 냄새를 풍기는지 알고 싶다면, 상어에게 물을 수 있다. 아니면 미 해군에 묻거나.

GRUNT

11장

옛 친구
상어 기피제를 시험하는 방법

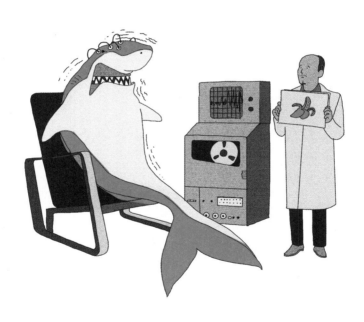

사람에게는 무해하지만 다른 동물들에게 유독한 화학 물질을 사려고 한다면, 농업 쪽 사람을 만나야 할 것이다. 좋은 살충제 ─ 그런 것이 있다고 말할 수 있다면 ─ 는 두 가지 특성을 조합한 것이다. 살충제인 로테논rotenone은 1942년 미 농무부가 미 해군 11사령부에 보낸 편지의 주제였다. 편지에는 로테논이 살충 효과 외에 어류에게 강력한 독이라고 적혀 있었다. 사람에게는 미미한 독성을 일으키는 농도로 물에 넣으면, 〈금붕어는 기절한다〉.

좋은 정보였다. 해군이 상어에게 쓸 만한 것이 있냐고 물었다는 점을 빼면 말이다. 제2차 세계 대전은 미군 역사상 열대 해역과 그 상공에서 전투를 벌인 최초의 사례이기도 했다. 그리고 그때부터 침몰하는 배나 추락하는 비행기에서 탈출했다가 공격을 받고 잡아먹힌 이야기가 해군과 공군에 떠돌기 시작했다(제1차 세계 대전 때는 병사들이 북대서양에서 부상을 입었고, 그 차가운 물에는 그들을 잡아먹을 존재가 없었다). 그중 한 이야기가 당시 필드 자연사 박물관에 있던 헨리 필드의 귀에도 흘러들었다. 당시 필드는 〈대통령의 인류학자〉라는 직함을 지니고 있었고, OSS — 안녕, 다시 보니 반갑네! — 에서도 한 자리를 차지하고 있었다.

그 이야기에 따르면, 1941년 6월 에콰도르 해군 소속 비행기 한 대가 연료가 떨어져서 태평양에 추락했다고 한다. 사건의 공식 보고서에는 비행 장교가 얼마나 〈필사적이고 겁에 질린〉 상태였는지가 자세히 묘사되어 있다. 헨리 필드도 그 이야기를 듣거나 보고서를 읽은 듯하다. 달빛이 환한 밤이었다. 비행 장교는 구명조끼를 입고 있었고, 익사한 대령의 시신을 밀면서 헤엄치고 있었다. 그때 앞에서 상어들이 물을 가르며 다가오기 시작했다. 〈한순간 나는 상어들이 시신을 가져가려 한다고 느꼈다. 상어가 시신의 발을 잡아당겼고, 내가 필사적으로 꽉 움켜쥐고 있었기에 우리는 함께 질질 끌려갔다. 그러다가 잡아당기는 힘이 사라졌다.〉 여기서 나는 겁에 질린 주인공보다 그 보고서의 번역자에게 더 흥미를 느꼈다고 고백하련다. 〈다시 떠오른 뒤, 나는 다급하게 그의 다리를 만져 보았다. 그런데 다리의 일부가 사라지고 없었다.〉 비행 장교는 일부만 남은 시신을 포기하고 홀로 해안을 향해 계속 헤엄쳤다. 〈다양한 상어들이 그 뒤를 따랐다.〉

헨리 필드는 자신의 회고록에서 이렇게 회상한다. 〈나는 밤마다 그들…… 그리고 그들의 주변에서 물을 가르고 있는 상어들을 생각했다.〉 대통령의 인류학자로서, 그는 프랭클린 델러노 루스벨트에게 전했다. 비록 인류학이 아니라 어류학 문제 같았지만 말이다. 〈나는 대통령에게 상어 기피제를 개발하자는 제안서를 썼다.〉

대통령의 재가를 받아서, 필드는 동료 박물관 큐레이터인 해럴드 J.

쿨리지를 만났다. 쿨리지도 OSS에 적을 두고 있었다. 쿨리지는 영장류학자였지만 — 그가 콩고에서 채집한 (총으로 잡은) 거대한 고릴라는 지금도 하버드 비교 동물학 박물관에 전시되어 있다 — 상어 과제를 총괄하자는 말에 동의했다. 우리는 정보기관에서 봉급을 받는 고릴라 전문가가 자신의 존재 가치에 얼마간 회의감을 품고 있었으리라고 충분히 상상할 수 있다. 그런데 마침내 일거리가 그의 집 문턱까지는 아니더라도 집 앞 골목길까지 온 셈이었다. 쿨리지는 또 다른 동료 큐레이터인 W. 더글러스 버든을 수석 조사관으로 임명했다. 버든은 코모도왕도마뱀 전문가였고, 그에 관한 책도 쓴 바 있었다. 하지만 그 역시 상어에 관해서는 아는 것이 거의 없었다.

OSS는 실제 상어를 잘 아는 사람을 찾다가, 대학 중퇴자인 스튜어트 스프링어를 발견했다. 그의 이력서에는 어부 경력과 인디애나폴리스 활성 슬러지 시설에서 화학 기술자로 일한 경력도 들어 있었다. 1942년 당시에는 상어의 행동과 생물학을 연구하는 전문가가 아무도 없었다. 사실 상어에 관해 좀 안다고 할 사람조차도 없었다. 그러니 상어를 낚아 본 경험과 슬러지 화학의 조합이야말로 사실상 그 일에 이상적인 경력이라고 할 수 있었다. 스프링어 〈박사〉 — OSS의 몇몇 서신에 그렇게 적혀 있다 — 는 그야말로 딱 맞는 인물이었다.

미 해군은 연구비를 지원하기로 했다. 비록 고위 인사 중 한 명이 해군 중에서 상어에게 피해를 입었다고 증언한 공식 기록이 한 건도 없다는 사실을 지적하긴 했지만 말이다. 그들이 걱정한 것은 군의 사기였다. 근거가 있든 없든 간에, 상어가 무섭다는 이유로 비행기를 타려는 병사들이 줄어들고 있었으니까. 스튜어트 스프링어는 그 터무니없는 역설을 이렇게 표현했다. 〈조국을 위해 목숨을 바칠 준비는 되었지만, 조국을 위해 잡아먹힐 준비가 되었느냐는 다른 문제다.〉적어도 기피제는 더글러스 버튼이 〈분홍 알약〉이라고 말하는 역할을 할 터였다. 상어를 겁내는 비행사를 위한 심리 치료제 역할이었다. 1942년 7월 3일, OSS 과학 연구 개발국 사업 계획 374, 계약 번호 OEMcmr-184의 연구비 지원 승인이 났다. 〈구명띠를 맨 채 떠다니는 사람들을 상어, 꼬치고기, 해파리로부터 보호할 수단을 개발하기 위한〉3개월간의 조사였다.[1] (기록물로 보관된 사업 계획 374의 300쪽이 넘는 서신들 중에서, 꼬치고기는 지나가듯이 단 두 번 언급되어 있었다. 내가 아는 한, 그렇게 떠다닐 때 해파리가 주변을 맴돌았다고 말한 사람은 아무도 없었다.)

연구실 내의 작업은 주로 우즈홀 해양 연구소에서 이루어졌다. 그곳에는 돔발상어라는 상어들을 포획해서 기르고 있었다. 돔발상어는 크기와 기질이 백상아리와 금붕어의 중간 어디쯤이다. 로테논은 연구진이 시험한 첫 번째 물질 중 하나였다. 「아무런 효과도 없었습니다.」버튼은 쿨리지에게 보고했다. 「치사량을 풀어도 먹는 행동에 아무런 변화가 없었어요.」그 상어는 죽게 되었지만, 우리보다 먼저는 아니었다. 금붕어가 국가 안보에 위협이 되는 날이 오기 전까지, 로테논은 USDA

1 두 달 뒤, 미국 정보 사령부의 책임자가 해럴드 쿨리지에게 그 목록에 피라냐도 추가하라고 촉구하는 편지를 썼다. 미국 정보 사령부는 피라냐에 관한 더 나은 정보를 원했다. 한참 세월이 흐른 뒤, 자연 다큐멘터리 제작자인 울프강 베이어는 피에 굶주린 피라냐 떼가 카피바라를 게걸스럽게 먹어치우는 장면을 찍기 위해 아마존 강으로 출장 갔던 때의 이야기를 내게 들려주었다. 베이어는 피라냐 떼를 가두기 위해 강에 그물을 쳤다. 그리고 카피바라 한 마리를 생포하여 강으로 내몰았다. 아무 일도 일어나지 않았다. 그는 피라냐 떼를 굶겨 보았다. 역시나 마찬가지였다. 결국 그는 빈손으로 돌아왔다.

의 무기고 안에 잠자고 있을 것이다.

79종류의 물질이 검사를 통과하지 못했다. 자극성 물질도 먹히지 않았다. 〈역겨운 냄새〉도 먹히지 않았다. 정향유, 바닐린, 파인유, 크레오소트, 니코틴도 마찬가지였다. 연구진은 좀약, 아스파라거스, 말 오줌과 관련된 화합물들도 써보았다. 상어는 모두 무시했다. 첫 번째 중요한 단서는 상어잡이 어부들에게 전해지는 민간 지식에서 튀어나왔다. 스프링어는 미끼에 걸린 채 죽은 상어를 그냥 방치하면 그 해역의 상어 낚시는 끝장이 날 것이라는 말을 들었다. 연구진은 당장 조사하러 나섰다. 그들은 플로리다의 한 〈외딴〉 집을 월세 10달러에 빌렸다. 그리고 추측컨대 청소 보증금을 결코 돌려받지 못했을 가능성이 농후했다. 그들은 그곳에서 상어 근육 조직 덩어리를 상온에서 4~5일 방치했다. 그런 뒤 썩은 살을 갈아서 알코올을 넣고 잘 섞은 뒤, 그 상어즙을 걸러서 추출물을 얻었다.

그 뒤로 43차례의 실험을 한 끝에, 스프링어는 〈이 고기에 상어를 몹시 기피하게 만드는 어떤 물질이 들어 있다고 긍정적으로 말하는〉 것이 가능하다고 전함으로써, 버튼을 감격시켰다. 기피값이 88.4퍼센트였다! 90~100퍼센트는 효과가 있다는 의미였다! 계약 번호 OEMcmr-184의 격월간 진행 보고서에 스프링어는 이렇게 썼다. 〈구멍띠를 매고 피 한 양동이를 뿌린 채 그 효과를 기꺼이 시험해 볼 만큼 그 농축액이 효과가 있음을 매우 확신한다.〉

진행 일정상으로는 야생 상어를 상대로 썩은 고기 농축액을 시험하는 탐사를 떠나는 것이 다음 단계였지만, 스프링어와 버튼은 OSS에 즉시 제품 생산을 시작하라고 촉구했다. 스프링어는 쿨리지에게 이렇게 썼다. 〈정말로 지금 뭔가를 손에 쥐고 있다면…… 현장 시험은 좋은 물질을 이용할 시기를 6개월 지연시킬 겁니다. 그리고 만일 그 6개월 사이에…… 이 물질로 보호했을지 모를 어떤 가여운 누군가에게 안 좋은 일이 벌어질지도 모르죠.〉 때마침 스프링어는 이 농축액을 곧바로 생산할 수 있을 만한 업체를 알고 있었다. 샤크 인더스트리스는 상어 가죽과 기름을 공급하는 플로리다의 회사였다. 그리고 비린내를 풍기는 일거리로 말하자면, 예전에 스프링어가 일하던 곳이기도 했다. 스프링어는 그 회사가 월간 2~5천 벌의 구명조끼에 장착할 상어 추출물을 충분히 생산할 수 있을 것이라고 확신했다. 스프링어의 생각이 실현되었다면, 그 계획 전체가 곧 무의미해졌을 것이다. 물리칠 상어가 한 마리도 남아 있지 않을 테니까.

OSS는 덥석 받아 물지 않았다. 농축액으로 일을 더 진행하기보다는 활성 성분을 분리하는 일을 시도하기를 원했다. 주문할 때 값싸게 합성할 수 있는, 따라서 비용을 절약하고 상어 사체를 대량으로 난도질할 필요도 없는 화합물을 말이다. 그들은 화학자 세 명을 고용했고, 화학자들은 곧 유망한 후보를 찾아냈다. 아세트산 암모늄이었다. 곧 그 화합물과 더불어 앞서 유망하다고 드러난 다른 두 화합물(황산 구리와 말레산), 그리고 맥베스의 한 장면처럼 들리는 〈썩어 가는 상어 고기 추출액〉약 14킬로그램을 에콰도르로 보냈다. 우리의 이야기가 시작된 바로 그 해역에서 〈수면 근처에서 게걸스럽게 먹어 대는 상어들〉에게 시험하기 위해서였다. 숙소를 확보하고, 배와 안내인을 구했다. 3주 뒤 버튼은 침울한 전보를 보냈다. 〈에콰도르 앞바다는 거의 텅 빈 상태임.〉

OSS의 깊숙한 어딘가에서 해럴드 쿨리지가 답신을 했다. 〈페루에서 해볼 것.〉 그는 이렇게 썼다. 〈실망하지 말게. 상어 사냥은 호랑이 사냥과 별다르지 않아. 프랑스령 인도차이나 곳곳에 호랑이가 얼마나 많은지 기억해 봐. 그런데 막상 한 마리를 잡으려고 하면 2~3주는 지나야 한 마리가 보이잖나.〉 이런 편지들을 훑고 있자면, 자연사 연구자란 과학이라는 미명하에 멀리 수렵과 낚시를 하러 떠나는 탐험대에 끈끈한 유대를 바탕으로 자금을 지원하는 신사들과 다름없지 않나 하는 생각이 들 것이다. 더글러스 버든의 회고록 제목은 그 직업을 멋지게 요약해 놓았다. 『여러 땅에서의 사냥Hunting in Many Lands』이다.

탐사대는 이윽고 에콰도르의 과야킬 연안에서 상어 몇 마리를 찾아냈다. 그런데 더욱 실망스러운 말이 뒤따랐다. 어느 것도 먹히지 않았다. 그들은 아세트산 암모늄과 황산 구리를 결합하여 시도해 보았다. 그 화합물(아세트산 구리)은 효과가 있어 보였다. 불행히도 천천히 녹는 케이크[생일 케이크가 아니라 소변기의 탈취제(영어로 케이크라고도 함 — 옮긴이)를 생각하시라] 형태의 1~1.5킬로그램쯤 되는 그 화합물이 사람을 보호하려면 꼬박 하루쯤 걸릴 것이다. 즉 쓸 수가 없을 것이다. 해군은 소량을 담아 밀봉하여 구명띠에 끼울 수 있을 만큼 작고 가벼운 — 기껏해야 170그램 정도인 — 것을 원했다. 구명조끼의 전신인 구명띠는 늘 허리에 차고 있다가 위급할 때 팽창시킬 수 있는 고무관이었다. 군복의 다른 부위들과 마찬가지로, 그 띠도 닳고 찢기고 하면서 여기저기 구멍이 나곤 했다. 새는 구명띠로도 모자라서 효과가 의심스러운 상어 기피제라는 1.5킬로그램짜리 닻을 안겨 주겠다니, 말 다했다.

해군은 인내심을 잃어 가고 있었다. 그동안 10만 달러 ─ 지금 화폐 가치로는 150만 달러 ─ 나 들어갔지만, 실용적이고 효과적인 상어 기피제에 1년 전보다 한 발짝도 더 다가가지 못한 상태였다. OSS는 밀려났고, 해군 연구국과 해군 연구소NRL가 그 계획을 떠맡았다. 해군이 첫 번째로 한 일은 현장 시험을 더 현실에 가깝게 만드는 것이었다. 스프링어와 버든은 숭어 토막을 구멍띠를 찬 사람의 대역으로 삼아서 홀로 방랑하는 표본 ─ 〈우연히 찾아든 상어〉 ─ 를 꾀어 왔다. 해군 연구소는 배나 비행기가 물에 빠졌을 때의 혼란스러운 상황과 〈미친 듯이 날뛰는 엄청난 상어 떼〉라는 매혹적이면서 영감을 줄 만한 시나리오에 더 가까운 것을 원했다. 이른바 미친 듯이 먹어치운다는 것은 후각이 뒤로 물러나고 〈군중 충동〉이 전면으로 등장하는 마음 상태라고 추정되었다. 1943년 8월, 미시시피 주 빌록시에서 한 새우 저인망 어선에 아세트산 구리가 실렸다. 〈내버리는 잡어〉, 즉 새우가 아니라는 이유로 배 뒤편으로 마구 내던져지면서 몸부림치는 물고기들을 보호할 수 있는지 시험하기 위해서였다. 어떻게 되었을까? 잡어 한 양동이에 2.2~2.7킬로그램의 아세트산 구리를 섞었는데도 배 뒤를 따라오는 흥분해 날뛰는 상어들을 〈결코〉 막지 못했다. 〈상어들은 주춤하는 기색조차 없었다.〉

사업 계획 374가 받을 마지막 모욕은 해군 대령 H. 데이비드 볼드리지 주니어가 쓴 논문이라는 형태로 가해지게 된다. 〈수중 약물에 노출시켜서 공격하는 상어를 무력화하는 것이 실현 불가능하다는 분석적 지표〉라는 제목이었다. 볼드리지는 다가오는 상어의 속도 대 상어를 퇴치하는 데 필요한 물질의 농도 및 희석 속도를 그래프에 표시함으로써, 〈포식자 상어의 행동을 억제하는 접근법으로서는 전혀 합당해 보이지 않을〉 만큼 대량의 약물이 필요하리라는 것을 보여 주었다. 버튼의 한 동료는 이렇게 표현했다. 〈드넓은 대양에 액체 500밀리리터를 부어 보았자 아무 소용없다.〉

그다음에 해군 연구자들은 문어에게서 착안하여 새까만 색소 구름을 써서 병사를 잠재적인 포식자로부터 숨길 방안을 살펴보았다. 동일한 〈군중 심리〉 조건에서, 모든 포식 활동은 중단되었다가 색소가 더 이상 먹이를 숨기지 못하는 시점까지 희석되자 재개되었다. 즉시 생산이 시작되었다. 이 샤크체이서(Shark Chaser, 상어 퇴치제)의 활성 성분은 검은 색소 80퍼센트에 분홍 알약 20퍼센트였다. 분홍 알약은 가짜긴 해도 어느 정도 마음의 평화를 주기 위해 첨가한 소량의 아세트산 구리였다.[2] 1945년부터 베트남 전쟁 때까지 줄곧 샤크체이서는 군 함선과 항공기의 구명정, 구명조끼, 구명 뗏목에 비상 생존 물품으로 비치되었다. 머큐리 호 우주 비행사의 착륙 후 생존 장비에도 샤크체이서가 포함되어 있었다.

이 모든 일이 진행되는 내내, 해군 고위층에서는 회의적인 사람들도 있었다. 해군 의료국 국장인 로스 T. 매킨타이어 소장은 포장지에 굵

2 줄리아 차일드(Julia Child, 미국의 요리 연구가 — 옮긴이)의 첫 번째 요리법이 상어 기피제용이었다는 이야기를 들어본 적이 있는지? 그녀의 OSS 근무 서류에는 그녀가 1944년 응급 구조 장비국에서 상어 기피제 계획의 책임자인 해럴드 쿨리지를 위해 일했다는 사실이 나와 있다. 하지만 그녀의 직책은 주임이었고, 그녀의 이름은 OSS 상어 서류 어디에도 나오지 않는다. 차일드도 샤크체이서의 요리법을 자신이 내놓았다는 주장을 결코 한 적이 없지만, 그 요리법에 따라 〈욕조에서〉 그저 성분들을 섞었다고 말했다. 이 말은 좀 이상해 보인다. 다른 기피제 시제품들은 어느 것도 OSS 본부에서 제조되거나 시험한 적이 없기 때문이다. 그래서 나는 궁금해진다. 그녀가 샤크체이서를 고안했을까? 아니면 그냥 꾸며 낸 이야기일까?

은 대문자로 찍힌 샤크체이서라는 글자가 그것을 보기 직전까지 탈수, 굶주림, 익사, 열기, 추위 같은 해양 생존의 진정한 위협들에 몰두하고 있던 마음에 공포의 씨앗을 뿌림으로써, 사실상 사기를 높이기보다는 떨어뜨릴 수 있다는 지극히 타당한 문제를 지적했다. 매킨타이어의 말을 빌리자면, 상어가 해군 병사에게 가하는 〈위협이 무시할 수 있는〉 수준이라는 점을 고려할 때 더욱 그렇다.

얼마나 무시할 수 있는 수준일까? 다양한 견해가 나와 있지만, 진행 과정의 어느 시점에 남태평양 함대 사령관은 모든 해군 기지와 병원선에 〈상어의 공격으로 부상을 입은 진정한 사례〉가 있으면 알려 달라는 통신문을 보냈다. 취합해 보니, 단 두 건이었다(한 건이 더 있었는데, 나중에 〈곰치〉에게 물린 것으로 판명났다). OSS는 정보기관의 전통적인 방식으로 대응했다. 그 보고서를 없애 버렸다. 〈요청하신 대로, 상어의 공격에 관한 보고서는 파기되었습니다.〉 1943년 12월 한 직원이 해럴드 쿨리지에게 보낸 부서 간 쪽지에 적힌 내용이다.

그것은 OSS에게 또 하나의 악취 폭탄이었다. 그들은 단 한 사람의 경험과 또 한 사람의 정치적 인맥을 토대로 상어 기피제를 개발하는 일을 시작했다. 그 필요성을 뒷받침할 확실한 자료 따위는 전혀 없이 말이다. 에콰도르 사건 ─ 이 모든 일의 원동력 ─ 을 되짚어 본다면, 그 사건이 사실 상어의 위험이나 흉포함을 증언하는 것이 아님이 드러난다. 굳이 따지자면, 오히려 상어의 무관심이나 소심함을 증언하는 것이라고 할 수 있다. 비행 장교는 구명조끼를 입은 채 31시간을 떠다녔지만, 거의 해안까지 그를 졸졸 따라오던 상어 수행원들에게 이빨 자국 하나 나지 않은 채 해변으로 올라왔으니까.

사기를 유지하고 싶다면, 안심시켜 주는 이런 사실들과 통계 자료를 널리 알리는 편이 더 낫지 않을까? 매킨타이어는 이렇게 썼다. 〈만들어 낼 수 있는 그 어떤 기피제보다도 두려움을 덜어 주는 올바른 정보야말로 더 보편적인 효과가 있을 것이다.〉 해군은 1944년부터 바로 그런 일을 해왔다. 해군 비행 훈련 사단은 모든 비행사 후보생들에게 『상어 이해*Shark Sense*』라는 소책자를 나눠 주었다. 움츠리고 땀 흘리고 도망치는(〈상어 살려!〉) 상어의 모습을 담은 만화와 함께 위안이 되는 사실들이 22쪽에 걸쳐 실려 있다.

그리고 그 내용은 진실임이 입증되었다. 제2차 세계 대전 때 바다에 추락했다가 살아난 비행사 2,500명의 증언을 검토하니, 상어를 보았다는 사람은 38명에 불과했고, 그중에 상어에 물려서 다치거나 사망한 사람은 12명뿐이었다.

안심시키는 용도였음에도, 『상어 이해』는 바다에서 재난의 아수라장 속을 떠다니는 사람의 마음에 떠오를 가장 시급한 질문들에는 답하지 않았다. 드넓은 바닷물에 사람의 피가 한 방울만 떨어져도 상어가 냄새를 맡을 수 있다는 말이 사실일까? 상어는 소음을 듣고서 호기심이 발동할까, 아니면 겁이 나서 달아날까? 사람의 몸 움직임은? 헤엄치던 그 에콰도르인의 사례처럼 마구 철퍼덕거리면 상어가 겁을 먹고 달아난다는 말이 있지만, 반대로 상어의 관심을 불러일으킨다는 주장도 있었다. 실제로 어떠한지는 아무도 몰랐다.

1958년, 해군 연구국 생물학 분과의 책임자인 시드니 R 갤러는 답을 찾기로 결심했다. 그는 상어 연구단에 예산을 지원하고, 상어 공격 파일Shark Attack File의 구축을 도왔다. 전 세계의 상어 공격 사례들을 모은 데이터베이스인데, 국제 상어 공격 파일이라는 이름으로 지금까지도 이어오고 있다. 데이비드 볼드리지가 상어 공격 파일의 9년치 자료를 통계 분석한 결과 — 2013년 미국 수산청 간행물에 실린 논문을 인용하자면 — 에는 〈상어의 공격에 관해 현재 우리가 알고 있는 것의 대부분〉이 담겨 있었다. 나머지 지식은 대부분 1950년대에 해군 연구국의 지원하에 이루어진 상어의 포식, 후각, 섭식 행동에 관한 연구들로부터 나왔다. 볼드리지는 『수산업 리뷰*Marine Fisheries Review*』에 상어 연구의 역사를 추적한 글을 실은 저자에게 이렇게 말했다. 〈상어 연구에 도움이 될 만한 생각이 떠오르면, 모두 시드에게 갔어요.〉

앨버트 L. 테스터는 시드에게 갔다. 좋은 생각이 떠올랐기 때문이다. 그의 집 앞 바다에는 상어 3종이 살았고, 그에게는 실험에 쓸 길이 15미터의 해수조가 두 개 있었다. 테스터는 마셜 제도의 에니웨톡 해양 생물학 연구소에서 일했다. (에니웨톡은 비키니 섬[3]과 더불어 미군이 핵폭탄 실험을 한 환초 중 한 곳이었다. 그 연구소는 방사성 낙진이 해양 생물에게 어떤 영향을 미치는지 자료를 수집했다. 그리고 그 뒤로 수십 년에 걸친 부고 기사를 추적한다면, 낙진이 에니웨톡 직원들에게 미친 영향에 관한 자료도 수집할 수 있을 것이다.) 테스터는 상어

3 상하의가 분리된 수영복을 개발한 루이 레아르는 폭발적인 반응이 일어나기를 바라는 마음에 〈비키니bikini〉라는 이름을 붙였다. 그 뒤로 오랜 세월에 걸쳐 〈비bi〉가 접두어인 줄 착각한 이들이 여럿 등장했다. 모노키니monokini, 탠키니tankini, 트리키니trikini의 개발자도 거기에 포함된다. 그들은 비키니가 마셜 제도 주민들의 언어로 〈두 조각〉을 뜻한다고 잘못 생각했다. 사실은 〈코코넛이 있는 곳〉이라는 뜻이다. 그러고 보면, 뜻하지는 않았지만 절묘하게 딱 들어맞는 용어 같기도 하다.

가 구체적으로 무엇을 통해 먹이를 찾아내는지를 알아내는 연구를 시작했다. 상어는 주로 눈이나 코를 써서 사냥을 하는 것일까? 냄새라면, 어떤 냄새일까? 누구의 냄새일까? 상어를 내쫓는 것이 합리적인 대안이 아니라면, 해군이나 공군의 병사는 애초에 상어의 관심을 끌지 않도록 하는 것이 최선이 아닐까?

희소식부터 꺼내기로 하자. 사람의 오줌에는 상어가 꾀지 않는다. 테스터의 수조에서 흑단상어blacktip shark는 사람의 오줌을 찻숟가락의 절반쯤 되는 양부터 3분의 1컵에 해당하는 양까지 물에 풀었어도 전혀 관심을 보이지 않았다. 상어들은 흥분하지도 물러나지도 않았다. 빨리 몸을 돌린, 즉 〈선회한〉 것을 볼 때, 그 물질이 있음을 알아차린 것은 분명하다. 나는 그것이, 눈썹을 찌푸리지도 어깨를 으쓱하지도 않았지만, 수영장에 누가 오줌을 쌌음을 눈치 챘다는 표시가 아닐까 추측해 본다.

마찬가지로 상어는 사람의 땀에도 별 관심이 없다. 당시 이른바 상어 집은 무척 덥고 습했기에, 테스터와 그의 대학원생들은 서로의 몸을 스펀지로 닦아 냄으로써 얼마든지 땀을 모을 수 있었다. 그 스펀지를 바닷물이 담긴 양동이에 짠 다음 그 물을 조용히 상어 수조로 흘려 넣으면 되었다. 대개 상어들, 그리고 상어를 비난할 수 있는 사람들은 상냥하게 물러난다. 상어들은 앨버트 L. 테스터의 땀을 유달리 기피했다. 1백만 분의 1(1ppm)로 희석했을 때에도 한 흑단상어는 머리를 흔들면서 〈그곳에서 재빨리 멀어져 갔다〉.

전신에서 나는 땀 — 에크린샘에서 나오는 몸을 식히는 데 쓰는 물 — 은 식은땀과 다르다. 모넬 화학 감각 센터의 친구들이 내게 했던 식으로 ─ 스트레스를 받는 사람의 겨드랑이에서 나오는 자극적인 분비물을 모으는 식으로 ─ 땀을 모았다면, 결과가 달라졌을지도 모른다. 상어는 스트레스의 냄새를 포착하여 손쉬운 먹잇감임을 알아차리고 곧바로 공격 모드로 전환할지도 모른다.

상어가 좋아하는 먹이가 스트레스를 느낄 때 바로 그런 일이 벌어진다. 상어는 반항하지 않을 먹이를 감지하고 다가가서 공격한다. 테스터는 참바리를 양동이에 담은 뒤 〈막대기를 휘저어서 위협함으로써〉 괴롭혔다(다른 자료에는 〈쿡쿡 찔러 댔다〉고 나와 있다). 그 양동이의 물 ─ 학명 붙이는 방식을 따르면, 〈스트레스 참바리 물〉 ─ 을 상어 수조에 흘려 넣자, 〈격렬한 사냥 반응〉이 촉발되었다. 먹이 자체는 수조 바깥에 있었으므로, 우리는 상어의 포식 반응을 일으킨 것이 참바리 아수라장의 소리도 장면도 아니었음을 안다. 참바리의 피부나 아가미에서 스며나온 어떤 화학 물질일 수밖에 없다. 그리고 참바리의 아무 냄새나 그런 반응을 일으키는 것이 아니었다. 〈평온한 참바리 물〉을 넣었을 때, 상어는 눈곱만큼도 관심을 보이지 않았다.

어류의 피와 창자 ─ 어류 스트레스의 두 요란한 감각적 대변자 ─ 도 격렬한 사냥 행동을 촉발한다. 볼드리지는 그 화학적 신호가 대단히 강력해서, 쥐의 털에 〈숭어 반죽〉(숭어를 으깨어 물을 좀 섞은 것)을 발랐더니 상어가 쥐까지 ─ 보통은 상어의 식욕을 불러일으키지 않는 동물 ─ 게걸스럽게 먹어치운다는 것을 발견했다. 또 상어가 그릇에 모은 생선 핏물에 담갔던 부엌 스펀지를 공격했다는 연구도 있다. 볼드리지는 이렇게 썼다. 〈상어는 생선 《즙》을 바른 것은 무엇이든 공격할 것이다.〉

작살 낚시도 거기에 포함된다. 그날 잡은 물고기를 허리띠에 매달거나 줄에 꿰어 늘어뜨린 채로 헤엄치는 사람은 더욱더 위험하다. 볼드리지가 분석을 할 당시에, 상어 공격 파일에는 공격을 받았을 때 상처 입은 물고기나 생선 피 또는 창자가 있었다고 언급된 사례가 225건이었다. 테스터는 흥미가 동했다. 〈상어는 스트레스를 받는 물고기(상처를 입지는 않았지만 턱뼈에 낚싯바늘이 걸려서 매달려 있는 살아 있는 물고기 같은)를 기괴할 만치 빠르고 정확하게 추적하여 잡을 수 있다.〉

상어 공격 파일에 올라온 희생자 중 17퍼센트가 고무 잠수복을 입고 있는 데에도 공격을 받은 이유를 작살 낚시로 설명할 수 있을지도 모른다. 처음에 나온 이론은 상어가 검은 잠수복을 입은 사람을 물범으로 착각해서라고 설명했다. 그런 일도 일어날지 모르지만, 작살 낚시를 하고 있었다면 잠수복에 딸려 있는 것 — 피를 흘리는 물고기를 꿰고 있는 작살과 허리띠 — 이 상어를 끌어들였을 가능성이 더 높다.

죽은 물고기도 식사 종소리를 울린다. 테스터는 흑단상어와 회색산호상어gray reef shark에게 생선살을 뜬 회를 줘보았다. 다랑어, 장어, 바리, 도미, 돌돔, 대왕 조개, 문어, 오징어, 바닷가재의 살이었다. 그는 그 모든 것을 유인제로 분류했다. 상어는 위험을 무릅쓰지 않으려 한다. 싸우지 않을 법한 먹이를 뒤쫓는 쪽을 선호한다. 먹이가 상처를 입은 상태라면 좋다. 죽은 상태라면 더 좋다.

그런데 썩은 상어 살이 상어 기피제 성질을 지닌다는 말을 하지 않았던가? 테스터도 같은 의문이 들었다. 그는 어느 어부와 한 어업 연구소에서 그 〈추정된 상어 기피제〉 시료를 얻었고, 그의 연구진도 귀상어와 뱀상어의 살을 열대에서 일주일 동안 바깥에 방치해서 따로 시료를 만들었다. 그런데 시험했더니 기피 효과가 전혀 나타나지 않았다. 정반대로 이따금 유인제 역할을 했다. 〈우리 연구 결과는…… 스프링어의 것과 모순되는 듯하다. ……설득력 있는 설명이 불가능하다.〉 테스터는 상어 가공 공장에서 나오는 내장 같은 부산물이 강력한 유인 효과를 일으킨다는 점을 깨닫지 못한 듯하다.

어류가 그렇다면, 사람도 그렇다. 제2차 세계 대전의 상어 공격 보고서에는 시신이 공격을 받았다는 내용이 거듭 나온다. 떠 있는 해군 병사는 다리로 물을 첨벙거리거나 때림으로써 호기심 어린 상어를 내쫓을 수 있다(볼드리지는 헤엄치던 쥐가 뒷다리로 상어의 코를 한 번 찼는데, 상어가 〈깜짝 놀라서 재빨리 멀리 달아나는〉 것을 목격했다). 〈상어들이 시신들을 뒤쫓고 있었다.〉 1945년 미 해군 함정 인디애나폴리스 호가 침몰하는 상황을 그린 한 대중 서적에 인용된 생존자의 말이다. 이 사건은 군 상어 공격 논의에서 종종 언급되곤 한다. 〈솔직히, 나는 물에서 꼬박 110시간을 있었습니다.〉 미 해군 의료국이 채록한 구술 기록에서 루이스 L. 헤인즈 해군 대령은 그렇게 회상한다. 〈상어에 공격 당한 사람은 한 명도 못 봤어요. ……〉 그는 상어들이 〈시신으로 만족한〉 듯했다고 말했다. 헤인즈는 뜯겨 나간 시신 56구를 회수했지만, 살아 있을 때 물린 듯한 시신은 기껏해야 서너 구에 불과했다고 말한다.

그렇다면 상어는 왜 구명 뗏목 주위를 맴돌까? 그 밑에 있는 것들 때문이다. 그 밑에는 물고기들이 모여 있다. 그늘을 찾아서 혹은 뗏목 아래 그늘을 보고 모이는 더 작은 해양 생물들을 먹기 위해 오는 물고기들이다. 제2차 세계 대전 때 한 해군 병사는 이렇게 회상했다. 〈좀 큰 물고기들이 멸치 같은 것들을 잡아먹으러 왔고, 그들을 잡아먹으러 더 큰 물고기들이 왔다. 마지막으로 특이한 등지느러미를 지닌 녀석들이 대체 왜 이렇게 난리법석인지 알아보려 도착했다.〉여기서 하나만 더 인용하기로 하자. 그냥 내 마음에 들어서다. 〈상어는 물에 잠긴 채 뗏목 밑으로 곧장 헤엄쳤다. ……우리 모두는 앉은 채 아무 소리도 내지 않았고…… 레이더병은 뗏목이 뒤집힐까 겁이 나서 가장자리에서 배변을 보려던 생각을 접었다. 상어는 그런 행동을 몇 차례 반복했는데, 우리에게는 전혀 관심이 없어 보였다.〉

그런 이야기가 계속된다. 내가 아는 한 최근 역사에서 해군 병사가 상어에게 물린 사례는 단 한 건이었다. 2009년, 황소상어 한 마리가 시드니 항에서 테러 진압 훈련이 벌어질 때 호주 폭발물 제거 잠수부의 손과 발을 ─ 한입에 ─ 떼어 갔다. 나는 해군 특전 사령부 통신 전문가 조 케인에게 상어가 네이비실을 공격하는지 물었다. 「질문 방향이 잘못되었습니다.」 그가 말했다. 「문제는 네이비실에게 상어 기피제가 필요한가가 아닙니다. 상어에게 네이비실 기피제가 필요한가지요.」

현재 미 해군 공식 교육 과정에 상어의 공격에 관한 내용은 없다. 한 잠수부는 위협을 감지하면 천천히 하강하여 바닥에 숨으라는 말을 들었다고 회상한다. 「상어 방어Shark Defense」라는 1964년의 공군 훈련용 영상에서는 비행사에게 추락하여 물에 빠지면 공기 방울을 죽 내뿜거나 소리를 지르라고 조언하고 있다. 나는 경험 많은 상어 영상 촬영 전문가 로버트 캔트렐에게 이 조언을 어떻게 생각하는지 물었다. 캔트렐은 30년 동안 철창 우리도 없이 상어 무리와 함께 헤엄쳐 왔다. 흥분한 청상아리 무리에게 〈깨작거린다nippy〉라고 말할 사람이다. 그의 대답은 상어의 종류에 따라 다르다는 것이다. 볼드리지와 테스터도 종종 그렇게 말하곤 했다. 캔트렐은 물을 향해 비명을 질러 대면 황소상어는 잠시 멈칫할지도 모르지만, 뱀상어는 그렇지 않을 것이라고 덧붙였다. 청상아리는 공기 방울에 겁먹을지 몰라도, 다른 상어들은 무시한다.

공군이 마지막으로 제시한 방안은 수수께끼 같았다. 〈종이를 잘게 찢어서 주변에 흩어놓는다.〉 나는 그것이 상어의 주의를 흐트러뜨리기 위한 것이라고 추측한다. 아니면 그저 병사의 주의를 흐트러뜨리기 위한 것이거나. 물에 떠 있는 동안 종이가 어디 있는지 찾느라 몰두할 테니 말이다. 캔트렐은 한번은 탐사를 갔다가 상한 베이글을 배 밖으로 던졌다. 그 즉시 뱀상어들이 몰려들었다. 황소상어들은 무시했다. 캔트렐은 잠수부에게 상어를 만나면 어떻게 하라고 조언할까? 「그 경험을 즐기세요.」

이제 많은 해군 병사들이 마음속에 품고 있을 의문으로 돌아가 보자. 상어가 사람의 피에 끌린다는 말이 사실일까? 볼드리지와 테스터의 실험 결과들은 서로 어긋난다. 때때로 상어는 마치 피에 끌리는 것처럼 행동했다. 하지만 실험 수역에서 멀리 내뺄 때도 있었다. 테스터는 피의 신선도가 한 요인이 아닐까 생각했다. 그가 실험을 해보니, 흑단상어와 회색산호상어는 하루나 이틀 이내의 피에는 강하게 이끌렸다. 0.01ppm 정도로 미미한 농도에서도 그랬다. 하지만 볼드리지의 상어 공격 파일 자료 분석 결과는 정반대다. 공격을 받을 당시에 희생자가 피를 흘리고 있었던 사례는 1,115건 중 19건에 불과했다. 그는 이렇게 결론지었다. 〈그 많은 상어 공격 때 희생자들이 단 한 차례만 물어 뜯겼고, 커다란 상처에서 피가 마구 쏟아지는 데도 상어가 더 이상 공격하지 않고 떠났다는 점을 생각할 때, 사람의 피가 상어를 강하게 끌어들이고 흥분시킨다는 개념을 받아들이기가 어렵다.〉

볼드리지는 상어 4종에게 피를 흘리면서 헤엄치는 실험용 쥐라는 새로운 식단을 제공하여 실험을 했다. 포유동물 동료로서, 쥐도 우리와 마찬가지로 상어를 꾀는(또는 못 꾀는) 피를 지니고 있어야 한다. 그가 예상한 대로, 상어는 쥐에게 전혀 관심을 보이지 않았다.

요지는 다른 대부분의 동물 공격이 그렇듯이, 상어의 공격도 먹이에 따라 달라진다는 것이다. 당신의 모습이나 냄새가 먹잇감 같지 않다면, 당신은 먹이 취급을 받을 가능성이 적다. 포식자는 가장 먹고 싶어 하는 동물의 냄새에 맞추어져 있다. 상어는 사람 고기를 즐기지 않는다. 설령 상어가 사람의 피를 검출할 수 있다고 해도, 굶주려 있지 않은 한 근원까지 추적할 동기를 전혀 지니고 있지 않다.

바다에서 헤엄치는 것을 좋아하지만, 생리 기간에는 좀 걱정이 드는 여성들은 이 사실에 안심해야 할까? 하지만 생리혈은 다르다. 상어 걱정을 불러일으키는 쪽이라는 점에서 더욱 그렇다. 허락한다면, 잠시 육지로 올라가 보자. 1960년대에 미 해군은 여성의 월경에 별 관심이 없었다. 국립 공원 관리청은 달랐다. 1967년 글레이셔 국립 공원에서 두 여성이 회색곰에게 살해당했는데, 적어도 그중 한 명은 생리 중이었다. 그래서 곰이 생리혈에 흥분해서 공격한 것이 아닐까 하는 추측이 떠돌았다. 야생 동물을 연구하는 생물학자들은 아니라고 보았지만, 그중 한 명인 브루스 커싱은 자료를 좀 모아 보자고 마음먹었다. 재미있게도 그는 그 뒤의 곰 공격/월경 연구들에서 브루스 거싱(Gushing, 액체 따위가 쏟아져 나오는 모양을 뜻함 ── 옮긴이)이라고 철자가 잘못 실리게 되었다. 커싱은 북극곰을 연구하기로 했다. 북극곰은 거의 오로지 물범만 잡아먹기 때문에, 생리 중인 여성에게 얼마나 흥분하는지를 비교할 뚜렷한 기준선 역할을 할 수 있다.

물범의 지방을 팬이 달린 상자에 담은 뒤 야생 북극곰의 우리 쪽으로 그 냄새가 흘러가도록 하면, 곰은 커싱이 〈최대 행동 반응〉이라고 명명한 것을 보여 줄 것이다. 머리를 치켜들고서 쿵쿵 공기 속에서 냄새를 맡을 것이다. 또 침을 마구 흘리기 시작할 것이다. 일어서서 서성댈 것이다. 요란하게 숨소리를 낼 것이고, 으르렁댈 것이다. 커싱은 상자에 이런저런 것들을 넣어서 실험했는데, 그중 북극곰을 그렇게 으르렁대게 만든 것은 딱 하나였다. 사용한 생리대였다. 곰은 닭에게는 반응하지 않았고, 말똥, 사향, 쓰지 않은 생리대도 마찬가지였다. 그리고 사용한 생리대와 막상막하의 반응을 일으킨 것이 또 있었다. 생리 중인 여성이었다. 여성들은 상자에 들어가지 않고, 북극곰 우리를 마주 보는 의자에 앉았다. 여성들은 〈얌전히 앉아 있었다〉. 아마 살면서 접할 일이 없을 기이한 상황을 생각하고 있었을지도 모르겠다. 또 커싱은 정맥에서 뽑은 보통 피도 시험해 보았다. 실험에 쓴 곰 4마리 중 한마리도 반응하지 않았다.

다시 말해, 북극곰을 생리대에 혹하게 만드는 것은 피가 아니다. 음부의⋯⋯ 독특한 무엇이다. 음부에서 나는 물범 비슷한 냄새를 풍기는 ── 나를 용서하시라 ── 어떤 분비물이다. 뭔가 이치에 맞는 듯하지 않은가? 여성 위생용품 회사가 향기 나는 생리대의 효능 검사를 의뢰할 때, 연구소가 쓰는 표준 냄새는 〈생선 냄새 나는 아민fishy amine〉이다.

생리대의 강렬한 음부/물범 냄새에 푹 빠진 나머지, 북극곰은 생리대가 물범 맛이 아니라는 사실조차 알아차리지 못하는 듯하다. 사용한 생리대를 장대 끝에 붙여서(학명 붙이는 방식을 쓰면 〈사용한 생리대 장대〉) 야생 북극곰 앞에 갖다 놓았더니 52번 중 42번은 생리대를 먹거나 〈마구 씹어댔다〉. 장대를 잡아당겨서 생리대를 먹어치우는 행동보다 더 일관된 행동을 한 것은 물범 고기를 먹을 때뿐이었다. 보통 피를 묻힌 키친타월 — 무모한 정글 탐험가에게 경고하는 머리뼈처럼 장대 꼭대기에 박아 놓은 — 은 겨우 3번 먹었다.

이 이야기는 상어에 관해 무엇을 알려 줄까? 여성들은 걱정해야 한다고? 말하기 어렵다. 상어는 물범 고기에 얼마나 환장할까? 죽은 참바리는 사용한 생리대와 냄새가 비슷할까? 알려져 있지 않다. 내가 월경 중이라면, 그냥 책상 앞에 앉아 있으련다.

커싱은 북극곰이 사용한 생리대를 좋아하므로, 다른 곰들도 그럴 가능성이 높다는 말로 논문의 결론을 내렸다. 하지만 상어처럼 곰도 종마다 다르다. 숲에 사는 곰은 북극곰과 달리 비린내 나는 해양 생물을 좋아하지 않는다. 회색곰은 연어를 좋아하지만, 갓 잡은 것만 먹는다. 흑곰은 쓰레기를 뒤진다. 오랜 세월이 흐르면 그들이 사용한 생리대에도 맛을 들이게 될지 누가 알랴.

이 문제를 해결하기 위해 이제 미국 산림청이 등장한다. 1988년 8월 11일에 미네소타의 어떤 쓰레기장에 쓰레기를 버리러 갔다면, 흥미로운 광경을 목격했을 것이다. 〈우리는 사용한 생리대를 줄감개에 감은 낚싯줄에 묶어서…… 쓰레기를 뒤지는 곰에게 던졌다.〉 중북부 삼림 실험소의 린 로저스와 두 동료는 그렇게 썼다. 멋지게 제물낚시를 던지는 모습을 보여 주었지만 — 미끼를 〈곰 너머로 던진 뒤 코 밑까지 오도록 질질 잡아당기면서〉 — 곰은 생리대 22개 중 20개는 무시했다. 섭식 실험 장소에 자주 오는 — 비록 아마 더 이상은 아닐지라도 — 흑곰에게 〈손으로〉 던져 준 사용한 생리대의 운명도 마찬가지였다. 사용한 생리대 5개를 묶어서 한 무리의 흑곰에게 던졌을 때에도 외면당했다. 곰이 다니는 길에 흠뻑 적신 생리대 — 4개는 생리혈로 적셨고, 1개는 비생리혈로, 또 1개는 녹인 쇠고기 지방으로 적셨다 — 를 놓아두고서 시음할 기회를 주었을 때에도 마찬가지였다. 11마리 중 10마리는 〈생리대들에 코를 들이대고 죽 냄새를 맡더니, 쇠고기 지방이 밴 생리대를 먹고는 계속 걸어갔다.〉

종합하자면, 이 실험은 국유림이 안전하다는 것과 흑곰이 참을성이 많다는 것을 잘 보여 준 사례라 할 수 있다.

프랭크 골든은 차가운 바닷물에 어느 기간 동안 잠겨 있을 때 인체에 어떤 일이 일어나는지를 잘 아는 권위자였다. 골든 — 자신의 표현에 따르면 〈돌처럼 헤엄치는〉 의사 — 은 1960년대 말과 1970년대 초에 영국 해군 공군 의학교의 열띤 화제였던 것을 연구했다. 『해양 생존의 필수 요소*Essentials of Sea Survival*』라는 고든의 명저에서 본문의 제목들을 보면 물에 가라앉는 배나 비행기에서 탈출한 군인이나 민간인에게 어떤 공포가 닥칠지가 잘 드러난다. 저온 충격 반응, 호흡 멈춤 시간 감소, 헤엄 실패, 익사, 이차 익사, 바닷물 궤양, 저온 쇼크사, 얼음 아래 갇힘, 중증 체온 저하, 기름 오염, 침수 발, 거북 피,[4] 일광 화상, 파도 강타, 삼투 설사, 구조 실신, 체온 회복 실신. 상어 공격이라는 제목은 없다. 상어는 찾아보기에도 나오지 않는다.

　가라앉은 선박이 잠수함일 때, 그곳에 타고 있는 병사에게는 이 모든 것들, 수면에서의 수많은 위험과 곤경이 멀리 꿈의 세계에 속한 양 여겨질 것이다.

---

　4 거북 피는 그렇게 나쁘지는 않다. 자신이 뭘 하고 있는지를 알고 있기만 하다면 말이다. 해럴드 쿨리지가 제2차 세계 대전 때 해양 생존 소책자를 만들기 위해 인터뷰를 했던 노르웨이 난파선 생존자 코레 카르스토는 자신이 뭘 하고 있는지 알고 있었다. 그는 피가 〈차갑고 신선한〉 밤에 거북을 잡곤 했다. 그는 이렇게 조언했다. 〈피가 엉기기 전에 곧바로 마셔요.〉 주저하지 말고 몸에서 피를 빼내도록! 몸무게 약 25킬로그램의 거북에게서는 〈맛있으면서 그다지 비리지 않은……《맑은 국》이 약 2컵〉 나온다. 한편, 상어도 〈그리 나쁘지 않았다〉(즉 맛이 있었다).

273
11장 옛 친구

GRUNT

12장

가라앉는 느낌

바다 밑에서 문제가 생겼을 때

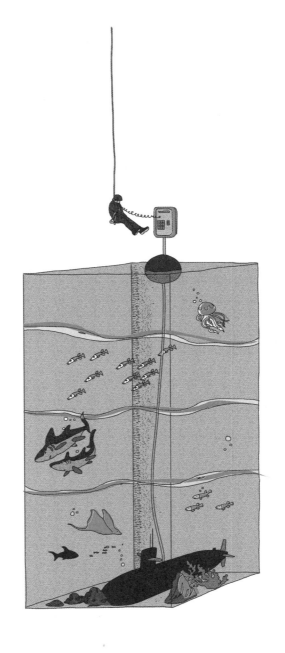

물이 압력을 받으면서 아주 작은 구멍을 통해 다급하게 뿜어질 때 나는 소리가 있다. 나는 주로 스프링클러에서 그 소리를 듣는다. 여름에 잔디밭을 촉촉하게 적시는 기분 좋은 소리다. 프시시시시시……. 하지만 잔디밭도 여름도 없는 잠수함 속 선원에게는 결코 기분 좋은 소리가 아니다. 나와서는 안 되는 곳에서 물이 나오고 있는 소리이기 때문이다. 플랜지(관을 잇는 부품 — 옮긴이)가 새거나, 관이 터져서 나는 소리다. 바다가 문간에 발을 턱 올려놓고 밀어 대는 소리다. 잠수함이 더 깊은 곳에 있을수록, 미는 힘도 더 세다. 수심 90미터에서 지름 5센티미터 구멍을 통해 밀려드는 바닷물은 무릎을 보통은 꺾이지 않는 방향으로 꺾어 버릴 만큼 아주 강한 충격을 가한다. 수심 300미터에서 지름 20센티미터의 구멍에서 뿜어지는 물은 3분마다 올림픽 수영장을 가득 채울 정도다. 빨리 고치지 않으면, 문제가 생긴다. 가라앉는다.

나는 그 소리가 여기저기서 들려오는 잠수함 엔진실을 내려다보고 있다. 11개의 젖은 목이 새는 곳을 향해 숙여져 있다. 처음에는 세 곳이었는데, 지금은 네 곳이다. 우리는 해수면보다 60미터 높은 곳, 코네티컷 주 그로톤의 한 건물 안에 있다. 따라서 익사할 위험은 거의 없다. 엔진실은 실물 크기의 모형이다. 해군 잠수함 학교의 피해 대처 훈련실Damage Control Trainer, 세찬 물에 빠진 생쥐 훈련실 또는 〈해군 병사가 욕설을 퍼붓는 이유 중 하나〉라고 불리는 곳에 있다. 나는 엔진실과 욕설을 퍼붓는 선원들이 보이는 크고 아주 깨끗한(와이퍼도 달려 있다!) 창문 너머, 물 한 방울 튀지 않는 곳에 있다.

창문 앞에는 오늘 훈련을 맡은 교관인 수석 기계병 앨런 휴도 함께 있다. 그는 몇 분마다 어깨 너머로 새는 곳을 조작하는 계기판 앞에 앉아 있는 동료를 돌아보면서 지시를 한다. 하지만 그의 시선은 주로 학생들을 향해 있다. 그는 점수를 매기는 동시에 학생들에게 피드백을 한다. 피드백은 팻말을 창문에 들어 올려서 한다. 유리창과 프시시시시 하는 소리 때문에 고함을 쳐도 아무도 듣지 못한다. 새는 곳마다 2명씩. 패치 뒤에서 작업할 것. 물살을 맞으면서 묶지 말 것. 팻말은 네모난 붉은 플라스틱에 맞춤 인쇄한 것이다. 팻말을 주문 제작한 사람은 아마 어디다 쓸지 궁금해했을지 모른다.

오늘날의 잠수함은 현대 기술로 움직이지만, 문제가 생겼을 때 선원들이 쓰는 도구들 중에는 목조 범선 시대부터 쓰던 것도 있다. 우리가 지켜보는 선원 중 한 명은 단순한 밧줄을 쓰고 있다. 그는 구멍에서 아래로 2.5센티미터쯤 떨어진 곳부터 시작하여 이 가느다란 밧줄로 관을 촘촘하게 감아서 새는 부위를 차츰 막는다. 〈소나무 마개pine plug〉는 단순한 나무 원뿔이다. 장난감 블록에서, 또는 기하학 수업 시간에 흔히 보는 것과 같다. 원뿔을 구멍에 끼우고 망치로 쳐서 최대한 깊이 쑤셔 박는다. 소나무는 물을 흡수한다. 목재 중에서 물을 가장 많이 머금는 축에 속한다. 그래서 원뿔은 팽창하면서 더 꽉 끼워짐으로써 좋은 마개가 된다.

「경적.」휴가 어깨 너머로 말한다. 계기판을 조작하는 사람이 경적을 울린다. 학생들은 하던 일을 멈추고 위를 쳐다본다. 휴는 팻말(망치는 두 손으로)을 치켜들고서 한 학생을 가리킨다. 그의 망치와 마개가 물살에 휩쓸려서 털실 공과 새끼 고양이마냥, 또는 새끼 고양이와 고질라마냥 널브러져 있다. 휴는 열에 아홉은 이런 일이 일어난다고 말한다. 누군가가 마개나 망치, 또는 양쪽을 다 놓치곤 한다. 그러면 낭비할 시간이 없는 상황에서 시간을 낭비하게 된다. 또 위험하기도 하다. 제곱센티미터당 약 6킬로그램(6기압)이라는 수압에 기하학 수업 보조 교재는 뾰족한 탄도 무기로 변한다. 학생은 뒤쪽 몇 발짝 떨어진 곳에서 둥둥 떠 있는 원뿔 마개를 집는다. 「소나무의 한 가지 좋은 점은 물에 뜬다는 겁니다.」휴가 말한다.

망치는 안 뜬다. 「그래서 우리는 학생들에게 늘 말합니다. 기회의 망치라고요.」망치를 놓치면, 무엇이든 손에 쥐라는 것이다. 이 말은 마개에도 적용된다. 알카에다의 공격으로 미 함정 콜 호Cole의 선체에 지름 약 12미터의 구멍이 나자, 선원들은 아무거나 닥치는 대로 갖다가 구멍을 틀어막았다. 「매트리스, 목재, 밧줄, 운동화……」휴는 차분하게 말한다. 「그것들을 꽁꽁 묶어서 구멍에 쑤셔 넣었지요.」사흘이나 걸리긴 했지만, 그들은 마침내 침수를 막을 수 있었다.

나는 앞서 휴의 사무실에서 그를 만났다. 다른 두 사람과 공동으로 쓰는 방이었다. 스머커스Smucker's의 포도맛 땅콩버터 병이 눈에 띈다. 누군가 어느 시점에 미군에 싹 도배하기로 결정한 칙칙한 쑥색의 사무실에서 병 속의 색깔 있는 줄무늬가 묘하게 두드러진다. 휴는 팔다리가 길고 얼굴이 하얗다. 튀어나온 위쪽 앞니가 아이가 침대에서 팔짝팔짝 뛸 때처럼 말할 때 아랫입술을 건드리는 것이 나름대로 매력이 있다. 그는 사람들이 지시어로 〈도즈those〉 대신 〈뎀them〉을 쓰는 고장에서 자랐다. 그렇다고 그를 놀릴 사람은 없다. 그는 대다수 사람들이 증기 기관의 이름을 기억하는 데 걸리는 시간보다 더 빨리 증기 기관을 분해할 수 있다.

오늘 새는 곳을 막는 데 쓰는 다른 모든 것들은 패치patch로 분류된다. 그 용어는 알아듣기는 쉽지만, 긴박함이 담겨 있지 않다. 이 일은 바지 구멍을 헝겊으로 깁는 것과 다르다. 그보다는 물이 계속 쏟아지면서 미친 듯이 날뛰는 호스의 새는 구멍을 막는 것과 비슷하다. 터진 부위를 위에서부터 막을 수는 없다. 패치는 옆에서부터 미끄러지듯 덮어야 한다. 쓰레기통에 불이 났을 때, 담요를 옆에서 끌어당겨서 덮은 뒤 꽉 막아 불을 끄듯이.

휴는 두 선원이 세로 들보strongback라는 중간 크기의 패치를 고정시키는 데 실패하는 광경을 본다. 그들이 쓰고 있는 패치는 400기압의 수압을 견딜 수 있도록 되어 있다. 「따라서 새어 나오는 물이 6기압밖에 안 되니까, 제대로 못 한 거지요.」 이럴 때 휴가 치켜들 빨간 팻말은 없는 듯하다. 「다시 제대로 해봐.」

휴는 학생들에게 혹독하다. 물에 빠진 생쥐 훈련실은 그것이 모사하는 현실에 비하면 유아용 수영장이나 다름없기 때문이다. 1939년 시험 잠수 때 지름 80센티미터의 공기 흡입 밸브가 닫히지 않는 바람에 수심 15미터 깊이에 가라앉은 스퀄러스 호Squalus가 처한 상황이 바로 그러했다. 〈바다는 스퀄러스 호 전체에 걸쳐 미로처럼 뻗은 관들에서 진입하는 길을 찾아냈다. 통제실의 12군데에서 바닷물이 뿜어지기 시작했다.〉 피터 마스가 『끔찍한 시간The Terrible Hours』에서 그 침몰 과정을 설명한 대목을 인용한 것이다. 〈선원들은 미친 듯이 일했다. ……몸을 바로 세워 줄 만한 것은 무엇이든 움켜잡고서.〉 그때 조명이 나갔다.

1944년 10월 24일이 마지막 임무가 되었던 미 잠수함 탱 호Tang의 초계 보고서를 보자. 그날 바다 표면을 향해 발사된 어뢰 한 발이 좌측으로 급격히 원을 그리며 되돌아와 잠수함의 고물에 명중해 구멍을 냈다. 〈탱 호는 수평 위치에 매달려 있던 진자가 뚝 떨어지듯이, 고물부터 가라앉았다.〉 로렌스 사바드킨 대위는 이렇게 묘사했다. 〈잠수함이 갑작스럽게 수직으로 일어서면서, 사람들과 장치들이 쏟아지는 물과 함께 쾅쾅 내 옆으로 떨어져 내렸다.〉 잠수함 학교의 물에 빠진 생쥐 훈련실은 기울어지지 않는다. 하지만 로드아일랜드의 장교 교육 사령부에 있는 버터컵 호Buttercup라는 별명으로 불리는 시설은 기울일 수 있다(매우 극적으로 들린다. 「버터컵은 결코 못 구해요.」 휴가 말한다). 사바드킨은 지난 일을 되새기면서 보고서를 쓸 때의 억제된 단조로운 어조로 이렇게 결론지었다. 〈혼란의 도가니였다.〉

이런 극단적인 상황이 닥칠 때, 선원들은 패치와 마개를 내던지고 방수문으로 향한다. 잠수함은 방수가 되는 서너 개의 구획으로 나뉘며, 구획 사이에는 크고 두꺼운 둥근 해치가 달려 있다. 해치는 모양과 투수성의 두 측면에서, 은행의 금고 문과 세탁기 문의 중간 어딘가에 놓인다. 이 문 너머에 있는 모든 것은 물에 잠길지 몰라도, 침수는 해치 앞에서 멈춘다. 바닷물에 얼마나 침수되었느냐에 따라, 〈긴급 부상〉 명령이 떨어질 수도 있다. 얼굴이 푸르죽죽해지고 있는 손님에게 하임리히 요법¹을 쓰는 것과 비슷하게, 압축 공기를 불어넣어서 잠수함의 평형수를 빼내는 것이다. 가라앉은 잠수함의 내부를 비워 가볍게 함으로써, 들어찬 물의 무게를 상쇄시켜서 수면으로 떠오르게 하기 위해서다.

「공기 방울을 충분히 만들 수 없다면, 가라앉을 겁니다.」 해군 잠수함 의학 연구소의 기술 부장 제리 램의 말이다. 그 연구소는 피해 대처 훈련실에서 건물 몇 개를 지난 곳에 있다. 나는 앨런 휴와 흠뻑 젖은 선원들을 뒤로 한 채, 램과 영국 해군에서 비슷한 일을 하는 군의관 중령 존 클라크를 만나러 갔다. 두 사람은 피해 대처 이후의 일에 통달해 있다. 바로 잠수함에서의 탈출과 구조다.

램은 내게 커피를 따라 준다. 클라크는 우유를 구하러 나간다. 그는 몇 분 뒤, 실눈을 뜨고 우유갑의 유통 기한을 살피면서 들어온다. 「1월 20일이네. 마셔도 돼.」

「몇 년도인데?」 제리 램은 익살스럽고 유쾌한 성격이다. 본래의 쾌활함이 해군에서 25년을 일하면서 좀 바래긴 했지만, 아주 약간이다. 명석한 사람들을 아둔한 관료주의로 가두는 해군, 크고 작은 회의와 서류 작업에 치이게 하는 해군 말이다. 조금 전 나는 램이 〈미사일 방위 오찬회〉 어쩌고저쩌고 하는 말을 들었다. 물병 받침이 깔린 탁자 앞에서 날아오는 핵탄두에 관한 프레젠테이션을 보는 장면이 상상되었

---

1 Heimlich maneuver. 음식이 목에 걸려 질식사할 위험이 있는 사람의 배 위쪽을 조여서 걸린 음식물을 토해 내게 하는 응급 치료법 — 옮긴이주.

다. 누가 과연 음식을 입에 댈 수 있을까?

탱 호도 스퀄러스 호도 공기 방울을 충분히 만들어 내지 못했다. 해저에 가라앉은 잠수함이 맨 처음 할 일은 누군가에게 구조해 달라고 알리는 것이다. 지금도 그렇지만, 당시에도 잠수함의 각 구획에는 섬광, 연기 신호, 위치 부표용 소형 발사관이 장착되어 있다. 제2차 세계 대전 때 위치 부표는 바다 한가운데 떠 있는 전화 부스나 다름없었다. 스퀄러스 호의 부표에는 〈잠수함이 여기 가라앉음〉이라고 적혀 있었다. 〈전화기 들어 있음.〉 잘 이해가 안 가는 『뉴요커』 시사만화의 한 장면 같았다. 한 줄이 더 들어가야 했다. 〈진짜임.〉 부표는 긴 케이블을 통해서 가라앉은 잠수함과 연결되어 있었다. 이윽고 구조선이 도착했다. 선원들은 부표를 배로 끌어올려서 안에 든 전화기를 찾았다. 피터 마스의 책에는 그 순간이 상세히 적혀 있다. 구조선 함장 워런 윌킨은 전화기를 들고서 태평스럽게 말했다. 〈무슨 일 있나요?〉 길가에 세워진 채 후드가 열려 있는 자동차 옆에 가서 툭 말하는 식이었다.

스퀄러스 호의 함장도 재난을 당했다는 기색이 전혀 없이 경쾌하게 답했다. 〈안녕하시오, 윌키 함장.〉 뒤이은 너울에 윌킨의 배가 솟구치면서 케이블이 끊겼다. 그 뒤에는 잠수함 선체를 망치로 두드리면서 모스 부호로 통신을 했다.

물론 기술은 1940년대 이래로 발전해 왔다. 현재의 위치 부표, 즉 SEPIRB(Submarine Emergency Position Indicating Radio Beacon, 잠수함 위성 조난 신호기)는 잠수함의 정보와 위치를 담은 암호 메시지를 인공위성을 통해 가장 가까운 구조 조정 본부로 전송한다. 부표는 여전히 작은 관을 통해 발사된다. 그러나 대개 그 관은 밀봉되지 않아 왔다. 냉전 시대의 잠수함도 그랬다. 부표가 실수나 사고로 발사되어 주변에서 정찰하고 있던 소련 잠수함에 위치가 발각되는 일을 막기 위해서였다. 위치 부표를 발사하기 전, 유성 연필로 가능한 한 상세히 상황을 적는다. 잠수함(그리고 선원)의 피해 정도, 공기 질 등등.

그다음에 벌어지는 일은 상황이 얼마나 심각한가에 따라 달라진다. 미국의 모든 잠수함에는 3공 바인더로 철한 두꺼운 『사고 잠수함 생존 지침서』가 비치되어 있다. 그 책자의 앞쪽에는 흐름도가 실려 있다. 예-아니오 질문들로 이루어진 의사 결정도다. 침수 진행이 멈췄는가? 불길은 잡았는가? 그렇다면, 상황이 안정되었다면, 기다려라가 답이 될 가능성이 높다. 구조선을 기다리라는 것이다. 수심이 180미터 이하라면, 가라앉은 잠수함 밖으로 나와서 수면까지 헤엄쳐 올라오는 것도 가능할지 모른다. 안녕하시오, 윌키 함장! 하지만 곧 이야기할 이유들 때문에, 그것은 마지막 수단이 된다.

미국 잠수함에는 동력 없이도 적어도 일주일 동안 쓸 산소를 발생시키고 이산화탄소를 제거하는 설비가 갖추어져 있다. 클라크는 이 일주일을 〈바닥 생존 가능 기간bottom survivability〉이라고 부른다. 여기서 바닥은 해저를 가리키지만, 그가 영국 억양으로 말하니 왠지 내 귀에는 좀 짓궂은 의미로 들린다. 바닥, 즉 〈당신의 엉덩이〉가 구조될까 하는 식으로 말이다. 7일은 바깥에서 도와줄 누군가가 오는 데 걸리는 기한을 의미한다. 15개국과 나토는 잠수함 구조 시스템 ─ 감압 시설을 갖춘 심해 잠수정 ─ 을 갖추고 있지만, 얼마나 깊이 잠수할 수 있는지는 차이가 있다. 600미터 이상 잠수할 수 있게 설계된 것은 없다. 물론 잠수함도 대부분 그렇다(현재 미국 잠수함의 〈파괴 수심crush depth〉은 기밀² 정보이지만, 여러 가지 근거로 추측해 볼 때 약 700미터일 듯하다).

클라크는 보급품이 일주일보다 훨씬 더 오래갈 수도 있다고 덧붙인다. 「일부 선원만이 쓰게 될 테니까요.」 나는 잠시 뒤에야 그 말이 무슨 뜻인지 알아차렸다. 그는 산소가 아마 일주일 넘게 갈 것이라고 말하고 있었다. 선원 중 일부는 더 이상 들이마시지 않을 테니까. 스퀄러스호에서는 재난이 닥친 처음 몇 분 사이에 26명이 익사했다. 방수문이 닫히는 순간 침수 구역이 그들의 무덤이 되었다.

굶주림은 가장 걱정할 필요가 없는 항목에 속한다. 잠수함은 식량을 가득 채운 상태로 항구를 떠난다. 대부분은 통조림이다. 사실 더 소형 급의 잠수함에는 식량 창고가 미어터질 정도로 가득 싣는다. 그래서 항해 초기 몇 주 동안은 통로 전체에 통조림 깡통이 마구 굴러다닌다. 물은 걱정거리가 될 수도 있다. 탈염 시설이 작동하지 않는다면 말이다. 사고 잠수함 생존 지침서에는 단호한 물 절약 방침도 담겨 있다. 〈배변 세 번에…… 한 번꼴로 물을 내리는 방법으로 화장실 물을 최대한 절약할 것.〉 지침서에는 조리실 선원이 〈벌레 주스〉³를 만들 때 쓰는 가루를 배설물에 뿌려서 냄새를 줄이라고 권하고 있다. 그 가루를 쓰는 이유를 들라고 하면 아마 산성이 강해서라고 답하겠지만, 여기서

---

2 〈일급 기밀〉이라는 말을 주로 암호 해독 서적과 긴장감 넘치는 첩보 영화를 통해서 접한 나는 그 용어가 실제 보안 분류 등급이라고 스스로에게 상기시켜야 했다. 나는 운항실 문에 걸쳐진 사슬에 붙은 〈일급 기밀-출입 금지〉라는 표지판을 진지하게 대하기가 쉽지 않았다. 차라리 〈여성 출입 금지〉라는 말을 덧붙이는 편이 나을 듯도 하다. 나는 선원 휴게실에 있는 프린터에 〈기밀 프린터〉라는 딱지가 붙어 있는 것도 보았다. 기밀 프린터라니!

3 bug juice. 설탕을 섞은 가루를 물에 타서 대량으로 만드는 음료 — 옮긴이주.

벌레 주스에 관해 한마디 덧붙여도 괜찮을 성싶다.[4]

그러면서 기다린다. 스퀄러스 호의 선원들은 어뢰실 바닥에 모여서 파인애플 통조림을 먹으면서 심란함을 달랬다. 스퀄러스 호에서도 탱 호에서도 선원들이 공황 상태에 빠지지 않았다는 점을 주목할 필요가 있다. 탱 호의 함장은 보고서에 이렇게 썼다. 〈어느 누구도 단 한 번도 히스테리를 부리거나 난폭하게 굴지 않았다. ……마지막 순간이 가까워짐에 따라, 가족과 사랑하는 사람들에 관한 이야기가 주로 오갔다.〉 1927년 사고로 부딪혀서 침몰한 잠수함 S-4 호의 선원들이 선체를 두드려서 마지막으로 전한 전갈 중 하나는 이것이었다. 〈제발, 서둘러.〉 힘겹게 시간을 들이면서 〈제발〉이라는 말을 덧붙였다는 사실에 가슴이 아려 온다. 그것이 바로 해군의 모습이다. 마지막 순간까지도 정중하게 예의를 차린다.

스퀄러스 호의 선원들은 운이 나쁜 한편으로 운이 좋기도 했다. 해군 최초의 잠수함 구조 격실rescue chamber이 막 완성되어 시험을 마친 상태였기 때문이다. 스퀄러스 호가 바로 그 장비를 이용해 구조가 이루어진 최초의 잠수함이었다. 생존자 33명이 그것을 타고 수면으로 올라왔다. 구조 격실은 잠수종diving bell을 개량한 것과 같았다. 유리잔을 거꾸로 물에 집어넣으면, 안에 갇힌 공기는 바깥의 물과 동일한 압력을 받는다. 잠수종과 함께 잠수부가 내려와서 잠수종 입구를 잠수함의 해치에 맞춘 뒤 볼트로 고정시켰다. 그럼으로써 해치를 열 수

---

4 앤드루 캐럼이 냉전 시대에 잠수함을 탄 경험을 회고한 책 『너무나 조용한 잠수함Rig Ship for Ultra Quiet』에 적힌 말이 가장 좋을 듯하다. 〈벌레 주스는 맛이 아니라 색깔이 그렇다는 뜻이다.〉

있게 되었고, 선원들은 몇 명씩 구조 격실로 올라왔다.

구조 격실이 등장하기 전까지, 침몰은 죽음의 선고나 다름없었다. 잠수함 해치 — 그 점에서는 자동차의 문도 마찬가지다 — 가 10센티 미터만 물 속에 잠겨 있어도, 수압이 너무 세서 밀어서 열 수가 없다(물을 밀어 낼 만큼의 압력을 가하지 않는 한). 1920년대의 더 소형급 잠수함은 약 사흘간 견딜 만큼의 공기를 지니고 있었다. 이 〈철관(鐵棺)〉 중 하나가 된 S-51 호의 운명을 지켜본 해군 소령 찰스 〈스웨이드〉 맘슨은 사람들을 구조할 방법을 고민했다. 맘슨의 잠수함은 그 침몰 사고 현장에 가장 먼저 도착했다. 하지만 맘슨이 한 친구에게 보낸 편지에 썼듯이, 선원들은 〈무력하게〉 수면에 번지는 기름띠만을 바라보고 있어야 했다. 나중에 잠수함을 끌어올렸을 때, 선원들의 시신은 15톤의 무게로 바닷물이 짓누르는 해치를 열기 위해 애쓰느라 손가락이 다 찢기고 피범벅이 된 상태였다고 한다.

현재 대다수의 미국 탄도 미사일 잠수함이 파괴 수심보다 바닥이 더 깊은 대양에서 많은 시간을 보낸다는 점을 고려할 때, 〈철관〉이라는 용어는 어느 정도는 정확한 묘사라 할 수 있다. 파괴 수심은 선체가 극도의 수압에 굴복하여 잠수함이 안쪽으로 파열하는 지점이다. 존 클라크는 거대한 폭탄 안에 잠수함을 집어넣는 것에 비유한다. 잠수함은 안쪽으로 밀리면서 산산조각난다. 선원들은? 「모든 금속 조각들이 안쪽으로 터지면서 모든 것을 짓누르고 으깨고 가루로 만들어 버릴 겁니다.」 누구도 당신의 엉덩이를 구하지 못한다. 1963년 4월 10일, 미 잠수함 스레셔 호Thresher가 내파되면서, 탑승자 129명 전원이 사망했다. 「해저 전체로 잔해가 뿌려졌어요.」 제리 램은 말한다.

현재의 잠수함이 심해에 출몰하는데, 왜 심해 구조 및 탈출 시스템을 만들 생각조차 안 하는 것일까? 어느 잠수함 승무원의 말처럼, 그냥 존재하는 것만으로도 〈엄마 아빠의 불안감을 달래 줄〉 텐데? 그렇지 않다. 그것은 항공기 비상 탈출용 미끄럼틀만큼이나 별 쓸모가 없다. 항공기든 잠수함이든 충돌은 대부분 항구나 공항을 떠날 때, 혹은 그곳에 도착할 때 일어난다. 왕래가 번잡하지만 사고가 났을 때 생존할 확률이 가장 높은 곳에서다.

탱 호는 수심이 64미터에 불과한 곳에 가라앉았지만, 전투가 벌어지는 와중이라서 구조하기가 쉽지 않았다. 탱 호는 밤에 일본 선단들을 어뢰로 공격하여 침몰시키다가 자신이 가라앉았다. 결국 공기가 나빠지는 바람에 선원들은 굴복할 수밖에 없었다. 기밀 서류를 태우는 통에 연기가 자욱해졌다. 바닷물이 전지에 스며들면서 치명적인 염소 기체가 발생했다. 파국은 필연적이었다. 〈의사 결정도〉가 없어도 〈기다려라〉가 〈움직여라〉로 바뀌었음을 알기는 어렵지 않았다.

스웨이드 맘슨은 이 시나리오에 적합한 장치도 발명한 바 있었다. 제2차 세계 대전 때의 잠수함에는 비상 탈출구escape trunk와 맘슨 수중폐Momsen lung가 갖추어져 있었다(이 〈수중폐〉는 착용할 수 있는 공기 호흡 장치였고, 수면에 도달하면 부유 기구로 쉽게 변환되었다). 우주선의 기밀실처럼, 비상 탈출구도 안팎의 압력을 동일하게 조정할 수 있게 해준다. 잠수함에서는 그렇게 함으로써 수중폐를 입에 문 선원이 해치를 열고 탈출할 수 있다. 탱 호는 침몰한 잠수함에서 선원이 구조용 잠수정의 도움 없이 탈출한 최초의 사례였다. 모두 9명이 수중폐를 이용하여 탈출했는데, 그중 4명은 그 뒤에 익사하거나 행방불

명되었다. (적군은 거의 얼어붙을 듯이 차가운 바닷물에서 그 생존자 5명을 끌어올리는 초현실적인 전쟁 예절을 보여 주었다. 탱 호 함장의 표현을 빌리자면, 〈우리 자신의 손으로 불태우고 불구로 만든 바로 그 생존자들〉의 손에 말이다. 이어서 그들은 끌어올린 미군들을 마구 구타한 뒤 전쟁 포로 수용소로 보내어 거의 굶어 죽을 지경으로 만들었다.)

맘슨 수중폐가 있는 탱 호의 어뢰실에 모인 선원들 중 나머지는 어떻게 된 것일까? 왜 탈출하지 않았을까? 그들은 수중폐를 어떻게 쓰는지 잘 몰랐다. 초계 보고서에는 이렇게 적혀 있다. 〈선원들은 대부분 맘슨 수중폐의 사용법이나 비상 탈출구의 작동법을 제대로 배운 적이 없었다. 그래서 그들은 탈출할 수 있을지 확신하지 못했고, 그 결과 전반적으로 패배감에 사로잡혔다. ……처음 두 명의 시도가 실패하자, 탈출하려고 시도하는 사람이 거의 없었다. 자신들의 발밑에서 무슨 일이 벌어지고 있는지를 잘 알고 있었으면서도 말이다.〉 그들의 행동은 탈출 사례 요약집이라고 할 만하다. 어뢰병 플러커: 〈이번, 두 번째 시도가 실패하면 다신 안 하겠다〉. 이름 모를 한 소위: 〈탈출구에서 혼미해지는 바람에 치워졌다. 다시 시도를 안 하는 쪽을 택했다〉. 이름 모를 기계병: 〈이번, 첫 번째 시도가 실패하면 관두겠다〉.

조금만 연습을 했어도 상황은 달라졌을지 모른다. 보고서에는 이렇게 적혀 있다. 〈탈출 방법을 설명한 책자를 모두 읽긴 했지만, 실제 행동으로 옮긴 사람은 아무도 없었다.〉 1930년, 스웨이드 맘슨의 재촉으로 그로톤 잠수함 기지에 탈출 훈련 수조가 만들어졌다. 모든 잠수함 승무원이 행동할 기회를 엿볼 수 있게 하기 위해서였다.

수심 12미터에 32만 리터의 물이 담겨 있는 해군 잠수함 학교의 수압 잠수함 탈출 훈련실에는 호텔 수영장만큼의 물이 들어 있다. 하지만 지름은 자쿠지[5]에 더 가깝다. 거기에 빠지면 사고로 맨홀에 빠지는 것과 비슷한 느낌을 받을지 모른다. 그런 곳이 있음을 미처 알아차리지 못했다는 점에서 말이다. 소리가 웅웅 메아리치는 타일 벽에 청록색을 띤 물이 담겨 있긴 해도, 수영장이라는 말은 이곳과 어울리지 않는다. 휴양과 무관한 단 한 가지 목적을 위해 대양을 모사한 곳이기 때문이다. 가라앉은 잠수함에서 탈출하는 훈련을 하기 위해서다.

해군의 파란 수영복 바지와 똑같은 색깔의 물 주위로 잠수함 학교 학생 26명이 서 있다. 아직은 등에 여드름 수가 문신 수보다 많은 젊은 이들이다. 10년 뒤면 달라질 것이다. 해군 병사들의 몸에는 햇빛에 타서 까매지는 양 잉크에 물든 부위가 늘어난다. 해마다 조금씩, 들르는 모든 항구에서 문신을 새긴다. 첫 훈련은 4.5미터 깊이에 가라앉힌 비상 탈출구에서 시작될 것이다. 호흡 장치는 전혀 착용하지 않고, 구명조끼만 입는다. 교관은 이 훈련을 〈숨 내쉬면서 부력 상승buoyant exhaling ascent〉이라고 부른다. 나중에 오페라 감상평을 써달라는 요청을 받았을 때 써먹게 잘 기억해 두련다.

내쉬기는 강조해야 마땅한 단어다. 깊은 수심에서의 상승이 요구될 때, 초보자는 숨을 꾹 참는 경향이 있다. 살기 위해서만이 아니라, 그러면 수면까지 올라올 부력을 얻는 데 도움이 될까 싶어서다. 그들은 자신이 올라오면서 수압이 낮아짐에 따라, 처음에 허파 가득 들이마셨던

---

5 Jacuzzi. 월풀 욕조를 창시한 미국 기업, 혹은 월풀 욕조 자체를 가리킨다 — 옮긴이주.

공기가 팽창한다는 사실을 깨닫지 못하는 것일 수도 있다. 그 공기가 충분히 팽창하면 허파 꽈리가 터질 것이다. 허파 꽈리는 허파 속에 든 작은 주머니로서, 공기와 혈액 사이에 기체 교환이 일어나는 장소다. 허파 꽈리가 터지면, 공기 방울이 혈액으로 스며들 수 있다. 그러면 공기 색전증이 일어난다. 좋지 않다. 위기 상황이다. 공기 방울은 피떡처럼 작용하면서 피 흐름을 차단하여 기관으로 가는 산소 공급을 막을 수도 있다. 그 기관이 뇌나 심장이라면, 조직이 치명적으로 손상될 수도 있다. 탱 호의 초계 보고서에는 비상 탈출구로 빠져나갔다가 사라진 네 명에게 그런 일이 일어났을지 모른다는 추정도 담겨 있다. 그들은 맘슨 수중폐의 마우스피스를 잃어버렸고, 숨을 참는 것이 어떤 결과를 빚어낼지 깨닫지 못했을지 모른다.

교관인 에릭 네이버스는 말한다. 「그게 잠수함 학교의 황금률이죠. 숨을 참지 말라.」 네이버스는 잠수관이라는 익히 짐작할 만한 직함을 갖고 있으며, 꾸준히 운동을 하는 듯하다. 머리카락은 길이가 0.5밀리미터밖에 안 될 듯이 바짝 밀었고, 결혼반지는 문신으로 새겼다. 잠수복 차림의 에릭 네이버스에게서는 유체 역학적 기운이 마구 꿈틀거리고 있다.

내쉬는 숨을 조절할 수 있도록 — 너무 빠르지도 너무 느리지도 않게 — 교관은 젊은 학생들에게 생일 케이크 촛불을 불어서 끈다고 생각하라고 가르친다. 큰소리로 외친다고 생각해도 좋다. 호흡을 참으려는 생각을 단념시키기 위해, 네이버스를 비롯한 교관들은 수조 바닥에서 포도주 주머니를 부풀린 후 떠오르게 놔둔다. 수면에 다다를 때쯤, 주머니는 터지곤 한다.

네이버스와 이야기를 나눌 때, 나는 그 포도주 주머니가 보타 백[6]이라고 생각하고서 말을 계속했다. 그러자 결국 네이버스가 내 말을 끊었다. 「대체 뭘 말하는 거죠?」

내가 용어를 잘못 썼나? 양치기들이 한쪽 어깨에 걸치고 다니는 양가죽으로 만든 주머니가 아니었나? 스페인에서? 입에 갖다 대고서 꾹 누르면 포도주가 쭉 뿜어지는?

네이버스는 나를 쳐다보면서 눈을 깜박깜박했다. 「그냥 포도주 상자에 담긴 비닐 충전재를 말한 건데요?」

그날 나를 안내하던 여성은 네이버스와 수다를 떨곤 했는데, 나는 그녀가 그를 〈짐〉이라고 부른다는 것을 눈치 챘다. 그의 사무실 벽에 짐 네이버스의 앨범(「Kiss Me Goodbye」)이 걸려 있는 이유가 그 때문일지도 모르겠다. 하지만 그의 신분증에는 〈에릭 네이버스〉라고 적혀 있는데?

내가 그 이야기를 꺼내자 그가 말한다. 「바로잡으려고 오랫동안 애썼다니까요.」 당신의 성이 네이버스라면, 사람들은 아무리 아니라고 말해도, 당신을 짐이라고 부를 것이다. 「결국 포기했죠.」

터지는 주머니는 그 광경을 찍은 동영상으로 대체되었다. 진짜 주머니가 터지는 광경이 너무나 무시무시해서, 그 뒤로 아무도 탈출 훈련실에 들어오지 않으려 했기 때문이다. 어떤 학생도 그런 일을 겪지 않겠지만, 오늘 이곳에 불안감이 좀 감도는 것은 분명하다. 학생들 중에는 수영을 거의 못하는 이들이 몇 명 있다. 해군은 최소한의 조건만 갖

---

6 bota bag. 양이나 소 등의 가죽으로 만든 주머니 — 옮긴이주.

추면 지원이 가능하다. 수영장의 가장자리에서 15미터 떨어진 물에 떨구었을 때, 어떤 식으로든 스스로 가장자리까지 오기만 하면 된다. 해군에 지원하기 위해 물을 좋아할 필요도 없다. 내가 만난 한 잠수함 승무원은 이렇게 말했다. 「나는 목욕도 싫어해요.」

네이버스는 학생들에게 일의 순서를 설명한다. 잠수부 두 명이 학생 한 명을 상승을 시작할 지점으로 데려간다. 그들은 학생이 숨을 알맞은 속도로 내쉬는지, 양쪽 귀의 압력을 조절할 수 있었는지, 공황 상태에 빠지지 않았는지를 살펴본다. 그런 뒤 놓아준다. 상승은 몇 초면 끝난다. 「물 밖으로 튀어나오면, 잠수부가 물을 겁니다. 〈괜찮나?〉」 네이버스가 설명한다. 「그러면 관등성명을 대고 〈괜찮습니다!〉라고 말하는 겁니다.」 (옆에 있는 사람이 클립보드의 이름 옆에 표시를 할 수 있도록.) 「알겠습니까?」

「예!」

몇 분 뒤, 첫 번째 학생이 수면 위로 올라온다. 안도한 표정으로 쑥 튀어오른다. 잠수부가 그를 받아서 가장자리로 데려온다. 우리가 지금 어디에 와 있는지를 모른 채 이 장면을 보고 있으면, 세례 받는 중인가 하고 생각할지도 모른다.

「괜찮나?」 잠수부가 소리친다.

「예.」 네이버스와 클립보드를 든 사람은 서로를 쳐다본다. 쯧쯧, 오늘은 영.

한 학생은 상승 훈련에서 제외되어 있다. 빨간 목욕 가운을 입고 있어서 구별할 수 있다. 다른 학생들은 황갈색이나 파란색 가운을 입고 있다. 그렇다고 해서 그 때문에 그가 창피해하는 것은 아니다. 〈빨간

가운〉의 의미는 교관만이 알고 있기 때문이다. 의학적 문제가 생길지 모르니까, 잘 지켜보라고 교관에게 주지시키는 수단이다. 이번 학생은 그저 겁을 좀 먹었을 뿐이다. 그는 물에 빠져 죽을까 봐 겁이 난다고 고백한다. 나는 해군의 전통적인 〈익사 방지 문신〉이 있는지 그의 맨발을 홀깃 쳐다본다. 한쪽 발에는 돼지, 다른 쪽 발에는 닭 문신을 영구히 새기는 것이다. 옛날 프리깃함이 침몰할 때, 배에 실려 있던 닭과 돼지가 물에 둥둥 떠 있는 광경을 보고서 생긴 전통일 수도 있다.

동료 학생들은 그를 위로했고, 그도 그럴 것이라고 예상했다. 〈한 팀이 되어 싸운다.〉 나는 잠수함 승무원들이 끈끈한 형제애를 보인다는 말을 들어본 적이 있다. 해군의 7퍼센트를 차지하는 잠수함 선원들은 친밀한 공동체를 이룬다. 특히 잠수함별로 그렇다. 항공 모함의 승무원은 6,000명에 달하기도 하는 반면, 미군 잠수함 승무원은 200명이 채 안 된다. 더 소형급 잠수함은 개인 공간이 더 작을 뿐 아니라, 몇 개월씩 고립된 채 항해를 해야 하기 때문에 서로 친밀해질 수밖에 없다. 게다가 최근까지는 잠수함에 여성이 탑승하지 못했다. 한 전직 NSMRL 심리학자가 내게 말해 주었다. 「껴안고 머리를 쓰다듬는 행동을 많이 해요. 그들이 서로 얼마나 애정 표현을 많이 하는지 깜짝 놀랐다니까요.」

그러니 이런저런 소문이 도는 것은 어쩔 수가 없다. 『너무나 조용한 잠수함』의 저자 앤드루 캐럼은 잠수함 동료들과 술집에 앉아 있는데 한 〈제비갈매기skimmer〉 — 수면에서 일하는 선원 — 가 들어왔을 때의 일화를 들려주었다. 「우리가 잠수함 승무원이라는 것을 알자 그가 말하더군요. 〈너희들 얘기 많이 들었어. 남자 140명이 내려갔다가

70쌍이 되어 올라온다며?〉」

「그 말은 사실이 아닙니다.」캐럼은 무표정하게 말했다.「세 명이 짝이 되기도 하거든요.」

미 잠수함 부대는 2010년부터 여성 장교를 승선시키기 시작했고, 2016년에는 사병 계급까지 확대했다. 지금까지는 아주 양호하다. 제리 램은 최근에 잠수함 내 흡연을 금지한 조치가 훨씬 더 큰 소동을 일으켰다고 말한다. 그리고 이런 일도 일어났다. 내가 방문하기 전날, 『네이비 타임스Navy Times』에 잠수함 와이오밍 호의 여성 장교들이 샤워하는 장면을 몰래 찍은 동영상이 떠돈다는 이야기가 실렸다.

나는 네이버스에게 탈출 훈련실에서 소변을 누지 말라고 학생들에게 말하는지 물어본다.

「말해서 뭐해요. 그냥 다 싸는데.」

나는 그가 잠수부라는 사실을 잠시 까먹었다. 잠수부는 잠수복 안에다가 그냥 쉬를 한다는 말을 들었다. 나? 절대 아니다.「나는 넓은 바다에서도 쉬가 안 나와서 못해요.」

클립보드를 든 사람이 네이버스를 흘깃 쳐다본다. 흐음, 짐작이 간다고. 뭐, 생각은 자유니까.

학생들은 새끼 오리들처럼 줄을 지어서 계단통까지 늘어서 있다. 한명씩 큰 상승을 위해, 수심 11미터인 탈출 훈련실 바닥으로 들어갈 것이다. 이번에는 SEIE(Submarine Escape and Immersion Equipment, 잠수함 탈출 방수복)를 입을 것이다. 지퍼를 올려서 머리와 얼굴까지 덮는, 어느 정도 부풀릴 수 있는 옷이다. 그 덕분에 원치 않게도 시신낭과 비교되곤 하지만. 맘슨 수중폐와 스타인케 후드[7]라는 더 작은 형태의 이전 장비들처럼, SEIE도 공기 공급과 상승할 때 팽창하는 여분의 공기를 배출하는 구멍을 갖추고 있다. 그래서 탈출자는 허파가 터질까 하는 걱정을 할 필요가 없이, 정상적으로 호흡을 할 수 있다. 학생들은 〈숨 내쉬면서 상승〉을 연습한 바 있으므로, 탈출복에 문제가 생기면 뭘 해야 할지 안다. 예를 들면, 이런 식이다. 〈고무는 금이 가고 끈적거렸고 대부분 얼굴에 들러붙었습니다.〉 1990년대 말에 쓰이던 장비에 관해 물었을 때, 앤드루 캐럼이 보낸 전자 우편 내용 중 스타인케 후드를 묘사한 대목이다.

캐럼은 이렇게 썼다. 〈긍정적인 측면에서 보면, 우리는 거의 대부분의 시간을 수심 300미터가 넘는 물속에서 보내기 때문에, 그것을 사용할 기회가 거의 없다는 거죠.〉 스타인케 후드가 시험을 견뎌 낸 최대 수심은 137미터였다. SEIE는 180미터까지 견딜 수 있다. 사실 그것이야말로 유일한 요구 조건이다. 180미터 이상의 수심에서 탈출하려다가는 어떤 방수복을 입고 있든 간에 감압병으로 죽을 가능성이 높다.

감압병을 이해하려면, 부엌의 탄산 가스 발생기를 떠올리는 것이 도움이 된다. 거품이 이는 물은 감압병에 걸린 수돗물이다. 액체가 든 용기에 — 소다스트림SodaStream 병이든 스쿠버다이버의 몸이든 간에 — 압축 공기를 불어넣으면, 기체 중 일부는 액체에 들어간다(전문 용어를 쓰자면, 그 기체는 평형이라는 더 큰 대의를 위해 〈용액으로〉 들어간다). 이제 통 속의 압력을 갑작스럽게 해방시킨다고 하자. 병이 열

---

7 Steinke hood. 구명조끼에 머리를 완전히 덮을 수 있는 후드가 달린 형태로서, 숨을 쉴 때 나오는 공기를 가두어서 부력을 높여 준다 — 옮긴이주.

렸거나 잠수부가 수면으로 쑥 헤엄쳐 올라올 때처럼 말이다. 공기 압력을 통해 액체에 불어넣은 기체 분자들은 이제 용액 밖으로 빠져나올 것이다(여기서 다시 전문 용어로 말하면, 평형을 추구하므로). 그렇게 빠져나온 기체 분자들은 서로 결합하여 공기 방울을 형성한다. 이유는 묻지 말라. 그냥 그렇게 뭉친다. 이제 당신은 쉬이익 소리가 나는 청량한 물 한 잔을 얻는다. 아니면 시야가 어른거리는 감압병 증상을 얻거나. 감압병은 공기 방울들이 몸속을 돌아다니면서 문제를 일으키는 것이다. 피떡처럼 작용하면서 중요한 기관으로 향하는 혈액의 흐름을 막거나, 조직을 찢어서 통증을 일으키거나, 혹은 양쪽 다 하거나 등등의 일을 한다.

잠수부는 천천히 올라옴으로써 감압병을 피할 수 있다. 그러면 혈액에서 생겨나는 기체가 허파로 보내져서, 내쉬는 숨을 통해 그냥 몸에서 빠져나갈 수 있다(이 공기 방울의 주범은 질소다. 공기에는 질소가 아주 많이 들어 있고, 질소는 지방에 녹아들어서 숨어 있곤 한다). 잠수부가 가압된 공기를 호흡하는 시간이 더 길수록, 공기가 더 강하게 압축되어 있을수록, 내보내야 하는 질소의 양도 더 많아지고, 따라서 더 천천히 올라와야 한다.

감압은 탈출하는 잠수함 승무원에게 위협이 될 수도 있고 그렇지 않을 수도 있다. 운이 좋다면, 침몰한 잠수함 안의 공기가 항구를 떠날 때와 동일한 상태로 남아 있다. 해수면의 기압 상태로다. 그럴 때 잠수함 승무원은 대개 감압병에 걸릴 위험이 거의 없이 탈출할 수 있다. 하지만 잠수함이 침수된다면, 유입된 물이 쓰레기 압축기처럼 공기를 압축할 것이다. 이제 승무원은 스쿠버다이버와 비슷하다. 이제 그들은 가압 공기를 호흡하며, 그 공기에 든 기체 중 일부는 피와 조직으로 녹아든다. 이 공기를 얼마나 오랫동안 호흡하고, 공기가 얼마나 압축되어 있느냐에 따라, 그들은 안전하게 수면으로 올라가려면 잠수부처럼 감압을 해야 할지도 모른다. 아주 깊이 내려간 상태가 아니라면, 비상 탈출구 안에서 1분쯤 가압 공기를 호흡하는 것 정도로는 시간이 짧아서 문제가 생기지 않는다. 하지만 수심 240미터에서는 비상 탈출구의 공기를 심하게 가압해야 하므로(바깥의 수압과 평형을 이루어서 해치를 열 수 있게 하려면), 그 공기를 1분 동안 호흡하는 것만으로도 감압병 위험을 일으킬 수 있을 만큼 많은 질소가 몸에 녹아들 것이다.

감압병의 훨씬 더 극단적인 악몽 같은 사례는 폭발적 감압explosive decompression이라는 것이다. 1983년 11월 5일, 잠수부 네 명이 북해 석유 시추정의 갑판에 있는 감압실에서 쉬고 있었다. 그런데 도대체 왜 그랬는지 모르지만, 잠수 지원 요원 한 명이 해치를 열었다. 그 순간 감압실의 기압이 수심 93미터의 수준에서 해수면 수준으로 급격히 떨어졌다. 1초도 채 안 걸렸다. 즉시 잠수부들의 뇌, 피, 지방, 근육에 든 용액에서 질소 방울이 피어올랐다. 병리학자들은 사례 보고서에 잠수부들의 지방이 〈프라이팬에서 지글거리는 버터〉처럼 보였다고 썼다. 그들은 피에서 즉시 기포가 형성되기 시작하면서 〈혈액 순환이 즉시 완전히 차단되었을 것〉이라고 추정했다.

잠수부 한 명은 해치가 열렸을 때 바로 앞에 있었다. 안녕, 월키. 그는 병의 마개 바로 밑에 있던 샴페인이었다. 병리학자들은 해치가 열리는 순간 빠져나가던 공기의 충격으로 그가 온몸에 손상을 입는 동시에, 〈폭발한 것이 틀림없다〉고 추정했다. 그는 네 개의 비닐봉지에 담겨서 부검실에 도착했다. 몇몇 장기는 사라지고 없었다. 〈바다로 곧장 내동댕이쳐졌을 것〉이다. 복부에 있던 기체처럼, 뇌에 있던 공기도 폭발적으로 팽창했다. 〈두피는 긴 금발이 붙은 채로 남아 있었지만, 머리뼈 위쪽과 뇌는 사라지고 없었다.〉

나는 탈출 훈련실의 바닥에 난 둥근 창을 통해 들여다보고 있었다. 헝겊 인형 같은 잠수부들의 움직임과 해치로부터 느릿느릿 올라가는 은빛 해파리 같은 공기 방울들을 지켜보고 있으면, 심해의 무시무시함을 잊기 쉽다. 잠수함 승무원은 잊을 만한 여유가 없다. 실수는 곧바로 재앙이 될 수 있다. 그리고 그 순간에 어디에 있을까? 너무 깊어서 도움도 탈출도 불가능한 곳이다.

승무원 중 누군가가 60시간 동안 깨어 있었다면, 위험은 더 커진다. 잠수함이나 전투기나 자동 무기의 조작을 가장 맡기고 싶지 않은 사람이 바로 그런 일을 하곤 한다는 점이 계속해서 군의 골칫거리가 되어 왔다. 재난을 일으킬 만큼 계속 잠을 못 잔 사람이 말이다.

GRUNT

13장

위와 아래
잠수함 승무원은 잠을 자려고 애쓴다

미사일 구획의 침대는 최근에 추가된 것이다. 미 잠수함 테네시 호는 건조된 지 몇 년 뒤에 기술 계통의 업그레이드를 해야 했는데, 기술 요원들을 도울 승무원들이 더 필요했다. 그런데 지낼 곳이 없었다. 그때 누군가가 두 핵미사일 사이 공간에 침대를 놓을 만한 자리가 있다는 것을 떠올렸다. 트라이던트 II 발사관 — 24기가 탑재되어 있다 — 은 높이가 약 14미터이고, 잠수함의 네 갑판 전체에 흩어져 있다. 여러 층에 걸쳐 있는 미사일 구획은 배에서 가장 덜 정신없는 곳이다. 오래된 대학 도서관의 서가와 비슷하다. 고개를 처박고 잠을 좀 자기에 딱 좋은 내밀한 공간 말이다.

비록 지금은 아니지만. 〈모두 기상!〉 스피커로 호통 소리와 함께 시끄럽게 계속해서 자명종 소리가 울려퍼진다. 뗑, 뗑, 뗑, 뗑. 화가 난 아이가 젓가락으로 주전자를 계속 두드리는 듯하다.

〈모든 미사일을 발사하는 훈련이다.〉 여기에는 미사일이 많다. 각 트라이던트 미사일에는 여러 개의 탄두가 실려 있고, 각 탄두는 서로 다른 표적을 맞추도록 프로그래밍할 수 있다. 나는 〈야구장의 투수판을 맞출〉 만큼 정확하다는 말을 두 번이나 들었다. 모두 14척에 이르는 미 함대 탄도 미사일 잠수함은 돌아다니는 수중 핵 병기고다. 지하 사일로의 미사일, 폭격기의 미사일과 더불어 미국 전략 방위의 〈핵 삼각축nuclear triad〉을 이룬다. 〈우리를 핵무기로 공격하는 것은 미친 짓이다〉라는 것이 이 무기들이 전하는 메시지다. 우리는 너보다 폭탄이 더 많고, 우리 잠수함이 어디 있는지 결코 모르니 선제공격을 가할 수 없다는 것이다. 탄도 미사일 잠수함은 오대양 전역에 숨을 수 있고, 탑재된 원자로로 동력과 물을 계속 생산할 수 있으므로, 연료 보급을 받기 위해 수면으로 올라올 필요가 없다. 식량이 떨어질 때까지 깊은 물속에 머물 수 있다.

테네시 호의 부함장 네이선 머리가 미사일 구획에서 훈련을 어떻게 하는지 참관하도록 나를 초대했다(나는 선상 실무 평가를 받으려는 잠수함 함장 후보생들과 함께 여기에 탔다). 우리는 한쪽 벽을 따라 늘어선 취침 구역을 지나간다. 검은 비닐 커튼으로 가려진 곳도 있다. 1980년대 펑크 클럽의 화장실 같은 인상을 풍긴다. 머리는 벽의 소방 호스 연결 부위에 기댄 채 쓰러져 있는 젊은이를 가리킨다. 어젯밤 소방 훈련 때문에 밤새 잠을 못잔 병사였다. 그리고 지금 이 꼴이 되어 있다.

잠수함 부대는 수면 문제가 심각하다고 공식적으로 인정하고 있다. 『군 작전 노트 소식지Force Operational Notes Newsletter』(승무원 휴식 특별판)를 인용하자면 이렇다. 〈바다에서는 개인의 수면이 보호받지 못한다. 행정 교육, 유지 관리, 《시급한》 문제 등으로 수면 시간이 짧아지거나 수면이 방해를 받는 일이 일상적으로 일어난다. ……〉테네시 호의 선원들은 소방 훈련, 침수 훈련, 수압관 파열 훈련, 공기관 파열 훈련, 함외 훈련, 보안 침범 훈련, 어뢰 발사 훈련을 한다. 그들은 일부 사람들이 치실을 쓰는 것보다 더 규칙적으로 미사일 발사 훈련을 한다. 우리는 한편으로는 선원들이 훈련이 잘 되어 있기를 원한다. 엉뚱한 투수판을 타격하기를 원치 않는다. 그런 한편으로, 우리는 훈련과 연습이 너무 잦아져서 폭탄과 원자로를 작동시키는 선원들이 만성 수면 부족에 시달리는 일이 없기를 원한다.

1949년의 잠수함 일정표에는 하루에 10시간씩 잠을 잘 수 있도록 되어 있었다. 〈긴 잠〉을 자는 것 외에도 승무원의 절반은 적어도 낮잠을 한 차례 잤다. 1954년부터 잠수함의 동력이 디젤 엔진에서 핵 추진 엔진으로 바뀌었다. 그 결과 온도계와 유압계뿐 아니라 지켜보아야 할 기기들이 훨씬 늘어났다. 테네시 호 승무원의 평균 수면 시간은 약 4시간이었다.

잠수함에 타기 전, 나는 수면 연구자 그렉 벨렌키 대령(퇴역했다)과 전화 통화를 했다. 그는 스포캔에 있는 워싱턴 주립 대학교 수면 및 수행 연구 센터의 설립자다. 벨렌키는 수면 시간이 하루 8시간에서 4~5시간으로 줄어들 때 어떤 일이 일어나는지를 잘 안다. 며칠에 걸쳐 인지력이 감소하다가, 새로운 안정 상태에 들어선다. 수면 시간이 더 줄어들수록, 정신적 능력이 퇴화하다가 안정 상태에 들어가기까지 걸리는 시간도 더 늘어난다. 어떤 정신 능력을 말하는 것일까? 대부분의 능력이 그렇다. 수면이 부족하면 기억력이 떨어지고, 사고, 의사 결정, 이성과 감정의 통합을 담당하는 신경망도 약해진다. 벨렌키는 이렇게 말했다. 「일하다가 문제가 생겨서 그냥 포기할 때가 있지요? 그런데 잠을 푹 자고 일어나니, 갑자기 해결책이 떠오르고요? 잠이 하는 일이 바로 그겁니다. 뇌를 정상 수준으로 돌려놓는 겁니다.」

잠수함에서는 신임 승무원들이 가장 수면 부족에 시달린다. 맡은 임무뿐 아니라, 〈자격 시험qualification〉도 준비해야 한다. 일종의 잠수함 내 통과 의례다. 잠수함의 부품과 설비를 묻는 60개 이상의 구두 질문에 대답하고, 자기 잠수함의 여러 가지 업무에 관한 실기 시험도 봐야 한다. 조타 장치를 어떻게 움직이는지부터, 음향 측심기의 사용법과 막힌 위생 탱크를 뚫는 법에 이르기까지. 「어떤 날은 하루에 세 시간 자고, 그다음 날에는 아예 못 자기도 합니다.」 분무기 안개가 자욱한 테네시 호의 신병 휴게실에서 잠수 수력학을 공부하던 얼굴이 긴 선원이 말했다(여기저기서 전자 담배를 피우고, 좀비 비디오 게임을 하고, 공격적인 탁상 축구 게임을 하는 등 전혀 공부할 환경이 아닌 곳이다. 그냥 시간이 가기만을 기다리는 것일 수도 있겠다).

그 선원은 자신이 괜찮다고 말하겠지만, 벨렌키는 그렇지 않다는 것을 안다. 수면 시간이 4시간 이내로 줄어들 때는 안정 상태가 형성되지 않는다. 능력이 계속 떨어지다가 결국 수면 연구자들이 〈파국적 보상 실패catastrophic decompensation〉 같은 특수한 용어를 붙인 단계에 이르게 된다. 『군 작전 노트 소식지』는 여기서 더 크고 굵은 활자에 밑줄과 기울임체까지 써서 강조한다. 〈간단히 말하자면, 매일 방해받지 않고 충분히 잠을 자지 못하면 며칠 사이에 피로가 쌓여서 술 취한 것과 비슷한 기능 결핍 상태가 된다.〉

음주처럼, 만성 수면 부족도 자신의 결함을 올바로 판단하지 못하게 하기 때문에 이중으로 위험하다. NSMRL의 심리학자였다가 지금은 제임스 매디슨 대학교에서 일하는 제프 다이치는 내게 2주 동안 하루에 6시간씩 잠을 잔 사람들이 48시간 동안 잠을 자지 않은 사람만큼 인지력 감퇴 증상을 보였다는 연구 결과가 있다고 말해 주었다. 밤을 새운 사람과 달리, 6시간씩 잔 사람은 조심해야 할 필요성을 전혀 인식하지 못한다. 다이치는 그런 사람들이 가벼운 피로 증세를 오랫동안 느끼다 보니 그 상태가 정상이라고 여기게 된다고 말한다. 「〈아, 나는 원래 그래〉라고 생각하기 쉽죠.」 내가 지난 이틀 동안 많이 들은 말이기도 하다. 「하루에 4시간 반만 자도 별 문제없어요.」 거대한 압축기에 쓰레기를 쑤셔 넣고 있던 선원이 말했다. 그 압축기는 손가락의 살과 뼈도 똑같이 효율적으로 집어삼킬 듯하다.

부함장 머리와 함장 크리스 보너는 승무원들이 더 나은 휴식을 취할 수 있도록 할 목적으로 개발된 새로운 당직 근무 일정표를 써보겠다고 자원했다. 승무원의 건강에도 좋고 ─ 최근에 수면 부족이 비만, 고혈압, 당뇨, 심장병과 관련이 잇다는 연구 결과들이 나오고 있다 ─ 모두의 안전에도 도움이 된다는 일정표다. 단순한 일이 아니다. 머리는 말한다. 「나는 승무원들의 휴식 상태를 파악하느라 아주 많은 시간을 쓰고 있어요.」 머리는 인기 있는 지휘관이다. 태도와 풍채 양쪽으로 듬직한 인물이다. 어깨를 축 늘어뜨리거나 어딘가에 기대거나 짝 다리를 짚고 있는 모습 따위는 그에게서 결코 볼 수 없다. 그는 늘 두 발로 꼿꼿하고 절도 있게 서 있다. 두 발이 콘크리트 덩어리에 박혀 있는 양 말이다. 두 손은 허리띠에 꽂혀 있고, 이따금 머리를 쓸어내린다. 머리털은 늘 면도기로 말끔하게 민다. 이 잠수함의 위도와 마찬가지로 머리의 이마가 원래 어디까지 올라가 있는지 내게는 기밀로 남아 있을 것이다.

문제는 현실이 따라가지 못한다는 데 있다. 승무원들은 따라오지 못하고 일정표는 어긋난다. 이번 주의 문제는 나다. 잠수함과 우리가 타고 온 배 사이에 다리를 놓을 만큼 바다가 고요한 지점을 찾느라 모든 승무원들이 할 일을 멈추고 4~5시간을 보내야 했기 때문이다.

해군이 수면 부족에 대처하는 데 어려움을 겪는 이유 중 하나는 그 문제를 처리하는 과정에서 그것이 자긍심의 일부가 되어 버렸기 때문이다. NSMRL에서 나는 오랫동안 잠수함 함장으로 재직한 레이 울리치를 만난 바 있다. 그는 말했다. 「술집에 모여 있는 해병대원들은 팔굽혀펴기를 몇 번이나 할 수 있는지 자랑할 겁니다. 비행사들은 중력의 몇 배를 견딜 수 있는지 떠들어 댈 거고요. 잠수함 승무원들은 몇 시간 동안 잠 안 자고 버틸 수 있는지 자랑할 겁니다.」〈침대 지킴이rack hound〉[1]라는 평판을 얻기보다는 피곤에 찌드는 편이 낫다는 것이다.

수십 년 동안, 군의 수면 연구는 잠을 자는 쪽보다 잠을 안 자는 쪽에 초점을 맞춘 채 융통성 없이 진행되었다. 비행사, 보병, 선원에게 이런저런 각성제를 투여하는 연구가 이어졌다. 수면 보호가 국가 방위의 우선순위에 놓인 것은 최근 들어서다. 현행 육군은 부대 지휘관에게 교전 지역에서의 수면 관리 계획을 세우고 실행할 것을 요구하는 정책을 펴고 있다(비록 이라크나 아프가니스탄에서 돌아온 병사들을 대상으로 한 소규모의 설문 조사 결과를 보면, 그런 계획이 있다는 말조차

---

1 군대 속어 중에는 누구나 알아들을 수 있는 별칭이 있다. 한 예로, 나는 〈기자 나부랭이 media puke〉다.

308
전쟁에서 살아남기

들지 못한 병사가 80퍼센트라고 나왔지만). 벨렌키는 육군이 야외 기동 훈련FTX, 즉 병사들에게 일종의 기말 실기 시험 역할을 하는 대규모의 모의 전투 훈련의 기간을 늘린 것이 하나의 전환점이었다고 말한다. 「어느 시점에서 정책 수립자들이 벌일 가치가 있는 전쟁이라면 아마 일주일이나 이주일은 계속될 것이라고 결론을 내린 듯해요. 그래서 FTX의 기간을 사흘에서 2주로 늘렸지요.」 그전까지는 〈의욕이 넘치는 듯 보이고 좋은 평가를 받기〉 위해서 사흘 내내 잠을 안 자는 것이 전통이었다. 벨렌키는 기간이 바뀐 직후에 한 사령관의 전화를 받았던 일을 떠올린다. 「그가 말했죠. 〈약 좀 추천해 주게. 우리 대원들을 좀 더 오래 깨어 있게 해줄 약이 필요해.〉」 벨렌키는 사령관이 이틀 더를 말하는 것이라고 짐작했다. 「내가 물었지요. 〈얼마나 더 오래 깨어 있기를 원하십니까?〉 그러자 그가 답했어요. 〈이주일이네.〉 실제로 병사들은 2주 동안 깨어 있으려고 애썼어요.」 잠이 군대의 능력에 얼마나 중요한지를 보여 주는 매우 흥미로운 생생한 사례임이 분명하다.

역사에도 마찬가지로 생생한 사례들이 있다. 의학사가인 필립 매코위악은 목격자들과 장교들의 기록에 근거해서, 남북 전쟁 시기 일련의 전투에서 스톤월 잭슨 장군의 활약을 그가 전투 전 며칠간 가질 수 있었던 수면 시간과 비교해 본다. 전투 직전 사흘 동안 잠 한숨 못 잤을 때 잭슨의 지휘 능력은 100퍼센트 〈최하〉였다는 평가를 받았다. 게인스밀 전투에서 그의 참모장은 그가 〈시종일관 헤매기만 했다〉고 묘사했다. 그의 여단이 〈기강이 해이〉해진 것은 물론이고, 〈그는 자기 부대가 어디에 있는지조차 몰랐다〉. 글렌데일 전투에서도 잭슨은 〈멍하게, 깊은 생각이나 활기 있는 움직임을 전혀 보이지 못한 채…… 무심하고 나른한〉 모습이었다. 맬번힐 전투에서는 몇 번이고 〈거의 방관자 같은 태도를 보이곤 했다〉. 맥도웰 전투에서는 꾸벅꾸벅 졸기까지 했다.

벨렌키는 사람이 24시간을 꼬박 깨어 있으면, 유용한 정신적 업무를 할 능력의 25퍼센트를 잃는다고 말했다. 잭슨은 깨어 있는 상태에서 최상의 능력을 발휘할 그 25퍼센트를 지닌 채 (또는 잃은 채) 지휘를 하고 있었다. 나는 테네시 호 기계실에 있는 패터슨이라는 남자를 생각하지 않으려 애쓰고 있다. 그는 전기 분해 산소 발생기를 고치기 위해 22시간째 일하고 있다. 웅웅거리면서 돌아가는 금속으로 둘러싸인 덩치 큰 분자 분할 장치다. 「원리상으로는 수소 폭탄이죠.」 그가 유쾌하게 말했다.

벨렌키가 조사한 사람 중 잠을 안 잔 최고 기록은 85시간 — 사흘 이상 — 이다. 거의 한계에 가까운 수준이다. 그는 이렇게 덧붙인다. 「그런 이들은 어느 누구에게도 도움이 안 됩니다.」 100시간, 심지어 200시간까지 잠을 자지 않았다고 주장하는 사람들이 있지만, 벨렌키의 실험 대상자들처럼 뇌파를 계속 지켜본 것이 아니므로, 그들이 틈틈이 잠을 자지 않았다는 것을 입증하기가 불가능하다. 아주 피곤한 사람은 눈을 뜬 채로 잠깐씩, 어떤 일을 하고 있었건 간에 좀 흐릿한 상태로 전환되는 1단계 수면에 빠져들 수 있다. 비행기에서 잠을 자본 사람이라면 잘 알겠지만, 잠을 자면서 근육의 긴장 상태를 유지하는 것은 가능하다. 즉 렘REM수면에 빠져들기 전까지는 그렇다. 렘수면 때에는 근육이 풀린다(자신의 24주기에 어긋나는 때에 잠이 들면, 일찍 렘수면에 들 수도 있다. 의자에 앉은 채 꾸벅 졸 때 입이 헤 벌어지면서 고개가 옆으로 떨어지는 이유는 〈일찍 찾아오는 렘수면〉 탓이다).

스톤월 잭슨의 병사들을 포함하여 군인들은 야간 행군 때 종종 걸으면서 잠을 잔다고 한다. 벨렌키는 너무나 피곤할 때 우리 뇌가 잠시 해리되는 듯하다고 말한다. 즉 일부는 잠을 자고, 일부는 깨어 있다는 뜻이다. 조류와 해양 포유동물은 그런 일을 으레 한다. 돌고래와 물범은 한쪽 뇌 반구만 잠을 잘 수 있다. 즉 뇌의 절반씩만 잠이 든다. 다른 쪽 절반은 호흡을 하려면 깨어 있어야 하기 때문이다. 공기를 들이마시기 위해 수면으로 헤엄쳐 올라와야 할 때처럼 말이다. 거위와 오리 떼가 땅에 모여서 잠을 잘 때면, 가장자리에 있는 녀석들은 한쪽 눈을 뜨고서 포식자가 오는지 주변을 살필 것이다. 당연히 그 눈을 담당하는 한쪽 뇌 반구도 깨어 있다.

군사적인 관점에서 볼 때, 잠을 자는 동시에 행군하거나 헤엄치거나 적을 수색할 수 있는 병사는 바람직한 자원일 것이다. 미래 지향적 군사 기관인 국방 고등 연구국DARPA의 목표 중 하나에 딱 들어맞는다. 〈현재 쓰이는 각성제들을 전혀 쓰지 않은 채 심신 양쪽으로 고통스럽거나 해로운 효과를 전혀 일으키지 않은 채 최대 7일까지 군인을 깨어 있고 기민하고 유능하게 해줄 수 있는〉 방법을 찾아낸다는 목표가 그렇다. 국방부가 한쪽 뇌 반구의 잠에 관한 기초 과학 연구에 지원을 하고 있는 이유가 그 때문일지도 모른다. 오리가 어떻게 뇌의 반쪽씩 잠을 자는지를 과학이 알아낼 수 있다면, 군대도 그럴 수 있지 않을까? 화학적 방법을 쓸지, 수술을 할지, 어떤 방법을 쓸지는 모르겠지만. 벨렌키는 코웃음쳤다. 「우리는 뇌 전체가 잠에 빠져들게 하는 것이 무엇인지도 아직 잘 몰라요.」

그럼에도 군 기관들은 개의치 않고 그런 꿈을 계속 추구해 왔다. 나는 나토NATO의 인간 수행 능력 최적화Human Performance Optimization 에 관한 심포지엄 자료를 우연히 본 적이 있다. 그 자리에서는 전투원을 최적화하는 용도로 쓰일 수도 있는 의료 기술들이 다 언급되어 있었다. 〈초인적인 힘을 제공하는〉 의족과 의수, 적외선과 자외선을 볼 수 있게 해줄 눈 이식 장치도 있었다. 그리고 〈한쪽 반구가 자는 동안 다른 쪽 반구가 계속 깨어 있게 해줄〉 뇌들보 절제술도 소개되었다. 외과의는 중증 간질 환자의 발작 횟수를 줄이기 위해 양쪽 뇌 반구를 연결하는 이 다리를 자르기도 한다. 그런데 뇌들보를 자르면, 실제로 수면 패턴에 변화가 일어날까? 사우스 플로리다 대학교 종합 간질 프로그램의 소장이자 그 치료법에 관한 논문을 쓴 셀림 벤바디스는 아니라고 말한다. 그는 뇌들보가 아직 덜 발달한 아기들도 정상적으로 양쪽 반구가 동시에 잠이 든다고 덧붙였다.

「그들은 온갖 경솔한 짓들을 좋은 착상이라고 생각해요.」 벨렌키가 다르파DARPA에 하는 말이다. 그렇다, 맞다. 다르파의 희망 목록에는 〈이식한 아가미〉도 들어 있다.

. . . .

「핵무기 발사가 승인되었다.」 함내 방송이 다시 나온다. 모의 훈련이긴 해도, 듣고 있자니 심란하다. 나는 주변에서 당직을 서고 있는 선원들을 둘러본다. 한 명은 엉킨 연장선을 풀고 있다. 그의 표정에서는 아무것도 엿볼 수 없다. 제어판 앞에 앉아 있는 선원은 코를 푼다. 「원래 이런 거예요?」 나는 머리에게 묻는다. 「실제 상황이라고 한다면요? 승무원들이 차분히 자기 일을 하고, 코를 풀고…….」 내 음향 측심기는 즉석에서 모든 것들을 재단한다.

머리는 말려들지 않는다. 「콧물이 흐르면, 풀어야지요.」

두 선원이 서둘러 지나간다. 각자 언뜻 로또 복권처럼 보이는 것의 귀퉁이를 쥐고 있다. 열쇠 보관함의 암호다. 미사일을 발사할 열쇠가 들어 있는 함이다. 안전을 위해 두 사람이 동시에 조작해야 한다. 2015년 저먼윙스Germanwings 자살 비행 이후로 일부 항공사가 두 명이 함께라야만 조종실에 들어갈 수 있게 조치한 것과 같은 이유에서다.

이것이 실제 미사일 발사라면, 승무원들이 얼마나 오래 잠을 자지 않았던 간에, 아드레날린이 분출하면서 각성 상태를 유지하고 있을 것이라고 내기할 수 있다. 하지만 탄도 미사일 잠수함에서는 매일 으레 하는 정상적인 훈련이기에 그다지 의욕적으로 보이지 않는다. 대부분의 감시는 평상시처럼 이루어지고 있다. 매시간 줄곧 똑같다. 화면에 뜨는 송신 자료, 다이얼, 음향 탐지기의 자료를 지켜본다. 우려스러운 조합이다. 수면 부족, 지루함, 거대한 파괴 도구. 다이치는 내게 말했다. 「해군은 우리가 원자로를 지켜보는 승무원들이 지켜보다가 잠이 든다는 조사 결과를 발표하는 것을 원치 않아요. 하지만 우리는 그런 일이 일어난다는 것을 알죠.」 깨어 있을 때에도 피곤한 사람은 당직을 서는 데에도 적합하지 않다. 심리학자들이 수면 부족 상태의 사람들에게 표준 인지 과제들을 주고서 풀게 하자, 그들은 〈정신 운동성 각성 psychomotor vigilance〉 점수, 즉 주의를 기울이고 문제점을 알아차리는 수준이 급감했다.

나는 테네시 호의 원자로와 그 담당자들을 보지 못했다. 잠수함의 그 구역에 갈 보안 허가를 받지 못했기 때문이다. 하지만 어뢰실은 가

보았다. 어뢰가 4발 있는데, 중세의 공성 망치만큼 거대하다. 사랑스럽게도(내 추측이다), 각 어뢰에는 어뢰병들의 아내 이름이 붙여져 있다. 나는 당직을 선 어뢰병에게 미 잠수함이 다른 함정에 어뢰를 마지막으로 발사한 때가 언제인지 물었다. 그는 잠시 생각하더니 답했다. 「제2차 세계 대전 때입니다.」 그렇다면 그는 일어날 가능성이 극도로 희박한 일이 일어날 때를 대비하면서 대기하고 있는 메이택 수리공[2]이다. 어뢰병이 당직 때 하는 일은 점검해야 할 항목들을 점검하고, 순찰을 돌고, 서류를 작성하는 것이다. 언제나 서류 작업이 딸려 있다.[3] 음향 탐지실과 미사일 통제 센터를 제외한 테네시 호의 많은 구역에서는 아직도 매혹적인 아날로그 방식으로 일이 진행되고 있다. 나는 미사일 구획을 둘러보다가 튜바[4]가 왜 여기 있지 하고 생각했다. 어뢰 발사 계기판에는 네모난 커다란 플라스틱 단추들이 붙어 있다. 요원 Q가 제임스 본드의 애스턴 마틴 차량에 장착한 것과 비슷한데, 각각 관 침수, 셔틀 개방, 발사 준비라고 적혀 있고, 빨간색 또는 녹색으로 빛나고 있다. 미사일 구획에도 비슷하게 옛날로 돌아간 듯한 단추들이 박힌 계기판이

<hr />

2 Maytag Repairman. 메이택 가전제품이 워낙 고장이 안 나서 수리공들이 놀고 있다는 뜻 — 옮긴이주.

3 무게로 따지면, 잠수함 한 척에는 사람들보다 서류가 더 많이 실린다. 해군 중장 조지프 멧커프 3세가 최선을 다했음에도 말이다. 그레나다 침공을 지휘한 멧커프는 또한 함정에 컴퓨터를 도입하자는 운동을 열정적으로 펼쳤다. 그는 1987년 『뉴욕 타임스』에 〈1990년이면 종이 없는 함정〉이 될 것이라고 말했다. 그는 수면에 떠 있는 소형급 전함에도 장비 설명서, 일지, 각종 서식, 그것을 담을 선반 — 연료나 군수품으로 쓸 수 있는 무거운 — 을 20톤씩 싣고 다닌다고 계산했다. 멧커프의 표어(〈우리는 적에게 종이를 쏘지 않는다〉)는 일부 언론의 주목을 끌었지만 — 아마 침 발라서 뭉친 종이를 던진 이들도 한두 명쯤 있었겠지만 — 테네시 호를 시사점으로 삼는다면, 그 뒤로도 큰 변화는 없었던 듯하다.

4 tuba. 오케스트라 전체의 베이스를 담당하는 거대한 금관 악기 — 옮긴이주.

있다. 덕분에 머리가 내게 한 말 중에 인용할 만한 것이 하나 더 생겼다. 〈휴스턴, 문제가 생겼다〉나 〈여기 좀 봐줘〉처럼 재난을 데면데면하게 넘기는 투의 문장 목록에 〈나라면 거기에 기대지 않을 겁니다〉도 덧붙일 수 있을 것이다. 너무 조심성이 없어졌을 때 쓰기 좋은 표현이다.

직관적으로 볼 때, 원자로, 어뢰, 대량 파괴 무기를 돌보는 이들에게 경계심이 거의 없다고 생각하면 불안해진다. 게다가 수백 미터 물속에 있는 잠수함에서 그런 일이 일어나고 있다고 생각하면 더욱 그렇다. 하지만 통계적으로 볼 때, 가장 위험한 상황은 원자로 구획에서 일어나는 것도, 또 심해에서 일어나는 것도 아니다. 가장 큰 위험은 언뜻 생각할 때는 간단해 보이지만 실제로는 지극히 힘겨운 일인 잠수함을 부상시킬 때 일어난다.

탄도 미사일 잠수함은 결코 가지 않을 외진 곳으로 데려가면서도 그곳의 경관을 전혀 보여 주지 않을 것이다. 이 잠수함에는 유리창도 전조등도 없으며, 주변의 어둠 속에서 자신을 눈에 띄게 할 만한 것을 전혀 지니고 있지 않다. 햇빛이 들지 않는 깊은 물속에서는 잠망경도 무용지물이다. 승무원들은 음향 탐지기를 통해 본다. 배에서 나는 프로펠러 소리를 포착하여 거리와 진행 방향을 파악한다. 탄도 미사일 잠수함은 발각되지 않기 위해, 오로지 수동적 음향 탐지기만 쓴다. 즉 소리를 내보내지 않는다. 반향정위(反響定位) — 소리를 내보내어 부딪쳐 돌아오는 소리의 시간을 재는 방식 — 는 잠수함의 위치를 노출시키곤 한다. 테네시 호는 박쥐보다 더 못 본다.

현재 우리가 있는 수심 137미터에서는 충돌할 다른 선박이 전혀 없다(각 잠수함마다 할당한 해역, 즉 〈상자box〉가 있어서, 잠수함끼리 충돌할 가능성은 거의 없다). 현재 바깥에서 가장 큰 위협이 되는 것은 새우다. 주방 승무원들이 잘게 간 음식 쓰레기를 비울 때면, 엄청나게 많은 딱총새우 떼가 몰려들어서 선체를 뒤덮는다. 그들이 시끄럽게 내는 소리에 다른 함정의 엔진 소리가 묻힐 수 있다.

오늘 아침 음향 탐지실에는 네 명이 화면 앞에 앉아서 음향 탐지기의 눈 내리는 듯이 녹색으로 명멸하는 신호를 보면서 헤드폰으로 듣고 있다. 음향 탐지병은 딱따구리가 나무를 두드리는 속도와 소리만 듣고서 어떤 종인지 구별하는 조류 탐사자와 마찬가지로 프로펠러 소리만 듣고서 어떤 배인지 식별할 수 있다. 누군가가 내게 돌고래의 끼룩소리를 들어 보라고 헤드폰을 건넨다. 잠수함에서 며칠을 보낸 뒤라, 자연과 어떤 식으로든 접촉한다는 생각에 좀 흥분할 수도 있다. 「돌고래다!」 나는 빽 소리치다squeal라는 말을 내 자신에게 적용하는 것을 몹시 싫어하지만, 바로 내가 그랬다.

「흠흠.」 음향 탐지병이 말한다. 「돌고래는 밤새도록 있어요.」

탄도 미사일 잠수함은 몇 달 동안 깊은 곳에 머물 수 있지만, 대개는 그렇게 하지 않는다. 테네시 호는 고래처럼 정기적으로 수면으로 올라온다. 전자 우편을 토해 내기 위해서다. 우리는 상선들이 오가는 항로에 부상할 예정이므로, 모두가 좀 긴장된 기색이다. 잠수함이 수면을 가르며 올라가기까지 한 시간쯤 걸린다. 누군가가 잠망경에 달라붙어 있다. 접안렌즈에 얼굴을 바짝 붙인 채, 혹시라도 음향 탐지기가 놓친 것이 있는지 훑고 있다. 시야가 360도가 안 되므로, 그는 한쪽 다리를 다른 쪽 다리 뒤로 엇갈아 디딘 자세로 마치 진공청소기와 춤을 추듯이 천천히 몸을 회전시킨다. 저 위에 아무것도 없다고 확인되기를 너무나 바라게 된다.

2001년, 미국의 그린빌 잠수함이 길이 58미터의 일본 어업 실습선 밑으로 곧장 떠올랐다. 잠수함의 수직타가 실습선을 두 동강내는 바람에 배는 침몰했고, 타고 있던 9명도 목숨을 잃었다(수면 부족은 사고 요인으로 언급되지 않았다. 당시 잠수함에는 손님들이 타고 있었다. CEO 14명 그리고, 음, 작가 한 명이었다. 그들은 한 명을 빼고 모두 통제실에 모여 있었다. 잠망경을 들여다보겠다고 밀쳐 대고, 중요한 화면들을 가리고, 음향 탐지병의 주의를 흐트러뜨리면서 말이다).

그린빌의 함장은 잠망경 훈련을 제대로 안 받음으로써 사고에 기여했다고 알려져 있다. 그가 잠망경으로 훑은 시간은 절차에 규정된 시간의 약 절반에 불과했다. 부상하는 잠수함에 닥칠 수 있는 또 한 가지 위험은 〈뱃머리 공백bow null〉이다. 한 선박의 뱃머리가 잠수함의 음향 탐지기를 똑바로 향하고 있다면, 배의 추진 장치에서 나오는 음파는 배의 선체와 화물에 의해 차단된다. 테네시 호의 안전 담당관은 이것을 〈자동차의 트렁크에서 차 앞쪽에 있는 아이들에게 소리치는 것〉에 비유한다. 거북하긴 하지만 도움이 되는 비유다.

오늘은 주말이어서, 부상할 때 더 위험할 수 있다. 주중 근무 시간 이외에 항구로 다가가는 컨테이너선은 월요일 근무 시간에 맞추어 항구에 도착하기 위해 때로 도중에 멈추기도 할 것이다. 그래야 하역 비용이 주중 수준으로 낮아질 테니까. 컨테이너선은 상점들이 죽 늘어선 번화가만 한 크기지만, 엔진을 끄고 있으면 탄도 미사일 잠수함 승무원들에게는 전혀 보이지 않는다. 테네시 호의 승무원들에게는 군함보다

돛단배가 더 걱정거리다. 이제 미 잠수함 샌프란시스코 호가 2005년 1월에 어떻게 해산(海山)에 충돌하게 되었는지를 이해할 것이다. 해산은 아주 조용하니까.

여기에 스트레스를 더하는 요인들이 있다. 마지막 순간에는 뭐라고 표현하기 힘든 미묘한 조종이 필요하다. 부상하는 탄도 미사일 잠수함은 시속 약 10~20킬로미터의 속도로 움직인다.「아기가 아장아장 기어서 트럭을 피하는 것 같지요.」안전 담당관이 말한다. 자동차 트렁크에서 소리치는 것과 마찬가지로, 여기에도 그가 말하려던 바에서 뭔가 약간 어긋난 부분이 있을지도 모르겠다.

계속 극도로 신중하게 주의를 기울이고 있다. 부상하고 있을 때 새로운 음향 탐지기 화면에 새로운 뭔가가 출현한다면,〈비상 하강〉명령이 떨어질 수도 있다. 반향정위가 없기 때문에, 다른 선박이 얼마나 멀리 떨어져 있는지를 즉시 알기가 어렵다.「일단 안전을 도모하고 나중에 알아보자, 하는 거죠.」어제 한 선박을 피해 잠수했는데, 나중에 몇 킬로미터 떨어져 있다는 사실이 밝혀졌을 때 함장이 한 말이다. 탄도 미사일 잠수함은 목적지가 없는 배이며, 그 경로는 일련의 회피와 신경질적인 후퇴로 이루어져 있다. 언제든 3.2킬로미터 이내에서 접촉이 이루어진다고 계산되면, 함장에게 연락이 간다. 그리고 때로는 항해사와 부함장에게도.

그리고 또 하룻밤의 잠을 건너뛴다.「나는 한 번 잘 때 서너 번은 깰 거라고 예상합니다.」항해사가 말했다. 실제로 머리를 깨기도 한다. 그의 선실, 배게 바로 위 벽에, 통제실의 대화를 듣는 스피커가 달려 있기 때문이다. 그는 침대 옆 탁자에 아기의 모습을 비추는 화면을 비치한 엄마 같다. 「여러 가지 배경 소음과 잡담이 들리는 와중에 갑자기 특정한 단어가 들리거나 목소리의 어조나 세기가 변하는 게 포착됩니다. 그 순간에 잠이 딱 끊기죠.」

잠수함 승무원들 사이에 카페인을 줄곧 들이키는 확고한 전통이 내려오는 것도 놀랄 일은 아니다.[5] 테네시 호는 약 500킬로그램의 커피를 싣고 항구를 떠났다. 1954년에 건조된 세계 최초의 원자력 잠수함은 현재 코네티컷 주 그로톤에서 해상 박물관이 되어 있다. 그곳을 관람한다면, 각 당직실의 계기판과 격벽에 박혀 있는 금속 고리를 보게 될 것이다. 바로 컵을 거는 곳이다! 카페인은 안전하고 효과적이지만, 단점이 없지 않다. 개인의 민감도에 따라 다르지만, 커피의 반감기는 대개 6~8시간이다. 설령 당신이 하루 중 늦은 시간에 커피를 마셔도 잠드는 데 아무런 문제가 없다고 할지라도, 밤에 더 쉽게 잠이 깰 수는 있다. 당신의 신경계가 아직 흥분 상태에 있어서, 뇌가 본래는 무시했을 소리를 비롯한 자극들에 더 주의를 기울이기 때문이다. 잠을 설칠수록, 당신은 다음 날 커피를 더 많이 마시는 경향을 보이며, 그날 밤은 더욱더 잠을 설치게 된다. 그렇게 계속 진행된다. 머리는 그렇게 말하는 동안 내가 머그잔에 커피를 다시 채우는 것을 본다. 「그건 장기적인 해결책이 아닙니다, 승무원.」

우리는 잠망경을 내밀 수 있는 수심에 다가가고 있다. 통제실의 조

---

5 부대의 짐을 줄이겠다고, 육군은 병사가 이미 짊어지고 있는 육포 같은 식량, 껌이나 민트에 카페인을 섞는다. 네이틱 홍보 담당관 데이비드 아세타는 식량 연구실을 방문하는 기자들에게 카페인 첨가 육포를 제공한다. 먹어 보니, 고기에 카페인을 섞었다면 날 법한 맛 그대로였다. 아세타는 깜짝 놀랐다고 했다. 「글쎄, 브라이언 윌리엄스(Brian Williams, 미국의 유명한 언론인 — 옮긴이)는 무척 좋아했다니까요.」 정말로?

명은 꺼져 있다. 잠망경을 들여다보는 사람의 편의를 위해서다. 그는 잠시 뒤 새벽 5시 정각에 수면 위의 어둠 속을 살펴볼 것이다. 여기 있는 나머지 모두 — 상당수는 얼마 뒤 네 시간 이내의 잠을 잘 것이다 — 에게 어둠은 도움을 주는 것이 아니라 정반대의 역할을 한다. 이곳은 따뜻하고 컴컴할 뿐 아니라, 수면에 가까워지고 있기에 잠수함이 너울에 부드럽게 흔들리고 있다. 「고문이죠.」 조타수가 말한다.

고문은 수면 연구자 윌리엄 디멘트가 1950년대에 학생으로서 너새니얼 클라이트먼의 렘수면 연구를 도울 때 쓰던 단어였다. 눈꺼풀 전극과 눈 전위도electrooculargraph가 등장하기 전이어서, 대학원생들은 밤을 새면서 실험 대상자들을 지켜보았다. 「한밤중에 30와트 전구의 흐릿한 불빛 아래 성인들의 닫힌 눈꺼풀을 지켜보는 것은 정말로 고문이었다.」 디멘트는 클라이트먼에게 바치는 헌사에 그렇게 썼다. 클라이트먼은 자기 분야에서 〈수면 연구의 아버지〉로 불린다(더욱 고역스러웠던 것은 실험 대상자가 여성일 때 클라이트먼이 고집스럽게 옆을 지키면서 보호자 역할을 했다는 점이다. 누군가의 감시를 받으면서 밤새도록 잠자는 사람의 눈을 지켜보고 있어야 하다니).

사진은 1938년에 찍은 것이다. 너새니얼 클라이트먼은 식탁 앞에 앉아서, 히코리 훈연 햄에 칼과 포크를 엇갈리게 갖다 대고 있다. 이 햄 저녁 식사 장면에서 특이한 점은 그것이 지하 36미터의 동굴에서 이뤄졌다는 것이다. 클라이트먼은 사람의 수면과 각성 주기를 조사하기 위해 대학원생 한 명과 켄터키의 매머드 동굴에서 32일을 지냈다. 그는 밝혀내고 싶었다. 이 주기가 외부 단서 및 일과와 어느 정도까지 관련이 있을까? 그 단서들 — 햇빛, 식사 시간, 규칙적인 업무 시간 — 을 없애면, 생활 주기가 쉽게 바뀔 수 있을까? 지하로 들어가는 것이 답을 얻는 가장 쉬운 방법처럼 보였다.[6]

잠수함 부대는 클라이트먼의 연구에 관심을 보였다. 동굴처럼 잠수함도 시간 생물학을 위한 일종의 현실 속 실험실이다. 클라이트먼도 잠수함 부대에 관심이 있었다. 지금도 그렇지만, 당시에 잠수함 부대는 각성 문제로 골치를 썩이고 있었다. 클라이트먼은 잠수함이 햇빛과 격리되어 있다는 점 — 머리의 말마따나 〈늘 섭씨 21도에 형광등 불빛〉을 받고 있다는 사실 — 을 토대로 새로운 당직 일정표를 짰다. 클라이트먼은 기상 시간을 서로 다르게 하여 각 승무원이 서로 다른 시간에 하루를 시작하도록 하면, 서로 분리시켜서 당직 일정표를 돌릴 수 있을 것이라고 추론했다.

1949년 코사이어 호, 토로 호, 터스크 호라는 세 잠수함에서 2주에

---

6 너새니얼 클라이트먼 자료집의 한 서신에 적혀 있듯이, 나름 해결해야 할 문제들이 없지는 않았다. 〈쥐들이 뛰어오를 위험〉을 피하고자, 연구자들의 침대에는 특수 제작한 〈양철쥐 방지판〉을 두른 1.5미터 높이의 받침다리를 붙였다. 안타깝게도 유명세를 추구하는 관광객 모집인들과 시끄러운 기자들을 막을 방지판은 없었다. 클라이트먼은 언론의 간섭을 원치 않는다고 분명히 말했지만, 실험을 시작한 지 일주일쯤 되었을 때, 매머드 동굴의 관리인인 W. W. 톰프슨이 저녁 음식을 내려 보낼 때 쪽지를 넣었다. 어떻게 알아냈는지 몰라도 기자들이 몰려와서 당신을 만나게 해달라고 소동을 피우고 있다는 내용이었다. 클라이트먼은 조용히 넘어가지 않았다. 그는 기사 원고를 검토할 테니 달라고 했다. 그는 『뉴스 어브 더 데이 News of the Day』에 〈실험을 결코 비웃지 않을 것〉이라는 각서를 쓰게 했다. 결정적인 실수를 저지른 측은 『라이프』 잡지였다. 클라이트먼의 직함(〈박사〉)이 대학원생 이름 앞에 붙는 〈씨〉와 바뀌어 있었다. 편집부는 〈인쇄 실수〉라고 주장하는 사과 편지를 써야 했다.

321
13장 위와 아래

걸쳐 클라이트먼의 당직 일정표를 시험적으로 적용해 보았다. 실험을 끝내면서 클라이트먼은 설문지를 돌렸다. 마지막 질문은 이것이었다. 〈새 일정표로 대체해야 한다고 보십니까?〉 19명이 〈예〉라고 답했다. 〈아니오〉는 143명이었다. 대체 어떻게 된 것일까? 주방의 파국적 보상 실패 때문이었다. 그 전까지 주방 승무원들은 24시간마다 한 번씩 아침, 점심, 저녁을 차리고 설거지를 했는데, 이제는 각기 다른 시간에 시작되는 각 당직 집단의 〈하루〉에 맞추어서 아침, 점심, 저녁을 세 번씩 차리고 치워야 했다. 요리사들은 지치고 분노했다. 식당은 엉망이 되었다. 〈한 시간 반 넘게 치우지 않은 채 그냥 쌓여 있었다.〉 그래서 식사 때마다 〈이전 식사 때의 음식 냄새가 진동했고, 오래된 음식 쓰레기가 나뒹구는 듯한 인상을 풍겼다〉. 그리고 잠수함의 식당은 본래 휴게실 역할도 했는데, 이제는 식당에서 영화 상영도 할 수 없게 되었다. 〈어쩔 수 없이 오락 활동을 줄이다 보니, 승무원들이 서로 부딪히지 않게 피하려 애쓰면서 빈둥거리며 돌아다녀야 할 지경에 이르렀다.〉 또 같은 〈시간대〉에 속하지 않은 친구들은 서로 격리된 상태가 되었다. 〈이 실험적인 당직 일정표를 더 지속한다는 것은 바람직하지도 실현 가능하지도 않다고 여겨진다.〉 너새니얼 클라이트먼 자료집의 잠수함 서류철에 든 마지막 쪽지에 적힌 결론이었다.

잠수함 부대 내에는 클라이트먼의 당직 일정표에 더 제대로 기회를 주어야 한다고, 즉 식사와 오락 활동도 그에 맞추어서 조정을 했어야 한다고 믿는 이들도 있었다. 한 부함장은 비난조로 썼다. 〈그냥 똥고집이다. 선원들은 새로운 뭔가를 시도하는 것 자체를 싫어한다.〉 〈가만히 있는 배를 흔들지 말라〉거나 〈평지풍파를 일으키지 말라〉 같은 말들에 항해라는 요소가 공통적으로 들어 있다는 것이 그저 우연의 일치가 아닐 수도 있다.

그 장교의 말은 아마 옳았을 것이다. 클라이트먼 당직 일정표는 탄탄한 과학에 토대를 두고 있었다. 햇빛은 가장 강력한 체내 시계 조정자다. 우리 몸에는 눈의 막대 세포와 원뿔 세포 외에 제3의 광수용체가 있다. 이 광수용체는 햇빛의 청색 파장에 맞추어져 있다. 이 빛이 있느냐 없느냐 하는 정보는 솔방울샘으로 들어간다. 솔방울샘은 몸의 천연 수면제인 멜라토닌을 만드는 곳이다. 햇빛은 멜라토닌 생성을 중단시키고, 그럼으로써 잠에서 깨어나게 한다(실내 조명, 특히 태블릿과 스마트폰의 불빛도 멜라토닌을 억제할 수 있지만, 햇빛만큼 극적인 효과를 일으키지는 못한다). 아침에 햇빛을 받으면서 집으로 돌아가서 잠을 청하지만 말똥말똥할 뿐인 야간 근무조 직원이 태양의 청색 파장을 차단하는 황갈색 렌즈가 끼워진 보노 스타일Bono-style 안경을 쓰면 좀 편해지는 이유가 이 때문이다.

NSMRL은 멜라토닌을 억제하는 청색 파장을 방출함으로써 낮 시간이라고 뇌에 착각을 일으키는, 건전지로 켜지는 조명이 테두리에 부착된 고글을 개발해 왔다. 당신이 어느 방향으로 비행기를 타고 가느냐에 따라, 이런 색다른 안경들은 새로운 시간대에 미리 적응하도록 도움을 줄 수 있다. 아니면 새벽 3시 정각에 비밀 임무를 수행하기 위해 중동으로 향하는 특수 작전 부대원들처럼 적응 따위는 필요 없다고 여기거나. NSMRL의 수면 주기 연구자 케이트 쿠투리어 대위는 괌에서 미국 동부 해안까지 비행기를 타고 가는 네이비실 대원들에게 청색광을 내는 고글을 씌웠다. 그들을 이성적으로 매력 없어 보이게 만드는 것이 가능한지(이런 실례), 내 말은 그들의 생활을 계속 괌 시간에 맞추어 놓는 것이 가능한지 알아보기 위해서였다. 그 방법은 먹혔다.

하루 주기 변경에 따른 생체 시계 이상은 수면 시간 만큼이나, 아니 오히려 그보다 더 각성도와 수행 능력에 영향을 미친다고 말하는 편이 공정할 것이다. 1990년대 말, 스탠퍼드 대학교의 수면 연구자들과 통계학자들이 모여서 「먼데이 나이트 풋볼Monday Night Football」의 25시즌에 걸친 경기 결과를 분석했다. 그 경기가 미국 동부 표준 시간으로 9시 정각에 시작되므로, 서부 해안에서 온 선수들은 본질적으로 오후 6시 정각에 뛰는 것과 같았다. 하루 주기 관점에서 볼 때, 신체 활동 능력은 늦은 오후에 최대에 달하는데, 그 시간대에 더 가까운 셈이었다.[7] 연구자들의 예상대로, 서부 해안 쪽 팀들이 더 많이 이기고 경기당 득점도 더 높았다. 이 효과는 때로 팀이 경기 날짜보다 며칠 더 일찍 이동하여 선수들의 신체 리듬이 적응할 기회를 주었을 때 더욱 극적으로 나타났다.

군대의 수면 문제를 복잡하게 만드는 또 한 가지 요소는 근무 일정표를 짜는 사람들이 중년이고 그 일정표를 따르는 사람들이 십대 청년일 때가 흔하다는 점이다. 청소년은 대개 잠을 더 많이 자야 할 뿐 아니라, 그들의 하루 주기 리듬은 어른에 비해 〈위상 지연된phase-delayed〉 양상을 보인다. 즉 멜라토닌이 저녁에 좀 더 늦게 생산되기 시작하고, 그 결과 십대나 더 나아가 22세의 청년도 자정이 꽤 지날 때까지 졸음

---

7 각성도만 높아졌다 낮아졌다 하는 것이 아니다. 창자의 운동도 하루 주기를 따른다. 건강한 사람은 자정이 지난 뒤에는 거의 배변을 하지 않는다. 시차가 크게 나는 지역에서 막 도착한 것이 아니라면 말이다.

이 오지 않을 수도 있다. 끔찍하게도 전통적인 신병 훈련소는 조명을 오후 10시 정각에 끄고, 새벽 4시에 기상벨을 울린다.

제프 다이치는 해군 신병 훈련소의 수면 부족 문제를 해결하고자 자신을 찾은 한 장성의 이야기를 들려주었다. 그 여성 장군은 한 시간 더 일찍, 즉 오후 9시 정각에 소등을 함으로써 훈련병들이 잠잘 시간을 늘리고 싶어 했다. 다이치는 소등이 된 뒤에 장군을 데리고 조용히 훈련소를 둘러보았다. 「거의 모든 훈련병이 무료하다는 기색으로 멀뚱멀뚱 앉아 있었어요. 얼마나 일찍 일어나야 하든지 간에 그들은 자정까지는 잠을 자지 않을 겁니다.」 다이치는 오전 4시인 기상 시각을 6시 정각으로 늦게 했다. 그러자 평가 점수가 대폭 향상되었다. 한 주임 원사는 뭔가 속임수가 자행되고 있을 것이라고 추정하기도 했다.

지난 40년 동안 잠수함 부대는 〈6시간〉이라는 근무 일정표를 써 왔다. 선원들의 시간을 6시간 단위로 쪼개는 방식이다. 당직 6시간, 기타 업무와 훈련 등 6시간, 개인 활동과 취침 6시간이다. 그런 다음 다시 당직을 선다. 하루 일정을 18시간으로 정한 결과, 각 선원은 24시간마다 6시간씩 당직을 한 번 더 서게 되었다. 문제는 이 일정표에 따른 활동이 개인의 생물학적 리듬에 들어맞지 않는다는 것이다. 몸이 몹시 잠들기를 원하는 시간에 일하게 된다. 「매일 파리까지 비행하는 것과 같아요.」 케이트 쿠투리어가 말했다. 파리는 없지만 말이다. 「사중 타격이에요.」 쿠투리어의 동료인 제리 램의 말이다. 내가 테네시 호에 타기 전에 그를 비롯한 해군 수면 전문가들과 만났을 때 그렇게 말했다. 「수면 시간과 업무 시간을 뱅뱅 돌리는 겁니다. 개처럼 부려먹고 있죠. 잠잘 시간을 조금밖에 안 줘놓고, 훈련을 받으라고 깨우죠.」 그는 동료들을 향해 시선을 돌렸다.「내가 뭐 빠뜨린 거 있나요?」

램은 〈하루 주기 친화적인〉새로운 근무 일정표를 지지하고 나선 바 있다. 늘 그렇듯이, 반발이 제기되어 왔다. 6시간 체제는 50년 동안 쓰여 왔다. 보너 함장은 어느 날 아침 함장 전용실에 모인 우리에게 말했다.「결함이 있긴 해도, 우리는 완벽하게 다듬어 왔어요. 지금 우리는 그 공을 뒤흔들어 내동댕이쳐서 다시 산산조각으로 만들려 하고 있어요.」나는 어떤 게임을 염두에 두고 하는 말인지 상상하려 애썼다.

한밤중부터 오전 8시까지 근무하는 조가 가장 큰 문제다. 끔찍한 〈야간조〉다. 근무를 한 다음 식탁에 앉아서 저녁을 먹는 대신에, 아침을 먹는다. 그리고 오후 4시부터 10시까지 잠을 잔다. 물론 네이선 머리가 최선을 다하고 있음에도 자다가 일어나야 할 때도 종종 있고 말이다. 고통을 더 공평하게 분담하기 위해, 선원들은 매주 서로 근무 시간을 바꾼다. 매일 파리로 날아가는 대신에, 2주에 한 번씩 날아가면 된다. 교체는 일요일에 이루어진다. 대개는 한 주일 중에서 가장 조용한 날이기 때문이다. 즉 승선할 사람들이 와서 모두가 추가로 일을 해야 하는 상황이 벌어지지 않는 날이다.

그런데 오늘 일요일에는 추가로 일을 했다. 잠망경을 들여다보던 장교이자, 오늘의 일직 사령인 케드로프스키 대위는 야간조로 바꾸고 있다. 오늘은 그의 생일이기도 하다. 생일 축하합니다, 대위. 생활 리듬이 엉망이 되고 세 시간밖에 못 잤네요. 여느 침대들처럼 냄새가 나는 침대에서요. 캘리포니아에서 온 어떤 작가를 위해 소중한 시간을 써야 했으니까요.

「정말 죄송해요.」나라면 탄두 사이에서 잠자는 것이 즐거웠을 텐데.

「괜찮아요.」케드로프스키가 쾌활하게 말한다. 억지로 하는 말이 아니다. 내가 이곳에서 만난 사람들은 거의 다 태평하고 유쾌했다. 몹시 피곤할 텐데도 그랬다. 주방 찬장에 붙어 있는 돌Dole 바나나 광고 그림에 적힌 글을 인용하자면, 나는 〈멋진 친구들과 어울렸다hanging with a cool bunch〉. 세상의 모든 이들이 해군에서 일한다면, 해군이 아예 필요 없어질 것이다.

케드로프스키의 머리 위에서 붉은 불빛이 명멸하고 있다. 앞서 케드로프스키는 이 경고등이 뭔지 설명해 주었다. 미국 대통령이 핵미사일 발사 명령을 내리면, 켜지는 등이라는 것이다.

「그러면 그때를 대비해서 훈련 중이라는 거예요?」

「아니오.」케드로프스키는 3공 바인더에 뭔가를 적고는 그 등을 쳐다본다. 「고장 난 거라고 할 수 있죠.」그는 펜을 내려놓고 그 경보음에 귀를 기울인다. 「이렇게 말하는 것 같아요. 〈경보음을 무시하라.〉」무시하기가 어렵다. 곧 경보음이 멈춘다. 「고칠 필요가 있겠네요.」그가 말한다.

그 미사일 경보는 좀 허둥거리게 하지만(야단났네, 어쩌지?), 그다지 두렵지는 않다. 일반적으로 전쟁, 구체적으로 핵전쟁의 기묘한 논리에 따르자면, 찾아낼 수 없는 수심 150미터에 있는 트라이던트 잠수함은 다른 어디보다도 더 안전한 곳이다. 현대 탄도 미사일 잠수함의 선원들은 지독한 지루함, 향수병, 성욕, 라이머빈 통조림을 견디면서 오랜 시간을 보내지만, 우리 대다수가 군대를 통해 억지하고 있는 위협에서 벗어나 있다. 거의 언제든 총이나 폭탄에 맞을 수 있다는 성가신 생각으로부터 말이다. 죽는 것보다는 지독한 지루함이 더 낫다.

GRUNT

14장

사자로부터의 피드백

시신은 어떻게 사람이 계속 살 수 있게 돕는가

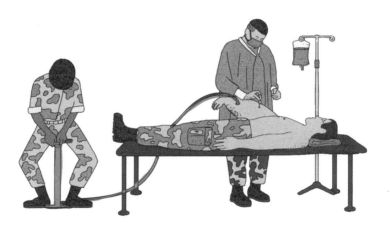

신문에 실린 총에 맞거나 폭탄에 맞아서 죽은 사람의 사진을 볼 때, 내 시선이 향하는 곳은 피가 아니다. 옷차림이다. 여기 아침에 일어나서 자신이 마지막으로 양말을 신고 있다는 것, 아니 검시관을 위해 넥타이를 매만지고 있다는 생각을 전혀 하지 않은 채 옷장으로 다가갔던 사람이 있다. 그 옷차림은 가슴이 아릴 만치 지극히 평범했을, 마지막 하루를 보여 주는 스냅 사진이 된다. 죽음과 삶이 한 장면에 담겨 있다. 미군 사망자의 부검 사진에서는 그 사이에 어떤 일이 있었는지도 보게 된다. 국방부의 방침은 그 당시에 생명 구조 활동에 쓰인 모든 장비들을 시신과 함께 그대로 놔두는 것이다. 그래서 위생병과 외과의가 어떤 응급조치를 취했는지 보게 된다. 죽음을 몰아내기 위해 썼던 지혈대와 관을 말이다.

군 부검 때에는 장기와 살이라는 소프트웨어와 함께 의료 기구라는 하드웨어도 검사한다. 환자를 치료했던 의료진에게 피드백을 제공한다는 생각에서다. 새로운 기도 확보 기구가 제조사가 주장한 대로 작동했을까? 제자리에 삽입되었을까? 달리 방법이 있었을까? 그 피드백은 매달 열리는 전투 사망자 원격 회의에서 이루어진다. 미군 법의관 시스템AFMES 야전 피드백Feedback to the Field 사업의 일환이다. 예전에는 피드백이 발표된 논문이라는 형태로 확고하면서 정량적으로 이루어졌다. 그런데 논문이란 동료 심사를 거쳐서 의학 학술지에 실리기까지 시간이 꽤 걸리며, 그 사이에 많은 목숨이 사라질 수 있다. 이렇게 원격 회의를 통하는 편이 훨씬 낫다.

이 시스템에는 두 개의 옅은 황갈색 벽돌 건물, 즉 영안실과 시체 보관소가 소속되어 있다. 영안실 풍경이 좀 더 낫다. 그렇다고 해서 시체 보관소가 황폐하고 음침하다는 말은 아니다. 그렇지 않다(거기에 가기 위해 차를 몰고 지나가면서 접하는 광경과 비교하면 확실히 아니다. 도버 주류 판매점, 슈퍼8 모텔, 칙필레 닭 요리집, 애플비, 보호 관찰소, 맥도널드, 웬디스, 중독 치료 센터, 보스턴 마켓, 거대한 쥐를 광고판에 그려 넣은 방제 서비스 업체). 두 건물은 산책로로 이어져 있지만, 한쪽 건물에서 다른 쪽 건물로 이동하려면 신분증이 필요하다. 가족들이 엉뚱한 길로 돌아가다가 부검실에 들어서기를 원치 않는 모양이다.

혹은 오늘 아침, 이 회의실에 들어서는 것도. 제7차 전투 사망자 회의가 막 시작되고 있다. 80명이 원격 통신으로 연결되어 참가하고 있다. 약 30명은 이곳 AFMES 소속이고, 아프가니스탄과 이라크에서도 전화로 그 정도의 사람들이 연결되어 있으며, 텍사스 샌안토니오에 있는 미 육군 외과 연구소에서도 몇 명이 연결되어 있다. 이들은 음성만으로 이야기를 나눈다. 비디오 화면도 있지만, 발언자의 얼굴이 아니라, 논의의 대상인 병사의 모습을 비추는 데 쓰인다.

화면에 뜬 사진 속의 시신은 등을 대고 누워 있다. 눈과 음부는 검은 색깔로 가려져 있다. 나는 두 발도 그렇게 가리고 싶다. 발은 기이하게 같은 면을 드러내면서 붙어 있다. 고대 이집트 프리즈frieze에 새겨진 발이나 종업원이 험하게 침대 시트를 쑤셔 넣는 호텔의 어느 침구 밑에 들어간 발 같다. 아프가니스탄에서 연결된 사람이 병원에 오기 전까지의 응급처치 상황을 나열한다. 「도착할 당시 CPR(심폐 소생술)이 이루어지고 있었습니다. 제트JETT 지혈대, 흉골 골수 주사, 혈장, 에피네프린 주사 2회. 의료 시설에 도착했을 때 심장 활동은 정지된 상태였고요. CPR도 중단했습니다. 오버.」 물론 오버는 군인들이 무선 통신을 할 때 말 끝에 습관적으로 붙이는 단어이지만, 나는 처음 들었을 때, 어떤 극적인 설명이 쏟아져 나올 것 같은 인상을 받았다.

그를 부검했던 법의관이 이어서 요약 발표를 한다. 「……머리에 광범위하게 부상을 입었고, 머리뼈가 파열되었습니다. 뇌줄기에 열상이 있었습니다. 출혈. 복합 안면 골절. 양팔에 광범위한 부상. 정강이뼈와 종아리뼈도 부러졌고요. 다시 얼굴로 돌아가서 위아래 턱뼈에도 골절이 있었습니다.」 피는 깨끗이 닦아 냈기에, 내가 듣고 있는 내용은 대부분 시각적으로는 와 닿지 않는다. 와 닿는 것이 하나 있긴 하다. 그의 콧수염이 비뚤어져 있다는 것이다. 왠지 옛날 슬랩스틱 개그가 떠오른다. 풀로 붙인 가짜 콧수염이 미끄러져 내려와서 배우의 얼굴에 비뚤어져 매달려 있는 광경 말이다. 당시에도 그리 우습다고 생각되지 않았지만, 지금은 더욱더 그렇다.

섬세한 편집자처럼, 그 법의관은 긍정적인 부분들부터 피드백을 시작한다. 「반지방패는 충분히 완벽하게 이루어졌습니다.」 반지방패는 반지방패 연골 절개술의 줄임말이다. 반지방패막에 구멍을 뚫는 응급 조치를 통해 기도를 확보하는 것이다. 법의관의 말이 이어진다. 「다음은 제트 부착입니다.」 제트(Junctional Emergency Treatment Tool, 이음부 응급 치료 도구)는 다리와 몸통 이음부의 넙다리 동맥을 압착하는 새로운 유형의 지혈대다. 「제트는 이송 때 움직였을 가능성이 있습니다. ……」 본래 있어야 할 곳이 아닌 곳에 붙였다는 사실을 지적하는 정중한 표현이다. 이런 회의에서는 어떤 식으로 표현을 해야 할지 세심한 주의를 기울인다. 법의관들은 응급 치료를 한 사람들을 비난하거나 비판하고 싶어 하지 않는다. 그들을 이름이나 계급으로 부르기보다는 〈장치 사용자〉라고 표현한다.

육군 외과 연구소의 한 사람이 덧붙인다. 「제트를 너무 가까이 붙인 것은 초보자의 실수입니다. 넙다리 동맥은 이 기구를 댄 곳보다 좀 더 먼 쪽에 댔어야 더 쉽게 압착이 됩니다.」 그는 한 발 물러선다. 「이송 때 기구가 더 가까운 쪽으로 옮겨졌을 가능성도 있지만요.」 그는 더 덧붙이지 않고는 못 배기는 듯하다. 「그랬을 가능성은 없어 보입니다. 모든 분께 그렇게 말하겠습니다. 감사합니다.」

다음 사례는 바라보기가 더 쉽다. 너무 쉽다. 나는 죽은 이의 몸에 감탄하는 상황이 있어서는 안 된다고 다짐한다. 모든 것이 정상일 때, 시신은 오래되고 약하고 초췌해 보인다. 흘깃 보기만 해도 그 시신에 살아 있다고 말할 부분이 거의 없음을 안다. 「흉골 골수 주사가 적절히 이루어졌음을 알 수 있습니다.」 법의관이 말하고 있다. 골수 주사는 정맥 주사의 사촌격이다. 정맥보다는 골수를 통해서 수혈을 하는 것을 말한다. 누군가가 피를 다량 잃는다면, 혈관벽이 팽팽하지가 못해서 혈관을 찾아 바늘로 찌르기가 어렵다. 핀으로 새로 분 풍선을 찌르는 것과 파티를 한 뒤 일주일 동안 방구석에 처박혀 있던 풍선을 찌르는 것의 차이다. 뼈, 특히 많은 혈액이 모이는 흉골은 작은 전동 드릴이나 총으로, 전원이 약할 때에는 손으로 세게 돌려서 뚫는다.

예전이었다면, 이 남자의 멋진 가슴 근육이 그의 죽음에 관여했을 수도 있다. AFMES가 야전에 제공한 피드백 중 하나는 이것이었다. 매일 같이 역기를 들어 올리는 육군 병사나 해병대원은 가슴 근육이 너무나 우람해지는 바람에 허파가 쪼그라들었을 때 — 총알이 허파를 뚫는 바람에 허파의 공기가 그 주변 공간으로 빠져나가서 쌓일 때 같은 — 문제가 생기곤 한다. 그럴 때에는 바늘로 가슴을 찔러서 공기 압을 줄여야 하는데 근육이 두꺼워서 바늘이 근육을 뚫고 더 안쪽까지 닿지 않기 때문이다. 모든 남성 부상 환자의 약 절반이 그러했다. 야전 피드백 덕분에, 지금은 우람한 병사에게는 더 긴 바늘을 쓴다.

마지막 사례는 뒤에서 총을 맞은 여성이다. 법의관이 설명한다. 「총알이 관통한 두 구멍 중 큰 쪽은 심장을 뚫은 뒤 오른쪽 허파를 뚫었습니다. ……흉골 골수 주사는 제 위치에서 이루어졌습니다. 정강이뼈 골수 주사도 정확한 위치에 했고요.」 그 외에는 말할 내용이 별로 없다. 그 외의 응급 치료도 별로 이루어지지 않았다.

여성의 속옷은 입힌 채다. 연노란색[1]의 평범한 속옷이다. 그 모습에

1 남성 군인과 달리, 여군은 속옷을 직접 구입하도록 상품권을 받는다. 미군은 태양 전지판을 내장한 군복 — 무선 통신 장치의 전지를 충전할 수 있는 상의 — 을 구입한다는 방안을 추진하고 있지만 — 여군의 브라를 구입하는 일과 연관 짓지는 않고 있다. 육군의 한 대변인은 『블룸스버그 비즈니스』에 이렇게 말했다. 「나는 아내와 함께 그런 것들을 쇼핑하곤 합니다만…… 쉽지 않아요.」

나는 울컥한다. 그 옷차림에. 자신이 사망할 것이라는 생각은 조금도 하지 않고서 입었을 그 옷에. 두 번째 슬라이드는 엎드린 자세다. 속옷의 뒤쪽은 분홍색이다. 잠시 뒤에야 나는 이유를 깨닫는다. 노란색에 빨간색이 더해져서 분홍색이 된다는 것을.

　부검실은 여름날 같은 냄새가 난다. 환기 장치가 외부 공기를 안으로 빨아들이기 때문이라고, 오늘 오후 나를 안내하는 일을 맡은 AFMES 홍보 담당관 폴 스톤이 설명한다. 「조금 전에 잔디를 깎았거든요.」 부검실은 시신 22구를 동시에 부검할 수 있을 만큼 넓다. 스톤은 아프가니스탄에서 치누크 헬기가 저격을 당해서 탑승자 38명과 군견 1마리가 죽은 바로 그 주에 여기 있었다. 당시 항공기 연료와 살이 탄 냄새 등이 진동을 했다. 어찌나 강했는지, 스톤의 옷을 드라이클리닝한 세탁소 주인은 요금을 두 배로 매겼다. 「그가 말했지요. 〈대체 뭔 짓을 하고 다니는 겁니까?〉」 스톤은 국방장관실 대변인으로 근무했다. 그의 입을 열게 하기가 쉽지 않다. 내가 블라디미르 푸틴을 닮았다는 말을 많이 듣지 않냐고 물었을 때에도 별 대꾸가 없었다.

　이라크 전쟁이 한창일 때는 매주 20~30구의 시신이 이곳을 거쳐 갔다. 2004년 이래로 이곳에서 약 6천 건의 부검이 이루어졌다. 미군에서 복무하다가 사망한 사람(그리고 개)은 모두 부검을 받는다. 늘 그랬던 것은 아니다. 2001년 이전에는 사망 당시의 목격자가 없거나, 사인이 불분명한 시신만 부검을 했다. 스톤은 살인으로 의심되는 사례를 하나 들다가 말을 멈춘다. 「학술적으로 따지면, 다 살인이지요.」 살인이라는 영어 단어homicide는 라틴어의 사람homo과 살인 행위(-cidium)에서 나왔다. 물론 그가 방금 말한 것은 살인죄에 해당하는 살인, 즉

기소 가능한 살인이다.

그 6천 명의 사람은 자기 인생의 정점에 있을 때 살해되었다. 부검이라는 이 일이 당사자에게 어떤 영향을 미칠까? 한 가지는 바로 그 질문 때문에 매우 피곤하다는 것이다. 「우리는 의사입니다. 그리고 이들은 우리 환자이고요.」 준비된 대답 중 하나다. 나는 의사치고는 꽤 힘든 일을 한다고 상상한다. 대다수의 의사는 건강을 회복시키고 고통을 없애고 수명을 늘리겠다는 희망과 의도를 갖고 의술을 수행한다. 목숨을 구하기 위해서. 야전 피드백 덕분에, 이 법의관들도 목숨을 구하고 있다. 하지만 자신이 매일 같이 대하는 시신들의 목숨은 아니다.

스톤은 나를 H. T. 하크 방사선실로 안내한다. 죽은 남녀가 CT 촬영을 하는 곳이다. 전신 CT 촬영은 방사선 피폭량이 상당하지만, 시신은 걱정할 필요가 없다. 살과 피만 있는 시신을 부검할 때에 비해, 총알의 궤적과 진입 각도 같은 것들은 선명한 회색 CT 영상 속에서 알아보기가 더 쉽다. 법의학적 방사선 병리학의 기초를 알려 주겠다고 하크 대령이 직접 나선다. 이 연구실의 이름에 나와 있는 그 사람이 맞다. 나는 그가 이 분야에서 선구적인 공헌을 했기에 경의의 표시로 그 이름을 붙인 것이라고 짐작했다. 내가 그 이야기를 꺼내자 그가 말한다. 「두 가지 방법이 있지요. 죽거나 2백만 달러를 기부하는 겁니다. 어느 쪽일지는 상상에 맡기지요.」

하크는 마우스를 내리면서 익명의 시신의 전신 영상을 죽 보여 준다. 머리뼈부터 발뒤꿈치까지 훑을 때, IED 파편들이 마치 초신성처럼 섬광을 발한다. 금속은 회색을 띤 근육, 피, 뼈를 배경으로 새하얗게 보인다.[2] 그 대비는 선명하면서 많은 것을 시사한다. 가속된 강철 앞에

서는 아무리 강한 사람이라도 곤죽이 된다는 것을. 법의관들이 쓰는
용어에서도 우리가 허약하다는 사실이 명백히 드러난다. 부드러운 조
직, 달걀껍데기 같은 머리뼈 등등.

스톤의 사무실로 돌아오는 길에, 우리는 피터 세퀸의 사무실에 들러
이야기를 나눈다. 그는 통계학자다. 그의 책상에는 전투 사망자 회의
에 올라온 사례들을 인쇄한 사진들이 한 묶음 있다. 「진짜처럼 보이지
않죠.」 그가 시신들을 가리키며 말한다. 「인형 같아요.」 어디서 그런 인
형들을 구할 수 있다는 것인지 의아하다. 나는 스톤을 쳐다본다.

「도자기 인형을 말하는 겁니다. 새하얀 인형이오.」 세퀸의 시신이 창
백한 이유를 피 웅덩이로 설명한다. 심장이 멈추면, 중력이 피를 끌어
내린다. 시신은 똑바로 눕혀져서 이송되기 때문에, 부검실에 올 때면
게이샤처럼 새하얗다. 얼굴, 가슴, 다리 위쪽의 피가 다 아래로 빠져나
갔기 때문이다.

「하지만 거기에서 직접 그들을 보면…….」 세퀸은 부검실을 말하고
있다. 「전혀 다른 경험을 하게 됩니다. 너무나 슬프죠.」 그의 목소리가
들리지 않을 정도로 잦아든다. 「모두 젊은이들입니다. 우리 아이들이
죠. 보고 있으면 의문이 떠오르죠. 목숨을 바칠 가치가 있었을까? 하
는 것들이지요.」

부검실에는 바퀴가 달린 양쪽으로 펼쳐지는 계단식 알루미늄 사다
리가 있다. 나는 천장을 수리하나 보다 생각했다. 「아니에요. 내려다보

---

2 대개는 희생자의 시신이지만, 때로는 자살 폭탄 테러범의 시신 부위도 있다. 스톤은 테러
리스트의 뼈 조각이 사망 원인이 된 사례는 한 건도 기록된 적이 없다고 말한다. (법의관들은
〈유기적 유산탄organic shrapnel〉이라는 말을 쓰지 않는다. 그 용어는 작가인 돈 드릴로가 자신
의 머리뼈 속에서 꺼낸 것으로서 『추락하는 남자Falling Man』에 처음 등장했다.)

기 위해서죠.」 스톤이 말했다. 부검 사진사는 전신을 담으려면 높은 곳
에 올라가야 한다. 나는 전쟁도 그렇지 않을까 추측한다. 천 개의 불빛
A thousand points of light이라는 말을 흔히 한다. 뒤로 물러나서 전체를
볼 때에만, 그런 뒤에야 비로소 그중 어느 한 불빛의 가치를, 그것을 꺼
뜨리는 행위의 정당성을 이해할 수 있게 된다. 바로 그 순간에, 그 전체
를 조망하기란 힘겹다. 사다리를 얼마나 높이 올라가야 할지 상상하
기가 버겁다.

감사의 말

이 책은 한 독자가 보낸 전자 우편에서 시작되었다. 그는 퇴역한 육군 병리학자인 브래드 하퍼다. 편지를 주고받다가, 나는 군사 과학에 관한 책을 써볼까 하는 생각을 했다가 그렇게 접근하다가는 엉망이 될 것 같아서 관뒀다는 말을 했다. 그래도 다시 시도해야 할까요? 그는 하라고 주장했다. 그는 나를 도버에 있는 군 시신 보관소로 데려가서, 옛 동료들을 소개해 주었다. 또 USUHS로 데려가서 친구인 샤론 홀랜드를 만나게 했다. 홀랜드는 군 의학계 전체에 인맥을 구축한 사람이다. 내가 쓰고 싶은 것 중 하나가 생식기 외상이라고 말했을 때, 홀랜드는 주춤하지 않았다. 그녀는 전화기를 들더니 월터 리드의 제임스 제지어에게 전화를 걸었다. 안녕, 짐. 이 작가 분께 수술 과정을 보여드릴 수 있어? 좋지. 제지어가 말했다. 비록 환자에게 물어봐야 했겠지만 말이다. 그리고 그 시점에서 안 된다는 소리를 처음으로 듣게 될 것이 확실해 보였다. 안녕, 화이트 대위. 어떤 별난 숙녀 작가 분께서 당신이 수술 받는 모습을 보고 싶다는데? 그런데 놀랍게도, 화이트도 좋다고 답했다.

그런 식으로 일이 계속 진행되었다. 쉬운 대답, 제정신인 대답은 〈안 돼!〉여야 하는데, 사람들은 계속 된다고 답했다.

해군 잠수함 의학 연구소의 너무나도 바쁜 기술 책임자인 제리 램에게도 전화가 갔다. 안녕하신가? 트라이던트 잠수함에서 며칠 지낼 수 있게 승인해 줄 사람을 찾을 수 있어? 비록 승인을 받기까지 14개월이 걸리고 200통이 넘는 전자 우편을 보내야 할 텐데? 알았어. 램이 말했다.

테네시 호의 크리스 보너 함장과 네이선 머리 부함장은 어떤 대답을 할까? 보안 승인도 받지 않은 채 미사일 사일로를 어슬렁거리며 돌아다닐 텐데? 좋습니다. 그들은 답했다. 노트북과 괴상한 질문들을 안고 오세요. 킥 케드로프스키가 침대에서 나온다. 매일 아침 머리를 싸맨다.

안녕, 마크 리들. 당신을 따라 지부티의 레모니어 기지에 갈 수 있을까요? 일주일 내내 매일 온종일 나를 모시고 다녀야 할 텐데요? 그리고 나중에 내 원고를 검토하느라 주말을 보내야 할 텐데요?

안녕, 랜디 코츠, 릭 레넷. 시신을 갖고 뭔가 실험을 한다는데, 나도 구경할 수 있나요?

안녕, 키트 레이벌, 에릭 팰런. 전투 시뮬레이션에 끼워 줄 수 있어요?

나는 안 된다는 말을 들을 것이라고 예상했지만, 계속해서 된다는 답변을 얻었다. 이 멋진 사람들은 나를 위해 자신의 평판을 걸었다. 그들은 시간을 낼 수 없는 상황에서도 시간을 내주었다. 혼자 간직하는 편이 더 편했을 주제들에 관해 솔직히 말을 해주었다. 이 모든 일들을 해준 그 모든 분들께, 진심으로, 황송한 마음으로, 깊이 놀라면서 감사하다는 말을 전한다.

나는 의학도 군대도 전혀 몰랐기에, 시간을 잡아먹는 짜증나는 질문들로 사람들을 괴롭혔다. 자기 일을 설명하거나 과학의 가장 기초적인 내용을 설명하느라 몇 시간씩 보내야 했을 분들께도 감사를 드려야 하겠다. 월터 리드 국립 군 의료 센터의 롭 딘, 크리스틴 데스로리어스, 몰리 윌리엄스, 벤자민 포터, 스테이시 피들러와 마크 피들러. 월터 리드 육군 연구소의 더그 브런가트, 벤 셰필드, 조지 팩, 댄 점라스, 피트 웨이나. 미 육군 네이틱 군인 연구 개발 및 공학 센터의 나탈리 포머런츠, 샘 셰브론트, 페기 아우어바흐, 릭 스티븐슨, 애닛 러플러. 미 해군 잠수함 학교의 앨런 휴와 에릭 네이버스. 해군 잠수함 의학 연구소의 케이트 쿠투리어, 레이 울리치, 숀 소티어. 군의관 의과 대학의 다이애나 퍼비스, 패티 도스터, 데일 스미스. 에버딘 성능 시험장의 마크 로먼. 전투원 부상 평가 마네킹 계획의 켄 타차, 제이슨 타이스, 패티 리파. 운용 시험 평가 센터 사무국의 니콜 브로코프. 해군 의학 연구 센터의 아론 홀과 데이브 레지스. 군 법의관 시스템의 시어도어 하크와 에드워드 마주코프스키. 영국 해군의 존 클라크와 마이클 화이트. 무식하기 그지없는 외부인이었음에도 전혀 그렇지 않은 듯 대해 준 여러분들께 정말로 감사드린다.

나는 군대를 전혀 몰랐기에, 기생충처럼 달라붙어서 묻고 다녀야 했다. 특히 데이비드 암스트롱, 찰리 비들링, 그렉 벨렌키, 존 볼트, 로버트 캔드렐, 조 콘론, 데이먼 쿠니, 팸 돌턴, 제프 다이치, 제리 혹세트, 앤드루 캐럼, 맬컴 켈리, 대런 말리노스키, 크리스 마우테, 에카테리나 페

세바, 브루스 사이들, 테리 선데이, 론 웨이드는 그렇게 시달림을 받은 분들이다. 한결 같은 인내심과 꺾이지 않는 유머로 나를 대해 준 여러 분께 감사드린다.

이 글을 쓰는 내내 군 대변인의 전형적인 모습 — 모호한 말로 책임을 전가하기 바쁜 언론 대책 담당자 — 은 어디에서도 찾아볼 수 없었다. 내가 접촉한 홍보 담당자들은 모두 친절했고 전혀 뻣뻣하지 않았다. 그중에서도 내 엉뚱한 질문들에까지도 한없는 인내심을 발휘하면서 부지런히 답해 준 분들이 있다. 미 육군 네이틱 군인 연구 개발 및 공학 센터의 데이비드 아세타, 미 해군 레모니어 기지의 시머스 넬슨, 해군 의료국의 도라 록우드, 해군 의학 연구 센터의 도리스 라이언, 미군 법의관 시스템의 폴 스톤, 미 육군 연구소의 조이스 코넌트, 미 육군 연구 개발 공학 사령부의 조 페라레, 국방장관실의 젠 엘자와 수 고프께 감사한다.

어디에서 어떻게 찾아야 할지 아는 사람들에게는 군 관련 이미지와 기록물이 무궁무진하게 널려 있다. 나는 전혀 몰랐다. 그래서 앙드레 소보친스키의 신세를 졌다. 미 해군 의료국의 유능한 역사가인 그의 도움으로 나는 국가 기록원을 돌아다니면서 필요한 문서들을 통째로 신나게 복사할 수 있었다. 또 여러 관련 사진들을 찾는 일에서는 스테파니 로메오에게 크나큰 도움을 받았다. 그녀는 너그러운 천성과 열정으로 그 어떤 이유로도 설명할 수 없을 만큼의 엄청난 시간을 그 일에 바쳤다.

또 이번에도 출판업계의 몇몇 비범한 분들의 정확한 직감의 덕을 많이 보았다. 질 비알로스키를 편집자이자 친구로 둔 것은 내게 큰 행운이다. 그리고 이 일에서 즐거움을 느끼게 해주고 좋은 작품을 내놓을 수 있도록 최선을 다해 도와준 W. W. 노턴 출판사의 에린 로베트와 루이즈 브로케트, 빌 루신, 지니 루치아노, 드레이크 맥필리, 잉수 리우, 스티브 콜카, 로라 골딘, 마리아 로저스에게도 감사의 말을 전한다. 내가 꾸준히 이 일을 해갈 수 있도록 든든히 받쳐 주는 제이 맨들과 최고의 교열 담당자인 제인 번에게도 감사한다.

자료들을 아무리 잘 끼워 맞추고 글을 매끄럽게 쓴다고 해도, 책이란 때로 사람을 회의감과 자기 연민에 빠뜨리곤 한다. 그럴 때마다 나를 방구석에서 꺼내 준 남편 에드 레이클스에게 한없는 사랑과 감사를 표한다.

옮기고 나서

.

이 책의 원제를 처음 접했을 때, 좀 의아했다. 그런트? 투덜거림이라고? 그런데 내용은 군대 이야기라니! 아무래도 저자는 이중의 의미로 이 단어를 선택한 모양이다. 번역을 하고 나니, 뙤약볕 아래 탄약 등 무거운 짐을 지고서 끙끙거리는 한편으로 투덜거리면서 작전을 수행하는 보병의 모습이 절로 떠올랐다. 그런트가 지닌 의미가 바로 그러하다.

이 책은 군대와 군인의 다양한 측면들을 과학적으로 살펴본다. 하지만 이 책에 실린 내용은 그 어떤 책에서도 찾아볼 수 없는 것들이다. 군대와 과학 하면 으레 떠올릴 법한 유도 미사일, 핵폭탄, 고성능 망원경을 이용한 조준 사격, 스텔스 폭격기, 드론 같은 내용은 이 책에 아예 없다. 그런 내용을 알고 싶은 독자는 다른 책을 찾아보시라고, 저자는 첫머리에서 친절하게 설명한다.

대신 이 책에는 어느 누구도 관심을 보이지 않을 법한 — 이 책을 읽기 전까지는 — 내용들이 가득하다. 언론의 주목도 받지 못하고, 탁월

한 성과를 냈다고 훈장을 받는 일도 거의 없고, 왜 굳이 그런 일을 하느냐고 타박을 받기 십상인 분야에서 끙끙거리며 애쓰고 있는 군 관련 과학자들이 하는 일들이다.

총알도 불도 막아 줄 군복은 왜 만들지 못하는 거지? 잠수함에서는 갑갑해서 잠을 제대로 잘까? 적진을 수색하고 있는 데 갑자기 설사가 나온다면? 적을 살상하는 폭탄 대신에, 사랑의 묘약이나 지독한 악취가 담긴 폭탄을 터뜨려서 전투할 마음을 싹 없애 버리면 더 낫지 않을까?

이런 의문들은 누구나 한 번쯤은 떠올렸을 것이다. 나름대로 타당한 듯도 하지만, 왠지 기발하거나 엉뚱하다는 생각이 들어서 그냥 피식 웃고 넘어갔을 의문들이다.

하지만 그렇지 않다. 군에는 실제로 이런 의문들을 파고드는 과학자들이 있다. 저자는 그들을 실제로 만나서 이야기를 들어본다. 그리고 그 과학자들이 결코 엉뚱한 일을 하는 것이 아님을 실감나게, 흥미진진하게 들려준다. 유쾌하면서 엉뚱함이 넘치는 어투로 말이다.

읽다 보면, 저자가 눈을 깜박거리면서, 이런 또 엉뚱하게 지레짐작했네, 낯 뜨거워라, 하는 태도를 보이는 장면들이 종종 등장한다. 때로는 우리 같은 독자보다 더 모르는 듯하다. 아무것도 모르면서 용감하게 취재를 하여 이런 책을 쓰다니. 덕분에 우리는 무식하면 용감한가 보군, 하는 생각에 킬킬거리면서 읽을 수 있다. 그리고 바로 그것이 저자가 노리는 바다.

세상에는 어느 누구도 진지하게 생각하지 않거나 별 관심을 갖지 않거나, 아니 아는 사람조차 거의 없는 군사 영역에서 묵묵히 일하는 수많은 과학자들이 있다. 그리고 그들의 연구는 무수한 군인들의 목숨을 구할 뿐 아니라, 전쟁터에서 그리고 전역한 뒤의 삶의 질을 향상시키는 데 지대한 기여를 하고 있다. 그런 이들 앞에서는 좀 아는 척조차도 하기 어렵다는 사실을 저자는 몸소 보여 주고 있다. 그냥 들으면서 고개를 끄덕이는 수밖에. 그러다 보면, 시체를 앉히고 폭파 실험을 하는 이들이나 설사가 작전에 어떤 지장을 주었는지를 연구하는 이들이야말로 진정한 숨은 영웅임을 저절로 깨닫게 된다.

물론 이렇게 독특한 주제들을 찾아서 독특한 책을 쓴 저자에게도 감탄이 절로 나온다. 군대와 과학이라는 자칫하면 재미없고 지루할 두 분야를 이토록 유머와 재미와 재기가 넘치도록 다룰 수 있다니. 읽고 나면 저자의 팬이 될 것이라고 장담한다.

옮긴이 **이한음** 서울대학교 생물학과를 졸업한 후 과학 전문 번역을 하고 있습니다. 2007년 『만들어진 신』으로 한국출판문화상 번역 부문을 받았습니다. 지은 책으로 『호모 엑스페르투스』, 『생명의 마법사 유전자』 등이 있고, 옮긴 책으로 『다윈의 진화 실험실』, 『북극곰과 친구 되기』, 『인간 본성에 대하여』, 『핀치의 부리』, 『DNA : 생명의 비밀』, 『조상 이야기』 등이 있습니다.

전쟁에서 살아남기

발행일	2017년 8월 15일 초판 1쇄
	2022년 6월 20일 초판 4쇄

지은이	메리 로치
옮긴이	이한음
발행인	홍예빈 · 홍유진
발행처	주식회사 열린책들

경기도 파주시 문발로 253 파주출판도시
전화 031-955-4000 팩스 031-955-4004
www.openbooks.co.kr

Copyright (C) 주식회사 열린책들, 2017, *Printed in Korea.*
ISBN 978-89-329-1849-5 03500

이 도서의 국립중앙도서관 출판시도서목록(CIP)은 서지정보유통지원시스템 홈페이지(http://seoji.nl.go.kr)와 국가자료공동목록시스템(http://www.nl.go.kr/kolisnet)에서 이용하실 수 있습니다. (CIP제어번호:CIP2017018689)